U0863584

普通高等教育智慧海洋技术系列教材

人工智能与海洋机器人

王　卓　秦洪德　主编

科学出版社
北　京

内 容 简 介

本书是一本融合人工智能及其在海洋机器人中应用的综合性教材，旨在为学生、研究人员和工程师提供全面的理论基础和实际应用技能。本书内容涵盖了人工智能的基础理论、人工神经网络在海洋机器人控制中的应用、强化学习方法在海洋机器人决策上的应用、基于深度学习的水下目标探测，以及人工智能在海洋机器人中的具体应用实例。

本书可作为高等学校海洋机器人、智慧海洋技术等相关专业高年级本科生及研究生的教材，也可供从事相关专业研究的科技人员与高校师生参考和阅读。

图书在版编目(CIP)数据

人工智能与海洋机器人 / 王卓，秦洪德主编. -- 北京 : 科学出版社，2024. 12. --（普通高等教育智慧海洋技术系列教材）. -- ISBN 978-7-03-081067-0

Ⅰ. TP18；TP242.3

中国国家版本馆 CIP 数据核字第 20252H7S19 号

责任编辑：朱晓颖　张丽花 / 责任校对：王　瑞
责任印制：师艳茹 / 封面设计：马晓敏

科学出版社 出版
北京东黄城根北街 16 号
邮政编码：100717
http://www.sciencep.com
三河市骏杰印刷有限公司印刷
科学出版社发行　各地新华书店经销
*
2024 年 12 月第　一　版　开本：787×1092　1/16
2024 年 12 月第一次印刷　印张：11 1/4
字数：264 000

定价：59.00 元

（如有印装质量问题，我社负责调换）

前　　言

随着科技的迅猛发展，人工智能和机器人技术正在深刻改变我们的世界，尤其是在海洋探索和资源开发领域。海洋覆盖了地球表面的71%，蕴藏着丰富的资源和无数未解之谜。然而，海洋环境的复杂性和危险性使得传统的人力探测手段面临巨大挑战。人工智能与海洋机器人相结合的应用，为我们提供了全新的视角和强有力的工具，使得探索海洋深处成为可能。人工智能作为一种模拟人类智能的技术，已在多个领域展现了其强大的能力。从自然语言处理到图像识别，从自动驾驶到智能决策，人工智能技术不断突破，向更高层次的智能迈进。而海洋机器人则是专门设计用于海洋环境(包括水面和水下)的智能航行器，能够在极端条件下执行复杂任务，如海底勘探、环境监测、管道维修和搜救行动等。

本书旨在系统介绍人工智能的基础知识及其在海洋机器人方面的最新发展及应用。第1章对人工智能和海洋机器人进行了概述，帮助读者初步了解这两个前沿领域的基本概念和发展现状。第2章深入讲解知识表示，探讨如何将人类知识转化为机器可理解和处理的形式，为后续章节奠定基础。第3章专注于搜索策略，包括盲目搜索、启发式图搜索等方法，并分析其在海洋机器人路径规划中的应用。第4章通过具体实例阐述经典人工神经网络的基本原理，展示其在海洋机器人控制中的实际应用。第5章讨论强化学习，介绍如何通过试错学习和环境反馈来优化海洋机器人的决策与行为。第6章聚焦深度学习，不仅涵盖基础知识，还包括主流目标检测框架。同时，书中的每一章都引入了海洋机器人应用案例，将抽象知识具体化，令学习变得生动并易于理解。通过对这些内容的深入探讨，读者将了解如何利用人工智能技术提升海洋机器人的智能化水平，以解决实际应用中的各种问题。

另外，编者依托智慧树平台构建“人工智能与海洋机器人”AI 课程(免登录网址：http://t.zhihuishu.com/Ey26E63Y)，提供课程图谱、问题图谱与能力图谱等，供读者从多维度、多层面理解知识点。

课程图谱
学习演示

在本书编写过程中，得到了众多专家、学者和朋友的支持与帮助，在此表示衷心的感谢。希望本书能够成为读者了解和研究人工智能与海洋机器人技术有价值的参考书籍，并激发更多人投身于这一充满挑战和机遇的领域。

由于编者水平所限，书中难免存在不妥之处，敬请广大读者批评指正。

编　者

2024年6月

目　　录

第 1 章　绪　　论

1.1　人工智能概述

人类智能的核心能力包括以下四个方面：感知能力、记忆与思维能力、学习与自适应能力以及行为能力。

(1) 感知能力是指通过感官获取外界信息的能力，包括视觉、听觉、触觉、嗅觉和味觉。这些感知数据是人类理解和解释周围环境的基础。通过感知，我们能够识别物体、感知声音、触摸表面、闻到气味和品尝食物，从而与世界进行交互。

(2) 记忆与思维能力涉及信息的存储、处理和分析。记忆使我们能够保留和回忆过去的经历和知识，而思维包括理解、推理、解决问题和做出决策的过程。通过记忆，我们可以从经验中学习；通过思维，我们可以进行抽象和复杂的认知活动。

(3) 学习与自适应能力是指根据经验和环境变化进行调整和发展的能力。学习使我们能够从新信息中获取知识和技能，而自适应指根据环境变化调整行为和策略的能力。这种能力使得人类能够不断进步，适应新挑战和变化的环境。

(4) 行为能力是指执行行动和反应的能力，包括身体运动和语言表达。行为是感知、记忆、思维和学习结果的外在表现。通过行为，人类能够实现目标、完成任务并与他人交流，从而在社会和自然环境中进行有效互动。

人工智能(artificial intelligence，AI)是研究、开发用于模拟、延伸和扩展人的智能的理论、方法、技术及应用系统的一门新的技术科学。其主要任务是建立智能信息处理理论，并设计能够展现近似于人类智能行为的计算系统。人工智能是与人类智能有关的智能行为，如判断、推理、证明、识别、感知、理解、通信、设计、思考、规划、学习和问题求解等思维活动。

1.2　人工智能的起源和发展史

人工智能的概念在 20 世纪中叶才被正式提出，其思想萌芽可追溯至更早。英国数学家图灵(Turing)在 1950 年发表了题为《计算机与智能》(Computing Machinery and Intelligence)的论文，论述并提出了著名的“图灵测试”，形象地指出了什么是人工智能以及评估机器智能的标准。人工智能的发展历程大致可分为四个发展阶段：孕育期(1956 年以前)、形成期(1956～1970 年)、知识应用期(1971～1989 年)以及综合集成期(19 世纪 80 年代末至今)。孕育期是人工智能的思想萌芽期，科学家和哲学家开始探索机器能否模仿人类的智能行为。“图灵测试”成为评估机器是否具有智能的标准。此外，数理逻辑、自动机理论、信息论和系统论等理论体系的建立，为人工智能的诞生提供了思想、理论和技术条件。

形成期可以追溯到 1956 年，这一年被认为是人工智能的元年，在这一年召开的达特茅斯会议上首次提出了“人工智能”这一沿用至今的术语。此后，人工智能领域取得了一系列重要进展。1959 年，德沃尔与约瑟夫·英格伯格联手制造出第一台工业机器人，随后，成立了世界上第一家机器人制造工厂。1965 年，约翰斯·霍普金斯大学应用物理实验室研制出 Beast 机器人，它能够通过声呐系统和光电管感知环境并校正自己的位置，这已经具备了人工智能的雏形。1968 年，美国斯坦福研究所研发的 Shakey 机器人带有视觉传感器，能根据人的指令发现并抓取积木，不过控制它的计算机有一个房间那么大。这一时期，专家对人工智能的发展充满了乐观的预期，他们认为只要依靠一些推理规则，再加上强大的计算机就可以使机器智能达到专家水平，甚至超过人的能力。人工智能的奠基人之一西蒙提出了许多大胆的预言。例如，10 年内计算机将成为世界冠军；10 年内计算机将证明一个未发现的数学定理；10 年内计算机将能谱写出优秀作曲家水平的乐曲；10 年内大多数心理学理论将在计算机上形成。这些预言反映了当时科学家们对人工智能潜力的高度期待，但也因技术发展的复杂性和不可预见性，部分预言并未在预期时间内实现。

20 世纪 70 年代至 80 年代末，人工智能进入知识应用期。这一时期以专家系统的兴起和知识工程的发展为标志。MYCIN、DENDRAL 等专家系统在医学诊断和化学分析中尝试进行应用。尽管在这一阶段人工智能技术取得了一些实际应用成果，但由于技术限制和硬件条件的不足，人工智能的发展也遭遇了诸多挑战，甚至一度陷入“AI 寒冬”。尽管人工智能受到诸多质疑，仍有一大批人工智能学者不畏艰辛、潜心研究。他们在认真总结前一阶段研究工作经验教训的同时，从费根鲍姆以知识为中心开展人工智能研究的观点中找到了新的出路。在专家系统方面，其从 20 世纪 80 年代末开始逐步向多技术、多方法的综合集成与多学科、多领域的综合应用型发展。大型专家系统开发采用了多种人工智能语言（如 LISP、Prolog 和 C++等）、多种知识表示（knowledge representation）方法（如产生式规则、框架、逻辑、语义网络、面向对象等）、多种推理机制（如演绎推理、归纳推理、非精确推理和非单调推理等）和多种控制策略（如正向、逆向和双向等）相结合的方式，并开始运用各种专家系统外壳、专家系统开发工具和专家系统开发环境等。

自 20 世纪 80 年代末以来，随着计算机硬件性能的飞速提升（遵循摩尔定律）、大数据技术的兴起以及机器学习算法的突破，人工智能进入了复兴与快速发展的新阶段——综合集成期。1989 年，杨立昆（Yann LeCun）和他的研究团队发表了一篇关于手写数字识别的论文，提出了至今为止在图像处理领域还是主流框架的卷积神经网络（convolutional neural network，CNN）模型。2016 年，谷歌的 AlphaGo 击败了围棋世界冠军李世石，这标志着人工智能在复杂决策领域的突破。如今，人工智能技术已广泛应用于智能制造、自动驾驶、智慧城市等领域，深刻改变了人类的生产和生活方式。

人工智能技术的普及不仅推动了传统制造业的智能化转型，如无人驾驶技术的兴起，还渗透到日常生活的方方面面，从人脸识别到智能语音助手，智能算法正悄然改变着我们的生活方式。与此同时，全球范围内智慧城市建设的推进，进一步彰显了人工智能在提升生活质量和生产效率方面的巨大潜力。人工智能在各个领域的应用如图 1.1 所示。

图 1.1　人工智能在各个领域的应用

1.3　图 灵 测 试

“图灵测试”的核心思想是通过对话来判断机器是否能够表现出与人类相似的智能行为。图灵认为，如果一台机器能够与人类进行对话，并且让人类无法分辨出它是机器还是人类，那么这台机器就可以被认为具有智能。

在标准的“图灵测试”中，测试者(通常是人类)通过文本与两个对象进行对话：一个是人类，另一个是机器。测试者不知道哪个对象是人类，哪个对象是机器。对话的内容可以是任意的，测试者可以提出任何问题或话题。经过一段时间的对话后，测试者需要判断哪个对象是人类，哪个对象是机器。如果测试者无法准确区分，或者错误地将机器判断为人类，那么这台机器就通过了“图灵测试”。

“图灵测试”的意义在于它绕过了对“智能”这一概念的复杂定义，而是通过行为表现来评估机器的智能水平。它不关心机器内部的工作原理，只关注机器能否在外在行为上与人类无异。这种测试方法简单直观，但也引发了许多争议。一些批评者认为，“图灵测试”过于依赖表面的对话能力，而忽视了真正的智能所需的认知、理解和学习能力。此外，通过“图灵测试”的机器可能只是通过复杂的规则和模式匹配来模拟人类的对话，而并不具备真正的理解能力。

尽管如此，“图灵测试”仍然是人工智能领域的一座重要里程碑，它激发了无数研究者对机器智能的探索。随着自然语言处理、机器学习和深度学习等技术的发展，越来越多的机器在对话能力上接近甚至超越了人类，但关于“真正的智能”的讨论仍在继续。“图灵测试”不仅是一个技术挑战，更是一个哲学问题，它促使我们思考智能的本质以及人类与机器的关系。

1.4　弱人工智能与强人工智能

人工智能的快速发展已经深刻改变了我们的生活方式和社会结构。根据能否在设计的程序范围外自主决策并采取行为，可将人工智能分为弱人工智能和强人工智能。本节将深入探讨这两类人工智能的定义、特点、应用，以及未来的发展方向。

1.4.1　弱人工智能

弱人工智能也称狭义人工智能，是指人工系统达到专用或特定技能的智能。其学习人类的逻辑计算与感知能力，专注于完成某个特定任务，通过统计数据，归纳出模型，在设计范围内进行任务处理和决策。弱人工智能无法超越预定的程序或自主应对新环境，需要大量的高质量数据来训练、学习和预测，具有很强的数据依赖性，且只能在其设计的范围内进行操作，缺乏自我意识和自主学习的能力。

弱人工智能的特点如下。

(1) 任务专用性：专注于特定任务，如语音识别、图像分类或语言翻译。

(2) 数据依赖性：需要大量标注数据进行训练和优化。

(3) 无自我意识：无法理解任务背后的意义或具备自主意识。

(4) 局限性：只能在设计范围内操作，无法应对未预见的场景。

目前，耳熟能详的人工智能系统都还是实现特定或专用的智能，属于弱人工智能。例如，智能手机的语音助手系统可以执行各种任务，如设置提醒、发送信息、播放音乐、查找信息等；智能手机上的人脸解锁功能，依赖于面部识别系统来准确识别人脸特征；Google 翻译和 DeepL 等工具使用语言翻译系统来翻译文本，这些系统能处理多种语言并不断改进其翻译准确性；Netflix、Spotify 和亚马逊等平台使用智能推荐系统来分析用户行为并推荐个性化内容；自动驾驶系统可以处理道路信息、导航和进行车辆控制，尽管仍需要驾驶员监督，但自动驾驶系统已能够在高速公路上实现自动驾驶。

弱人工智能在特定任务上的表现已经超越了人类，但其局限性在于无法跨领域应用或处理复杂、未知的场景。尽管如此，弱人工智能的广泛应用为人类社会带来了显著的便利和效率提升。

1.4.2　强人工智能

强人工智能也称通用人工智能，是指达到或超越人类水平的、能够自适应地应对外界环境挑战的、具有自我意识的人工智能。强人工智能包括学习、语言、认知、推理、创造和计划，属于多领域综合智能，其目标是使人工智能在非监督学习的情况下处理前所未见的细节，并同时与人类开展交互式学习。理论上，强人工智能可能具备自我意识，能够理解自身的存在和环境。

强人工智能的特点如下。

(1) 通用性：能够处理多种任务，并适应未知环境。

(2) 自主学习：无需大量标注数据，能够通过非监督学习自主获取知识。

(3) 自我意识：可能具备对自身存在和环境的理解。

(4) 创造性：能够进行创新和发明，解决复杂问题。

强人工智能可以为人类社会带来很多实际的益处，如提高生产力、改善医疗、环保、能源等领域的效率和质量，促进科学研究和发现，提供更好的教育、娱乐和文化服务等。这些优势可以使人类社会更加富裕、安全、健康和文明，从而增加人们的幸福感和提高生活质量。

尽管强人工智能在理论上具有巨大的潜力，但其发展面临着诸多风险和挑战，如人类就业的丧失、隐私和安全问题、社会稳定和公正性等。这些问题需要人类社会采取积极的政策和措施来规范和引导强人工智能的发展，以确保其不会对人类社会产生负面的影响。同时，实现强人工智能需要极高的计算能力和复杂的算法以支持多领域的认知和推理，目前许多实现强人工智能所需的技术仍处于理论阶段，如何将这些概念转化为实际应用仍是一个未解之谜。

1.4.3　弱人工智能与强人工智能的对比

随着技术的不断进步，弱人工智能和强人工智能的发展将深刻影响未来的科技和社会。弱人工智能与强人工智能的对比如表 1.1 所示。弱人工智能在特定任务上的卓越表现已经为我们的生活带来了诸多便利，在许多领域中展示了其强大的能力和广泛的应用；而强人工智能则是人类对智能机器的最终追求，代表了未来人工智能发展的潜力和挑战。无论如何，理解这两者的区别和各自的特性，对于我们在人工智能领域中做出明智的决策和应用人工智能至关重要。

(1) 弱人工智能的扩展：弱人工智能的能力将继续提升，逐渐向多任务处理和跨领域应用扩展。

(2) 强人工智能的探索：强人工智能的研究将推动人工智能向通用性和自主性方向发展，但其实现仍需克服技术和伦理上的重大挑战。

(3) 融合与协同：未来，弱人工智能和强人工智能可能会相互融合，形成更强大的智能系统，为人类社会带来更多可能性。

表 1.1　弱人工智能与强人工智能的对比

特性	弱人工智能	强人工智能
任务处理能力	专注于单一任务或领域	具有多领域综合智能
自适应性	依赖预先设计的程序和数据模型	自主适应和学习新任务和环境
自我意识	无自我意识和自主决策能力	潜在的自我意识和自主决策能力
推理与创造力	限于特定任务的逻辑推理和操作	能够进行复杂推理和创造性思考
数据依赖性	依赖于大量标注数据和训练	需要更高的自主学习能力
伦理与安全风险	相对可控	面临潜在的重大伦理和安全风险

1.5　人工智能的各个学派

人工智能的研究方法多种多样，根据其理论基础和技术路线的不同，可以分为经典人工智能和计算智能。经典人工智能的主要学派为逻辑学派，倡导符号主义方法；计算智能有两大主流学派——仿生学派和生理学派，分别倡导联结主义方法和行为主义方法。

联结主义又称仿生学派或生理学派，在该主义中：思维的基元是神经元，而不是符号，思维过程是神经元的联结活动过程，而不是符号运算过程，因此反对符号主义关于物理符号系统的假设，认为人脑不同于计算机，因而提出用联结主义的人脑工作模式取代符号主义的计算机工作模式。

行为主义又称进化主义或控制论学派，是基于控制论和“感知-动作”型控制系统的人工智能学派。行为主义认为人工智能起源于控制论，提出智能取决于感知和行为，取决于对外界复杂环境的适应，而不是表示和推理。

以下将详细介绍这三大学派的理论基础、核心思想及其贡献。

1.5.1　符号主义

符号主义又称逻辑主义(logicism)、心理学派(psychologism)或计算机学派(computerism)，该学派是基于物理符号系统假设和有限合理性原理的人工智能学派。符号主义认为人工智能起源于数理逻辑，人类认知(智能)的基本元素是符号(symbol)，认知过程是符号表示上的一种运算。

符号主义的核心观点如下。

(1)符号是认知的基元：符号主义认为，人类认知的基本单位是符号，智能行为可以通过符号的表示和操作来模拟。

(2)物理符号系统假设：该学派提出，任何能够表现出智能行为的系统(如人脑或计算机)都必须是一个物理符号系统。

(3)知识表示与推理：符号主义强调知识的表示和逻辑推理，认为智能的核心在于如何用符号表示知识，并通过逻辑规则进行推理。

该理论体系认为智能行为的充要条件是物理符号系统，例如，人脑、计算机都是物理符号系统。该学派以罗宾逊(Robinson)提出的归结原理为基础，以 LISP 和 Prolog 语言为代表，着重问题求解中启发式搜索和推理过程，注重逻辑思维的模拟，如自动定理证明和专家系统。符号主义在 20 世纪 70 年代和 80 年代推动了专家系统的发展，这些系统通过规则库和推理引擎模拟人类专家的决策过程。另外，其在数学定理的自动证明领域也取得了重要成果，例如，通过逻辑推理解决复杂的数学问题。但是，符号主义在处理模糊性、不确定性和学习能力方面存在局限性，难以应对复杂的现实世界问题。

1.5.2　联结主义

联结主义是一种基于人脑神经网络模型的人工智能研究方法。联结主义认为，智能行为源于神经元的联结和活动，而不是符号的操作。

联结主义的核心观点如下。

(1) 神经元是认知的基元：联结主义认为，智能的基本单位是神经元，思维过程是神经元之间的联结和活动。

(2) 分布式表示与并行处理：与符号主义的集中式表示不同，联结主义强调信息的分布式表示和并行处理。

(3) 学习与适应性：联结主义通过调整神经元之间的联结权重来实现学习和适应。

联结主义学派认为人工智能源于仿生学，可以类比人脑模型。1943 年，麦卡洛克(McCulloch)和皮茨(Pitts)创立了一个脑模型，称为 M-P 模型。该模型以神经元为基元研究人工智能模型，开辟了人工智能发展的全新道路。1960 年后，联结主义将研究重心放在以感知器(perceptron)为代表的人脑模型，但是受限于当时的技术条件以及模型仿真，该方法逐渐衰落。20 世纪 80 年代初，霍普菲尔德(Hopfield)发表了两篇论文，提出用硬件模拟神经网络的方法，该方法为联结主义的各位学者提供了新的思路。鲁梅尔哈特(Rumelhart)随即于 1986 年发表了著名的 BP 算法。联结主义推动了神经网络和深度学习的发展，为人工智能在感知任务中的表现提供了强大工具。联结主义模型通常需要大量数据和计算资源，且其决策过程缺乏可解释性。

1.5.3 行为主义

行为主义又称进化主义或控制论学派，是一种基于控制论和“感知-动作”模型的人工智能研究方法。行为主义强调智能行为是通过与环境的交互和适应而产生的。

行为主义的核心观点如下。

(1) 智能取决于感知与行动：行为主义认为，智能行为不需要复杂的知识表示和推理，而是通过感知环境和采取行动来实现。

(2) “感知-动作”模型：智能系统应通过传感器感知环境，并通过执行器采取行动，逐步适应复杂环境。

(3) 进化与学习：行为主义强调智能系统的进化和学习能力，认为智能可以通过试错和适应逐步提升。

行为主义为机器人技术和强化学习提供了理论基础，推动了智能系统在复杂环境中的适应性研究。20 世纪 80 年代，罗德尼 · 布鲁克斯(Rodney Brooks)开发了基于行为主义的六足行走机器人，通过与环境的交互和奖励机制，智能系统能够自主学习并优化行为。行为主义在处理高层次认知任务(如规划和推理)时存在一定的局限性。

人工智能的发展离不开三个学派的作用，三个学派长期合作，取长补短，相辅相成，为人工智能的发展做出了卓越的贡献。

1.6 海洋机器人概述

微课

机器人系统作为现代科技的重要发展方向，在民用和军用领域均展现出广阔的应用前景。其共性特点包括系列化、模块化、分布式、网络化以及协调能力。根据功能，机器人可分为工业机器人、娱乐机器人、航天机器人、无人机、无人车和海洋机器人。

海洋机器人(unmanned marine vehicles, UMV)是人类认识海洋、开发海洋的重要工具，也是建设海洋强国、捍卫国家安全和实现可持续发展的关键技术手段之一。海洋机器人属于服务机器人范畴，主要包括水面无人艇(unmanned surface vehicles，USV)和水下无人航行器(unmanned underwater vehicles，UUV)。海洋机器人的发展历史约 60 年，经历了从载人到无人、从遥控到自主的演变过程。加拿大国际潜水器工程公司(ISE)总裁麦克·法兰将海洋机器人的发展分为如下四个阶段。

第一次革命(20 世纪 60 年代)：以载人潜水器为标志。

第二次革命(20 世纪 70 年代)：以遥控水下机器人的迅速发展为特征。

第三次革命(20 世纪 80 年代)：以自主水下机器人的发展和水面无人艇的出现为标志。

当前阶段：混合型海洋机器人的时代。

1.6.1　水面无人艇

水面无人艇(USV)是一种具有自主规划、自主航行能力，并能自主完成环境感知、目标探测及战术攻击等作战任务的小型水面艇。例如，增强拖力型 USSV-HTF，主要用于拖拉外部的重型作战武器，通常艇型设计为优化结构的半排水型，如图 1.2 所示。

图 1.2　水面无人艇

自 20 世纪 90 年代起，各国开始研究现代无人艇，投入资源攻关关键技术，试制了 1～100 吨级多种不同规格、船型和功能的无人艇，并针对适用性、可靠性和自主任务能力等方面进行了大量实艇试验，并较早开始对无人艇集群技术进行理论研究和试验测试。从目前国外水面无人平台的发展历程来看，基本遵循了由小型、中型、大型无人艇直至无人艇群的发展思路。

“斯巴达人”号(图 1.3)已经在美国海军“葛底斯堡”舰艇上成功验证并已参加了海湾地区的作战行动。图 1.4 是美国 ONR 正在研制的 USV，即高速型 USSV-HS，主要用于非常复杂海况下的作战，艇型设计采用经过结构优化的水翼艇型。2008 年，GD 公司向美国海军交付了反潜水面无人艇(图 1.5)，艇长 12.3m，空艇重 7800kg，有效载荷 2300kg，航速超过 35kn，可 24h 连续作战。这两艘反潜水面无人艇一起工作去探测潜艇。

图 1.3 “斯巴达人”号

图 1.4 美军研制的水面无人艇

图 1.5 GD 公司研制的反潜水面无人艇

以色列的“保护者”号是一艘硬壳充气艇，如图 1.6 所示，艇长 9～11m，推进系统为柴油机加喷水推进器混合推动，其速度可达 40kn，有效载荷 1000kg，可以自主操控或遥控。此外，国外还有很多其他型号的水面无人艇，如英国的“芬里厄”（图 1.7）、日本的 UMV-H（图 1.8）、加拿大的“梭鱼”（图 1.9）、法国的 Rodeur（图 1.10）以及德国的 Veers MMSV 3（图 1.11）等，在此不一一概述。

图 1.6　以色列“保护者”号

图 1.7　英国的“芬里厄”

图 1.8　日本的 UMV-H

图 1.9 加拿大的“梭鱼”

图 1.10 法国的 Rodeur

图 1.11 德国的 Veers MMSV 3

国内，上海大学的“无人艇”研究团队自主研制了吃水浅、能自主航行、自主避障、自主作业的无人测量艇(图 1.12)，装备海巡船、海监船，推动我国海洋无人自主测量艇行业的科技进步。哈尔滨工程大学研制的“天行一号”（图 1.13），具有高自主性、快速性和大航程的特点，能够轻松胜任长时间、大范围的海洋观测任务，并在利用、开发和保护海洋等方面发挥积极作用。

图 1.12　上海大学的“无人艇”

图 1.13　哈尔滨工程大学的“天行一号”

1.6.2　水下机器人

水下机器人也称为水下无人航行器或水下无人潜水器，诞生于 20 世纪 50 年代初。它主要指代替潜水员或载人小型潜艇进行深海探测、救生、排除水雷等高危险性水下作业的智能化系统。

水下机器人按有无缆线分为三类：有缆遥控水下机器人（remote operated vehicle，ROV）、自主水下机器人（autonomous underwater vehicle，AUV）和自主遥控水下机器人（ARV）。按应用领域可分为军用与民用。

1）有缆遥控水下机器人

ROV 指缆控（有缆）水下机器人，习惯上把它称为遥控潜水器（图 1.14）。ROV 拴在宿主舰船（母船）上，由操作人员持续控制。ROV 根据性能的不同，分为观察级和作业级。

图 1.14　ROV 作业

观察级 ROV 的核心部件是水下推进器和水下摄像系统，有时辅以导航、深度传感器等常规传感器。本体尺寸和重量较小，负荷较低，成本较低。

作业级 ROV 用于水下打捞、水下施工等应用，尺寸较大，带有水下机械手、液压切割器等作业工具，造价高。

ROV 根据运动方式不同可分为拖曳(拖航)式、移动式(在海底结构物上爬行)和浮游(水中自航)式三种。前两种在海底运动，最后一种在海中运动。

2) 自主水下机器人

自主水下机器人又称为自治水下机器人、无缆水下机器人、自主式水下航行器等。这类水下机器人的活动不受电缆约束，活动范围很大，可达上千公里。它是具有智能行为的高级水下机器人，所以又称智能水下机器人、海洋智能机器人等。如图 1.15 所示，一些典型型号有 Bluefin、ABE、REMUS、HUGIN、Autosub 和 Nereus 等。

(a) Bluefin　(b) ABE　(c) REMUS

(d) HUGIN　(e) Autosub　(f) Nereus

图 1.15　各型号自主水下机器人

REMUS 系列由美国伍兹霍尔海洋研究所研制，主要用于水雷侦察以及海底资源勘察。Bluefin 系列 AUV 由美国海军研究生院和金枪鱼机器人技术公司合作开发，现已装备于美国海军。其为水下环境的感知理解和智能决策提供原始数据支撑，在水雷探测、海洋环境情报收集和海底探测领域均有成功应用。此外，美国还拥有如 ABE、Sentry、Nereus 等型号的 AUV 平台。

HUGIN 系列 AUV 由挪威 Kongsberg 公司和挪威国防研究机构合作研制，广泛应用于海上石油设备和海底电缆管线检测，以及海洋科学调查。

英国国家海洋中心设计了 Autosub 系列 AUV 并成功执行了 200 余次的海洋科学调查任务。

日本东京大学在 R-one AUV 平台的基础上研制的 r2D4 AUV 搭载了多种传感器，在三维海底地形构造，观察热液喷口区域的科学考察等作业任务中扮演重要角色。

中国科学院沈阳自动化研究所、哈尔滨工程大学、中国船舶重工集团公司第七一〇研究所等为代表的科研院校是我国具有代表性的较早开展 AUV 系统研究的单位。

3) 自主遥控水下机器人

自主遥控水下机器人是一种集 AUV 和 ROV 特点于一身的新概念水下机器人，载体自带能源并且通过光纤微缆与母船进行信息交互，可以实现自主、遥控、半自主等不同作业模式下的中等范围搜索、定点观测和水下轻作业，是海洋高技术的集成体。ARV 凭借其独特的作业特点和技术优势，在近年来得到长足的发展，其潜在的应用背景更加广泛。美国、日本等国家先后成功研制了用于不同作业目标的混合型水下机器人，其研究成果得到国际上同领域专家的一致认可。

美国伍兹霍尔海洋研究所开展了 Nereus 混合型水下机器人的研制工作，并进行了海上试验和应用工作。Nereus 水下机器人可以满足全海深的工作条件，2009 年 5 月 31 日 Nereus 水下机器人成功下潜至马里亚纳海沟 10902m 水深处。水下机器人自带能源，既能以 AUV 模式进行自主海底调查，又能通过光纤微缆与水面支持母船建立实时通信连接，以遥控模式（ROV 模式）完成取样和轻作业，并配备了独立的取样与作业单元，可在现场、短时间内，将 Nereus 从 AUV 模式改装成 ROV 模式。自 2011 年起，伍兹霍尔海洋研究所还开展了针对极地海冰科考的 Nereid UI 混合型水下机器人的研制工作。机器人通过携带 20km 的光纤微缆，可对冰下环境进行大范围的观测、取样和测绘等作业。Nereid UI 水下机器人最大作业范围可达 40km，最大作业深度 2000m。美国 Ocean Engineering 公司联合 Boeing 和 Fugro 公司从 2001 年起共同开发具混合作业模式的 Taser 水下机器人。根据应用环境和水下设备复杂程度选择使用 AUV 和 ROV 操作模式。水下机器人拥有三种工作模式：传统 AUV 的航线调查、携带短缆作业模式和携带长缆作业模式，以 AUV 和 ROV 作业模式实现对水下设备进行作业。

日本海洋科学与技术中心（JAMSTEC）于 1986 年开始研制 11000m 的 Kaiko 混合型水下机器人，于 1992 年制造完成。1995 年 3 月 24 日 Kaiko 到达马里亚纳海沟挑战海渊的底部。随后的几年里，Kaiko 为日本的地震研究、深海细菌等诸多深海研究做出了杰出贡献。作为 Kaiko 的替代者，UROV 7K 也是一种系缆型的半自主水下机器人，该水下机器人自带能源，通过光缆通信，可下潜至 7000m 开展观测和采样等作业。2005 年，JAMSTEC 开始建造新的万米级 ABISMO 混合水下机器人用于深渊调查。水下机器人在结构上采用混合形式，载体平台分为基体和探测体两部分，它们之间通过电缆实现连接和通信。

2003 年，中国科学院沈阳自动化研究所在国内率先提出自主遥控水下机器人的概念，并于 2005 年和 2006 年分别研制成功 ARV-A 和 ARV-R 两型水下机器人。其中 ARV-A 水下机器人为观测型机器人；而 ARV-R 水下机器人为作业型水下机器人，可在载体上搭载小型作业工具。2008 年，中国科学院沈阳自动化研究成功研制了北极冰下自主/遥控海洋环境监测系统（北极 ARV），并分别于 2008 年和 2010 年两次搭乘中国极地科考船“雪龙”号赴北极参加中国第三次和第四次北极科考，圆满地完成了实验和应用任务。2014 年，对北极 ARV 进行了技术改进，改进后的北极 ARV 于同年 7 月份参与我国的第六次北极科考，并且圆满地完成了既定的科考任务，为我国的北极科考事业做出了巨大贡献。此外，上海交通大学、哈尔滨工程大学、上海海事大学等单位相继开展了类似 ARV 形式的混合型水下机器人研制工作。例如，中国船舶科学研究中心研究成功的海筝Ⅱ型 ARV，上海海事大学成功研制的“海事一号”ARV。

1.6.3　海洋机器人的应用与挑战

海洋机器人作为一种先进的技术装备，在多个领域展现出广泛的应用前景和重要的价值。在军事领域，它们被用于反潜作战、情报搜集和目标打击等任务，成为现代海战中不可或缺的力量。在海洋监测方面，海洋机器人能够执行海洋环境监测、气象观测和灾害预警等任务，为海洋生态保护和灾害防范提供数据支持。此外，在资源勘探领域，它们在海底矿产和油气资源的勘探中发挥着关键作用，为资源开发提供了重要技术支持。同时，海洋机器人还为海洋生物学、地质学等科学研究提供了强有力的工具，推动了人类对海洋的深入探索。

然而，海洋机器人的发展也面临诸多技术挑战。首先，提升其自主性与智能化水平是关键，需要增强机器人在复杂环境中的自主决策和适应能力。其次，能源与续航问题亟待解决，开发高效能源系统以延长航行器的续航时间是当前的研究重点。此外，水下通信和精确定位的技术难题也需要突破，以确保机器人在深海环境中的可靠运行。最后，材料与可靠性方面的挑战同样不可忽视，研发耐腐蚀、抗高压的新型材料，提高设备的可靠性和耐久性，是未来技术发展的重要方向。通过克服这些挑战，海洋机器人将在更多领域发挥更大的作用，为人类探索和利用海洋资源提供更强大的支持。

第2章 知识表示

人工智能系统要有效地解决其应用领域的问题，就必须具备该领域特有的知识。尽管知识在人脑中的表示、存储和使用机理仍是一个尚待揭开的谜，但在智能系统中，让机器以清晰简洁的方式描述知识是一个巨大的挑战。研究出合适的表示知识的方法，使机器能懂得各种知识，能对之进行处理，并以一种人类能理解的方式呈现处理结果，是人类所期望的机器智能。

知识表示是根据人类对概念的分类、知识的定义以及对各种知识的归纳，以一定的方式或规则将知识转化为适合机器处理的数据结构，这不仅涉及知识的表示与存储，还包括知识的使用与计算，是人工智能的基本问题和重要研究内容。

人类从事社会活动的过程，实际上也是对知识的获取和使用的过程。在人脑中，知识表示既包括感觉、知觉、表象等形式，又包括概念、命题、图式等形式，反映了人们对事物认知的不同广度和深度。针对不同的知识内容，可以采用不同的表示或表征方式，常见的知识表示方法包括状态空间法、问题规约法、框架法以及面向对象的知识表示。本章先讨论有关知识表示的一般方法，最后以海洋环境中海洋机器人路径规划问题为例，进一步阐述知识表示方法的应用。

微课

2.1 知识与知识表示的概念

2.1.1 知识的概念

知识是人们在长期的生活、社会实践、科学研究及实验中积累起来的对客观世界的认识与经验。人们通过将实践中获得的信息进行关联，形成了知识。一般来说，将有关信息关联在一起所形成的信息结构称为知识。信息之间有多种关联形式，其中最常用的一种是以“如果……那么……”表示的关联形式。这种形式反映了信息间的因果关系。例如，在我国北方，人们经过多年的观察发现，每当冬天临近时，大雁会成群结队地向南方飞去，于是，将“大雁向南飞”与“冬天就要来临了”这两个信息关联起来，就得到了如下知识：如果大雁向南飞，那么冬天就要来临了。

知识反映了客观世界中事物之间的关系，不同事物或者相同事物间的不同关系形成了不同的知识。例如，“雪是白色的”是一条知识，它反映了“雪”与“白色”之间的一种关系。又如，“如果头痛且流涕，则有可能患了感冒”是一条知识，它反映了“头痛且流涕”与“可能患了感冒”之间的一种因果关系。在人工智能中，前一种知识被称为“事实”，而后一种以“如果……那么……”形式关联起来的知识被称为“规则”。接下来，将对这些知识进行详细的介绍。

2.1.2 知识的特性

1. 相对正确性

知识是人类对客观世界认识的结晶，并且经过长期实践的检验。因此，在特定的条件及环境下，知识一般是正确的。这里，“特定的条件及环境”是知识正确性必不可少的前提。因为任何知识都是在特定条件及环境下产生的，也只有在这种条件及环境下才是正确的。例如，牛顿力学在一定的条件下是正确的。又如，“1+1=2”，这是一条众所周知的正确知识，但它在十进制的前提下成立，在二进制中则不正确。

在人工智能中，知识的相对正确性尤为突出。除了人类知识本身的相对正确性外，在构建专家系统时，为了缩小知识库的规模，通常将知识限制在特定问题的范围内。也就是说，只要这些知识对所求解的问题是正确的即可。例如，在一个仅识别虎、金钱豹、斑马、长颈鹿、企鹅、鸵鸟、信天翁等七种动物的识别系统中，知识“该动物是鸟 AND 善飞，THEN 该动物是信天翁”就是正确的。

2. 不确定性

由于现实世界的复杂性，信息可能是精确的，也可能是不精确的或模糊的；关联可能是确定的，也可能是不确定的。因此，知识并不总是只有“真”与“假”这两种状态，而是在“真”与“假”之间还存在许多中间状态，即存在“真”的程度问题。知识的这一特性称为不确定性。造成知识不确定性的原因主要有以下几个方面。

由随机性引起的不确定性：随机事件所形成的知识无法简单地用“真”或“假”来刻画，例如，“如果头痛且流涕，则可能患了感冒”这条知识中的“可能”反映了“头痛且流涕”与“患了感冒”之间的不确定因果关系，因为并非所有“头痛且流涕”的人都一定“患了感冒”。因此，这是一条具有不确定性的知识。

由模糊性引起的不确定性：某些事物客观上存在模糊性，使得人们无法严格区分相似的事物，也无法明确判定一个对象是否符合一个模糊概念。此外，某些事物之间存在模糊关系，使得人们难以准确判定它们之间的关系是“真”还是“假”。这种由模糊概念和模糊关系形成的知识显然是不确定的。

由经验引起的不确定性：知识通常由领域专家提供，这种知识大多是领域专家在长期实践和研究中积累的经验性知识。尽管专家能够熟练运用这些知识解决有关问题，但让他们精确表述这些知识却相当困难。再加上，经验本身蕴含的不精确性和模糊性，都导致了知识的不确定性。因此，在专家系统中大部分知识都具有不确定性。

由不完全性引起的不确定性：人们对客观世界的认识是一个逐步提高的过程，只有在积累了大量的感性认识后才能升华到理性认识，形成某种知识。在这一过程中，客观事物表露得不充分且未能抓住本质，可能导致认识不够全面准确，这种不完全性和不准确性必然导致相应的知识具有不确定性。

3. 可表示性与可利用性

知识的可表示性是指知识可以用适当形式表示出来，如用语言、文字、图形、神经网络等，这样知识才能被存储、传播。知识的可利用性是指知识可以被利用。这是不言而喻的，人们每天都在利用自己掌握的知识解决所面临的各种问题。

2.1.3 知识的表示

知识表示就是将人类知识形式化或者模型化，实际上就是对知识的一种描述，或者说是一组约定，一种计算机可以接受的用于描述知识的数据结构。目前已经提出了许多知识表示方法，如下面要着重介绍的状态空间法、问题归约法、产生式表示法等。实际上还有许多知识表示方法没有介绍。已有知识表示方法大都是在进行某项具体研究时提出来的，有一定的针对性和局限性，应用时需根据实际情况作适当的改变，有时还需要把几种表示模式结合起来。在建立一个具体的智能系统时，究竟采用哪种表示模式，目前还没有统一的标准，也不存在一个万能的知识表示模式。

2.2 状态空间法

问题求解是个大课题，它涉及归约、推断、决策、规划、常识推理、定理证明和相关过程等核心概念。在人工智能研究中运用的问题求解方法中，许多求解方法是采用试探搜索方法的。也就是说，这些方法是通过在某个可能的解空间内寻找一个解来求解问题的。这种基于解答空间的问题表示和求解方法就是状态空间法，它是以状态和算符为基础来表示和求解问题的。

2.2.1 问题状态描述

首先对状态和状态空间有如下定义。

状态是为描述某类不同事物间的差别而引入的一组最少变量 $q_0,q_1,\cdots,q_n$ 的有序集合，其矢量形式如下：

$$\boldsymbol{Q}=[q_0,q_1,\cdots,q_n]^{\mathrm{T}}$$

式中，每个元素 $q_i(i=0,1,\cdots,n)$ 为集合的分量，称为状态变量。给定每个分量的一组值就得到一个具体的态，如

$$\boldsymbol{Q}_k=[q_{0k},q_{1k},\cdots,q_{nk}]^{\mathrm{T}}$$

使问题从一种状态变化为另一种状态的手段称为操作符或算符。操作符可为走步、过程、规则、数学算子、运算符号或逻辑符号等。

问题的状态空间是一个表示该问题全部可能状态及其关系的图，它包含三种说明的集合，即所有可能的问题初始状态集合 S、操作符集合 F 以及目标状态集合 G。因此，可把状态空间记为三元状态 (S,F,G)。

用十五数码问题(15 puzzle)来说明状态空间表示概念。十五数码问题由 15 个编号为 1～15 并放在 4×4 方格棋盘上的可走动的棋子组成。棋盘上总有一格是空的，以便可能让空格周围的棋子走进空格，这也可以理解为移动空格。十五数码问题如图 2.1 所示。图中绘出了两种棋局，即初始棋局和目标棋局，它们对应于该下棋问题的初始状态和目标状态。

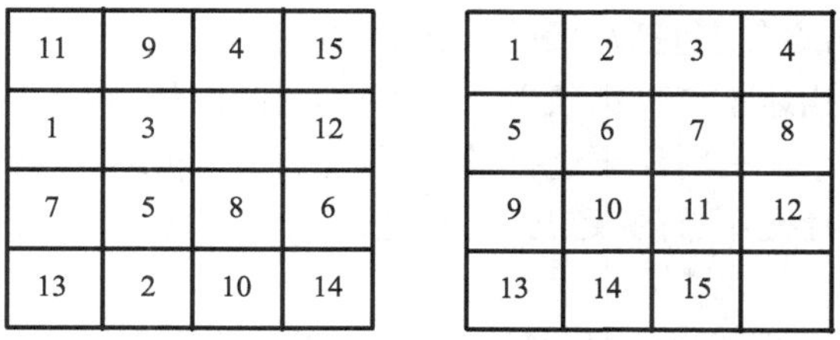

(a) 初始棋局　　　　　　　　(b) 目标棋局

图 2.1　十五数码问题

如何把初始棋局变换为目标棋局呢？问题的解答就是某个合适的棋子走步序列，如“左移棋子 12，下移棋子 15，右移棋子 4，…”。

十五数码问题最直接的求解方法是尝试各种不同的走步，直到偶然得到该目标棋局为止。这种尝试本质上涉及某种试探搜索。从初始棋局开始，试探由每一合法走步得到的各种新棋局，然后计算再走一步而得到的下一组棋局。这样继续下去，直至达到目标棋局为止。把初始状态可达到的各状态所组成的空间设想为一幅由各种状态对应的节点组成的图。这种图称为状态图或状态空间图。图 2.2 展示了十五数码问题状态空间图的一部分。图中每个节点标有它所代表的棋局。首先，把适用的算符用于初始状态，以产生新的状态；然后，把另一些适用算符用于这些新的状态；这样继续下去，直至产生目标状态为止。

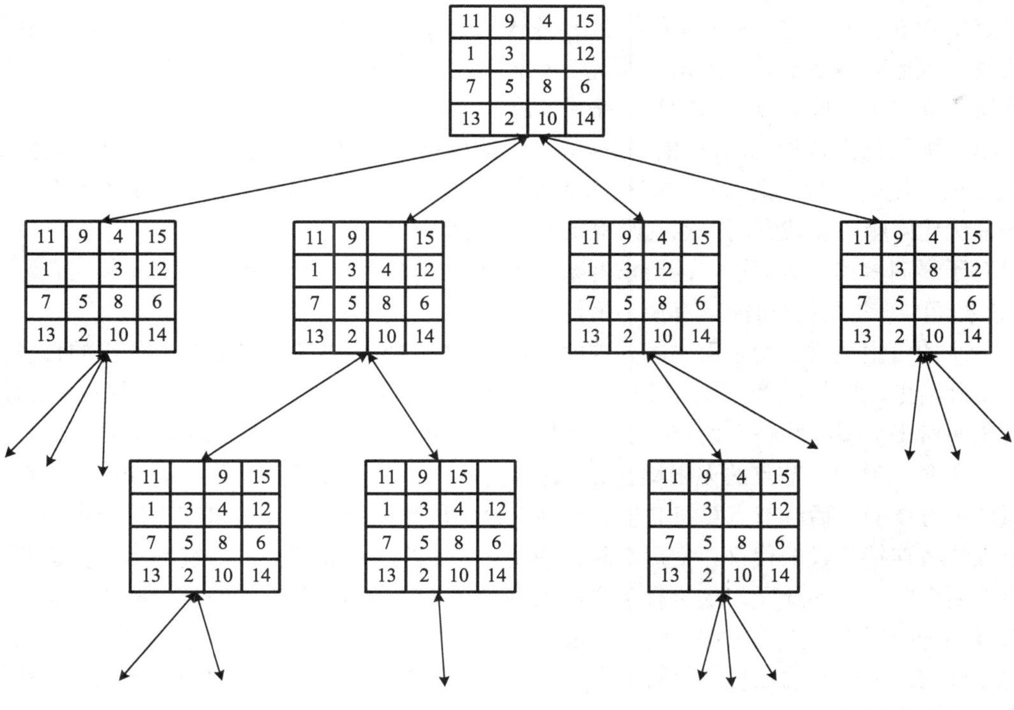

图 2.2　十五数码问题部分状态空间图

一般用状态空间法这一术语来表示下述方法：从某个初始状态开始，每次加一个操作符，递增地建立起操作符的试验序列，直到达到目标状态为止。

寻找状态空间的全部过程包括从旧的状态描述产生新的状态描述，以及此后检验这些新的状态描述，看其是否描述了该目标状态。这种检验往往只是查看某个状态是否与给定的目标状态描述相匹配。不过，有时还要进行较为复杂的目标测试。对于某些最优化问题，仅仅找到到达目标的任一路径是不够的，还必须找到按某个准则实现最优化的路径（如下棋的走步最少）。

综上讨论可知，要完成某个问题的状态描述，必须确定3件事：①该状态的描述方式，特别是初始状态描述；②操作符集合及其对状态描述的作用；③目标状态描述的特性。

2.2.2　状态图示法

为了对状态空间图有更深入的了解，这里介绍图论中的几个术语和图的正式表示法。

图由节点（不一定是有限的节点）的集合构成。一对节点用弧线连接起来，从一个节点指向另一个节点。这种图称为有向图（directed graph）。如果某条弧线从节点n_i指向节点n_j，那么节点n_j就称为节点n_i的后继节点或后裔，而节点n_i称为节点n_j的父节点或祖先节点。一个节点一般只有有限个后继节点。一对节点可能互为后裔，这时，该对有向弧线就用一条棱线代替。当用一个图来表示某个状态空间时，图中各节点标上相应的状态描述，而有向弧线旁边标有算符。

某个节点序列$(n_{i1}, n_{i2}, \cdots, n_{ik})$，当$j = 2,3,\cdots,k$时，如果对于每一个$n_{i,j-1}$都有一个后继节点$n_{ij}$存在，那么就把这个节点序列称为从节点$n_{i1}$至节点$n_{ik}$的长度为$k$的路径。如果从节点$n_i$至节点$n_j$存在一条路径，那么就称节点$n_j$是从节点$n_i$可达到的节点，或者称节点$n_j$为节点$n_i$的后裔，而且称节点$n_i$为节点$n_j$的祖先。不难发现，寻找从一种状态变换为另一种状态的某个算符序列问题等价于寻求图的某一路径问题。

给各弧线指定代价以表示加在相应算符上的代价。用$c(n_i, n_j)$来表示从节点n_i指向节点n_j的那段弧线的代价。两节点间路径的代价等于连接该路径上各节点的所有弧线代价之和。对于最优化问题，要找到两节点间具有最小代价的路径。

对于最简单的一类问题，需要求得某指定节点s（表示初始状态）与另一节点t（表示目标状态）之间的一条路径（可能具有最小代价）。

一个图可由显式说明也可由隐式说明。对于显式说明，各节点及其具有代价的弧线由一张表明确给出，此表可能列出该图中的每一节点、它的后继节点以及连接弧线的代价。显然，显式说明对于大型的图是不切实际的，而对于具有无限节点集合的图则是不可能的。

对于隐式说明，节点的无限集合$\{s_i\}$作为起始节点是已知的。此外，引入后继节点算符的概念是方便的。后继节点算符Γ也是已知的，它能作用于任一节点以产生该节点的全部后继节点和各连接弧线的代价。把后继算符应用于$\{s_i\}$的成员和它们的后继节点以及这些后继节点的后继节点，如此无限地进行下去，最后使得由Γ和$\{s_i\}$所规定的隐式图变为显式图。把后继算符应用于节点的过程，就是扩展一个节点的过程。因此，搜索某个状态空间以求得算符序列的一个解答的过程，就对应于使隐式图足够大一部分变为显式图以便包含目标节点的过程，这样的搜索图是状态空间问题求解的主要基础。

问题的表示对求解工作量有很大的影响。人们显然希望有较小的状态空间表示，许多似乎很难的问题，当表示适当时就可能具有小而简单的状态空间。

根据问题状态、操作符和目标条件选择各种表示，是高效率问题求解所需要的。首先需要表示问题，然后改进提出的表示。在问题求解过程中，会不断取得经验，获得一些简化的表示。例如，看出对称性或合并为宏规则等有效序列。对于十五数码问题的初始状态表示，可规定 15×4=60 条规则，即左移棋子 1，右移棋子 1，上移棋子 1，下移棋子 1，左移棋子 2，…，下移棋子 15 等。很快就会发现，只要左、右、上、下移动空格，那么就可用 4 条规则代替上述 60 条规则。可见，移动空格是一种较好的表示。

旅行商问题或旅行推销员问题是假设一名推销员从出发地到若干个城市去推销产品，然后回到出发地。问题是要找到一条最好的路径，使得推销员访问每个城市后回到出发地所经过的路径最短或者费用最少。图 2.3 是这个问题的一个实例，图中节点代表城市，弧上标注的数值表示经过该路径的费用(或距离)。假定推销员从 A 城出发。可能的路径有很多，例如，费用为 375 的路径(A→B→C→D→E→A)就是一个可能的旅行路径。但目的是要找具有最低费用的旅行路径。注意，这里对目的的描述是关注整个路径的特性而不是单个状态的特性。图 2.4 是该问题的部分状态空间表示。

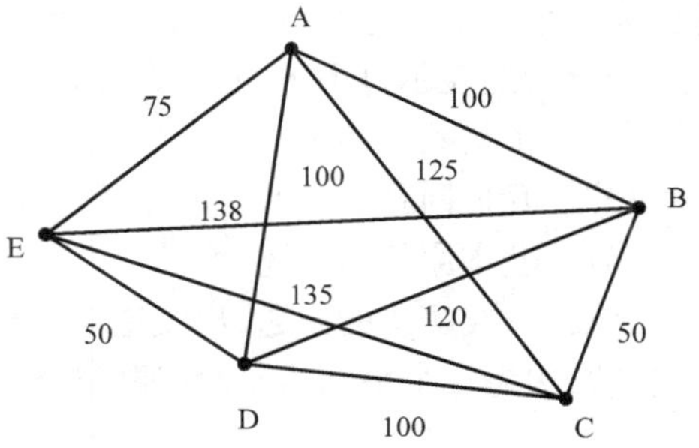

图 2.3　旅行商问题的一个实例

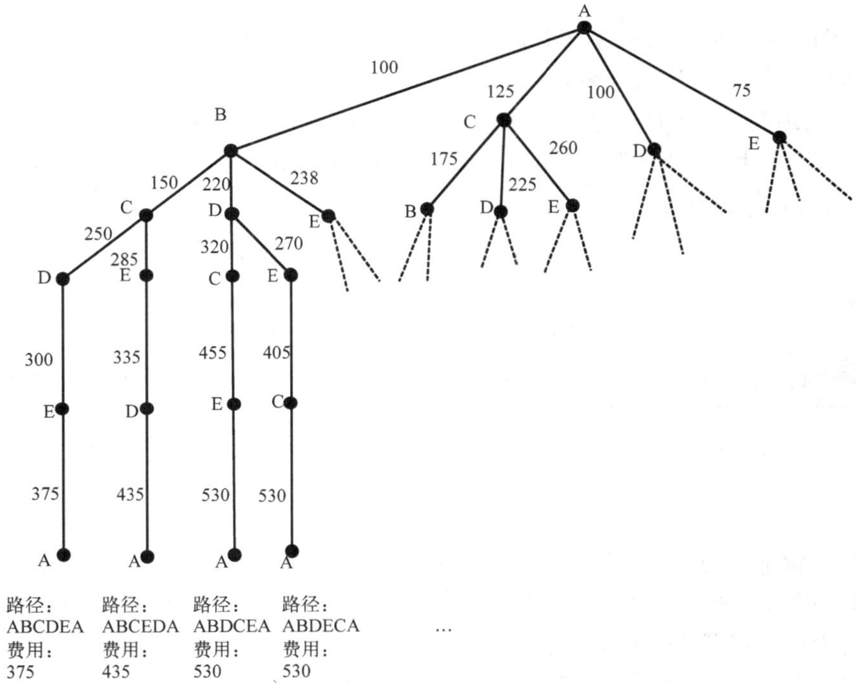

图 2.4　旅行商问题的部分状态空间图

对于许多实际问题，要在有限的时间内绘出问题的全部状态图是不可能的，例如，旅行商问题，n 个城市存在 $1/2(n-1)!$ 条路径。如果用 10^8 次/s 的计算机进行穷举，则当 $n=7$ 时，搜索时间为 $t=2.5\times10^{-5}$s；当 $n=15$ 时，$t=18$h；当 $n=20$ 时，$t=350$ 年；当 $n=50$ 时，$t=5\times10^{48}$ 年；当 $n=100$ 时，$t=5\times10^{142}$ 年；当 $n=200$ 时，$t=5\times10^{358}$ 年。因此，这类显式表示对于大型问题的描述是不切实际的，而对于具有无限节点集合的问题则是不可能的。

微课

2.3　问题归约法

问题归约是另一种问题描述与求解方法。已知问题的描述，通过一系列变换最终把此问题变为一个个子问题的集合，这些子问题的解可以直接得到，从而解决了初始问题。

问题归约表示可由下面三部分组成：

(1) 一个初始问题描述；

(2) 一套把问题变换为子问题的操作符；

(3) 一套本原问题描述。

从目标(要解决的问题)出发逆向推理，建立子问题以及子问题的子问题，直至最后把初始问题归约为一个平凡的本原问题集合，这就是问题归约的实质。

2.3.1　问题归约描述

为了说明如何用问题归约法求解问题，考虑另一种难题——汉诺塔问题(tower of hanoi puzzle)，其提法如下。

有 3 个柱子(1、2 和 3)和 3 个不同尺寸的圆盘(A、B 和 C)。在每个圆盘的中心有个孔，所以圆盘可以堆叠在柱子上。最初，全部 3 个圆盘都堆在柱子 1 上，最大的圆盘 C 在底部，最小的盘 A 在顶部。要求把所有圆盘都移到柱子 3 上，每次只许移动一个，而且只能先搬动柱子顶部的圆盘，且不允许把尺寸较大的圆盘堆放在尺寸较小的圆盘上。这个问题的初始配置和目标配置如图 2.5 所示。

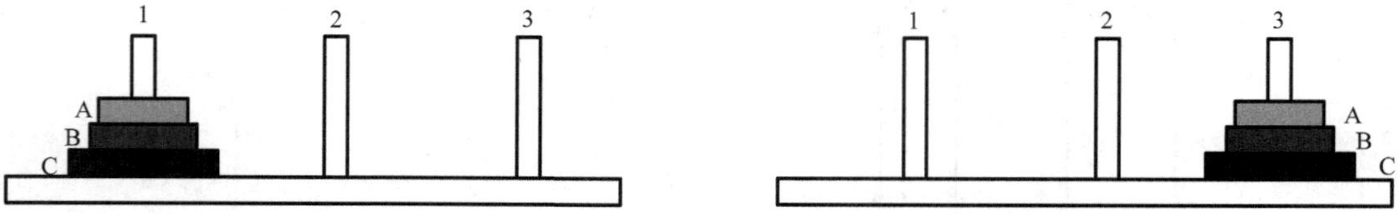

(a) 初始配置　　(b) 目标配置

图 2.5　汉诺塔问题

如果采用状态空间法来求解这个问题，其状态空间图含有 27 个节点，每个节点代表柱子上圆盘的一种正当配置。也可以用简单的问题归约法来求解此问题。把如图 2.5 所示的原始问题归约为一个较简单的问题集合：

(1) 要把所有圆盘都移至柱子 3 上，首先必须把圆盘 C 移至柱子 3，而且在移动圆盘 C 至柱子 3 之前，要求柱子 3 必须是空的。

(2) 只有在移开圆盘 A 和 B 之后，才能移动圆盘 C，而且圆盘 A 和 B 最好不要移至柱子 3 上，否则就不能把圆盘 C 移至柱子 3。因此，首先应该把圆盘 A 和 B 移到柱子 2 上。

(3)进行关键的一步，把圆盘 C 从柱子 1 移至柱子 3，并继续解决难题的其余部分。

上述论证允许把原始难题归约(简化)为下列 3 个子难题：

(1)移动圆盘 A 和 B 至柱子 2 的双圆盘难题，如图 2.6(a)所示。

(2)移动圆盘 C 至柱子 3 的单圆盘难题，如图 2.6(b)所示。

(3)移动圆盘 A 和 B 至柱子 3 的双圆盘难题，如图 2.6(c)所示。

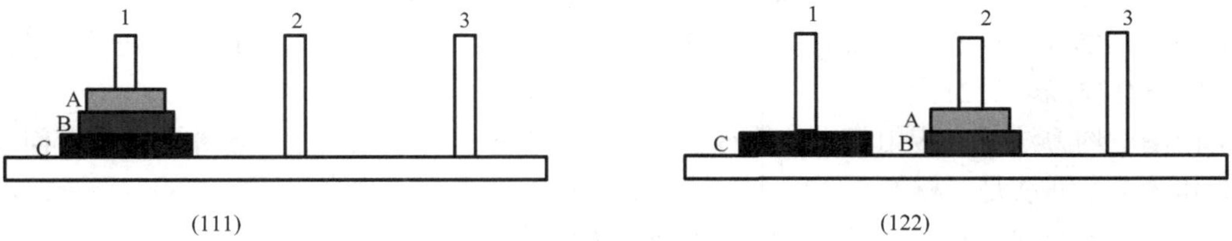

(a) 移动圆盘A和B至柱子2

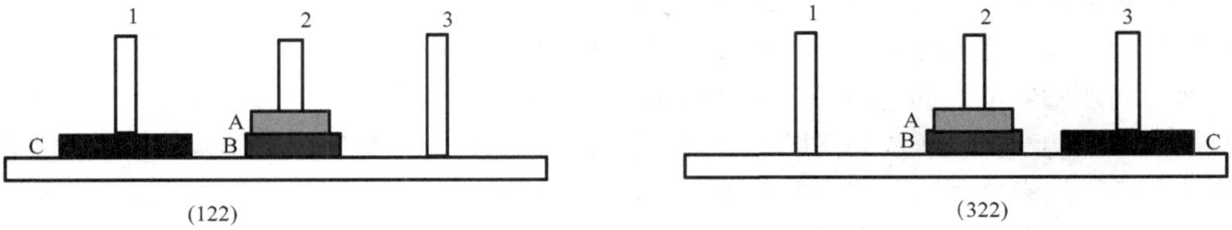

(b) 移动圆盘C至柱子3

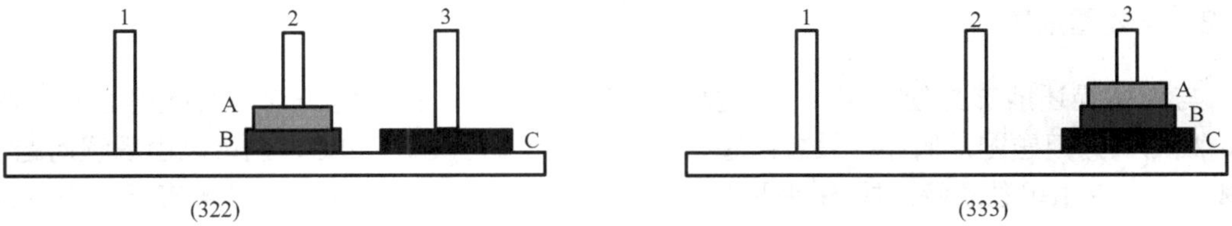

(c) 移动圆盘A和B至柱子3

图 2.6 汉诺塔问题的归约

由于 3 个简化了的难题中的每一个都是较小的，所以都比原始难题容易解决，子问题 2 可作为本原问题考虑，因为它的解只包含一步移动。应用一系列相似的推理，子问题 1 和子问题 3 也可被归约为本原问题，如图 2.7 所示。这种图式结构称为与或图。它能有效地说明如何由问题归约法求得问题的解答。

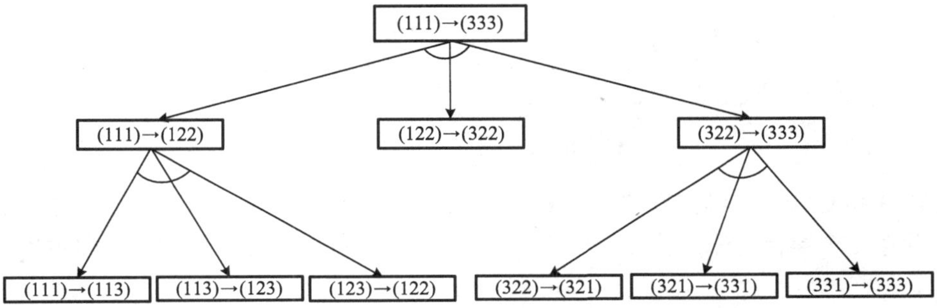

图 2.7 汉诺塔问题归约图

问题归约方法应用算符来把问题描述变换为子问题描述。问题描述可以有各种数据结构形式，表列、树、字符串、矢量、数组和其他形式都曾被采用过。对于汉诺塔问题，其子问题可用一个包含两个数列的表列来描述。于是，问题描述[(113),(333)]就意味着“把配置(113)变换为配置(333)”。

可以用状态空间表示的三元组合(S,F,G)来规定与描述问题。有关子问题可当作状态空间中两个一定的“脚踏石”之间寻找路径的问题来辨别。对于汉诺塔问题，子问题$[(111) \Rightarrow (122)]$，$[(122) \Rightarrow (322)]$以及$[(322) \Rightarrow (333)]$规定了最后解答路径将要通过的“脚踏石”状态(122)和(322)。

问题归约方法可以应用状态、算符和目标这些表示法来描述问题，这并不意味着问题归约法和状态空间法是一样的。实际上，递增状态空间搜索应用某个问题归约的普通形式，而且可以把问题归约法看作比状态空间法更通用的问题求解方法。

把一个问题描述变换为一个归约或后继问题描述的集合，这是由问题归约算符进行的，变换所得所有后继问题的解就意味着父辈问题的一个解。

所有问题归约的目的是最终产生具有明显解答的本原问题。这些问题可能是能够由状态空间搜索中走动一步来解决的问题，或者可能是其他具有已知解答的更复杂的问题。本原问题除了对终止搜索过程起着明显的作用之外，有时还被用来限制归约过程中产生后继问题的替换集合。当一个或多个后继问题属于某个本原问题的指定子集时，就会出现这种限制。

2.3.2 与或图描述

与或图描述能够方便地用一个类似图的结构来表示，把问题归约为后继问题的替换集合，画出归约问题图，例如，设想问题A既可以由求解问题B和C，也可以由求解问题D、E和F，或者由单独求解问题H来解决。这一关系可由如图2.8所示的结果表示。图中各节点由它们所表示的问题来标记。

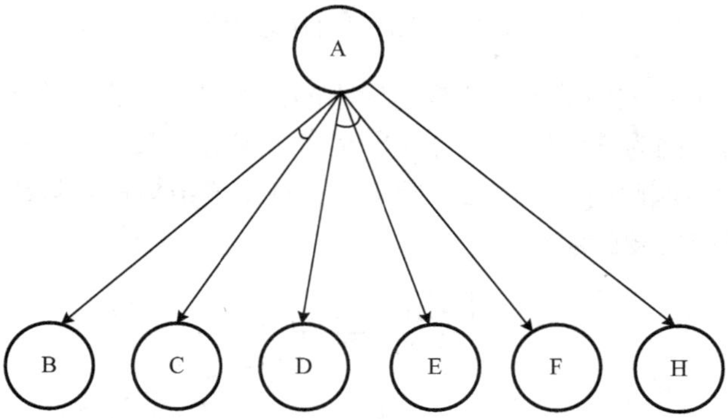

图2.8　子问题替换集合结构图

问题B和C构成后继问题的一个集合；问题D、E和F构成另一后继问题的集合；而问题H则为第三个集合。对应于某个给定集合的各节点，用一个连接它们的弧线的特别标记来指明。

通常把某些附加节点引入此结构图，以便使含有一个以上后继问题的每个集合能够聚集在它们各自的父节点之下。根据这一约定，如图2.8所示的结构变为如图2.9所示的结构。其中，标记为 N 和 M 的附加节点分别作为集合{B,C}和{D,E,F}的唯一父节点。如果 N 和 M 理解为具有问题描述的作用，那么可以看出，问题 A 被归约为单一替换子问题 N、M 和 H。因此，把节点 N、M 和 H 称为或节点。然而，问题 N 被归约为子问题 B 和 C 的单一集合，要求解 N 就必须求解所有的子问题。因此，把节点 B 和 C 称为与节点。同理，把节点 D、E 和 F 也称为与节点。各个与节点用跨接指向它们后继节点的弧线的小段圆弧加以标记。把这种结构图称为与或图。

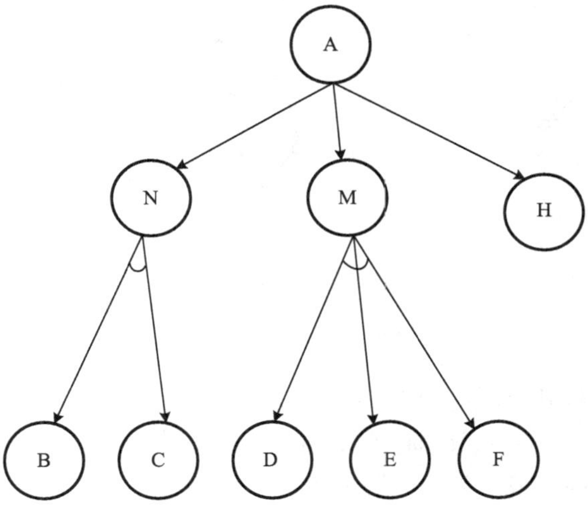

图 2.9　一个与或图

在与或图中，如果一个节点具有任何后继节点，那么这些后继节点既可全为或节点，也可全为与节点(当某个节点只含有单个后继节点时，这个后继节点当然既可看作或节点，也可看作与节点)。

注意到在特殊情况下，根本不出现任何与节点。在状态空间搜索中，就是应用这种普通图的，由于在与或图中出现了与节点，其结构与普通图结构大为不同。与或图需要有其特有的搜索技术，而且是否存在与节点也就成为区别两种问题求解方法的主要依据。

在描述与或图时，将继续采用如父节点、后继节点和连接两节点的弧线之类的术语，给予它们以明确的意义。

通过与或图，把某个单一问题归约算符具体应用某个子问题描述，依次产生出一个中间或节点及其与节点后裔(例外的情况是，当子问题集合只含有单项时，只产生或节点)。

这样，模拟问题归约方法的相关结构是一个与或图。与或图中的节点之一——起始节点对应于原始问题描述。图中那些对应子本原问题的节点称为终叶节点。

在与或图上执行的搜索过程，其目的在于表明起始节点是有解的。与或图中一个可解节点的一般定义可以归纳如下：

(1) 终叶节点是可解节点(因为它们与本原问题相关联)。

(2) 如果某个非终叶节点含有或后继节点，那么只有当其后继节点至少有一个可解的时候，此非终叶节点才是可解的。

(3) 如果某个非终叶节点含有与后继节点，那么只有当其后继节点全部为可解时，此非终叶节点才是可解的。

于是，一个解图被定义可解节点的子图，这些节点能够(按上述定义)证明其初始节点是可解的。

图 2.10 给出与或图的一些例子。图中，终叶节点用字母 t 表示，有解节点用小圆点表示，不可解节点用小圆圈表示，而解图用细线分支表示。

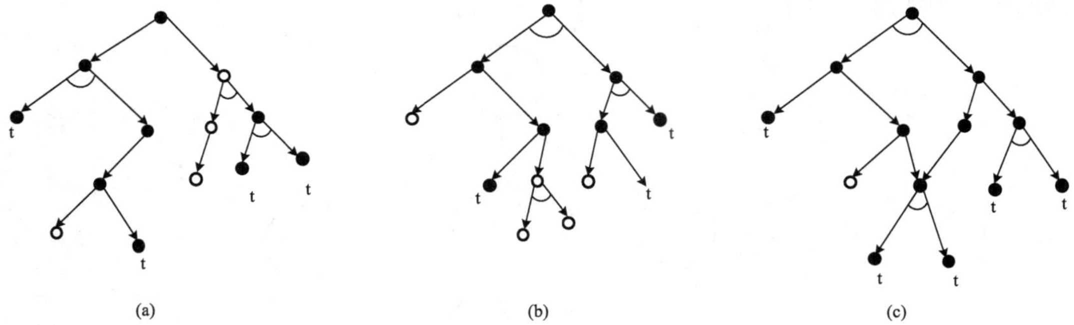

图 2.10　与或图例子

当与或图中某些非终叶节点完全没有后继节点时，就说它是不可解的。这种不可解节点的出现可能意味着图中另外一些节点(甚至起始节点)也是不可解的，不可解节点的一般定义归纳如下。

(1) 没有后裔的非终叶节点为不可解节点。

(2) 如果某个非终叶节点含有或后继节点，那么只有当其全部后裔为不可解时，此非终叶节点才是不可解的。

(3) 如果某个非终叶节点含有与后继节点，那么当其后裔至少有一个为不可解时，此非终叶节点才是不可解的。

图 2.10 所示的与或图为显式图。与状态空间问题求解一样，很少用显式图来搜索，而是用由初始问题描述和消解算符所定义的隐式图来搜索。这样，一个问题求解过程是由生成与或图的足够部分，并证明起始节点是有解的而得以完成的。

综上所述，可把与或图的构成规则概括如下。

(1) 与或图中的每个节点代表一个要解决的单一问题或问题集合。图中所含起始节点对应于原始问题。

(2) 对应于本原问题的节点，称为终叶节点，它没有后裔。

(3) 对于把算符应用于问题 A 的每种可能情况，都把问题变换为一个子问题集合；有向弧线自 A 指向后继节点，表示所求得的子问题集合。

(4) 对于代表两个或两个以上子问题集合的每个节点，有向弧线从此节点指向此子问题集合中的各个节点。由于只有当集合中所有的项都有解时，这个子问题的集合才能获得解答，所以这些子问题节点称为与节点。为了区别于或节点，把具有共同父辈的与节点后裔的所有弧线用另外一段小弧线连接起来。

(5) 在特殊情况下，当只有一个算符可应用于问题，而且这个算符产生具有一个以上子问题的某个集合时，由上述规则(3)和规则(4)所产生的图可以得到简化。因此，代表子问题集合的中间或节点可以省略。

2.4　产生式表示法

产生式表示法又称为产生式规则(production rule)表示法。“产生式”这一术语是由美国数学家波斯特(Post)在 1943 年首先提出来的。他根据串替代规则提出了一种称为波斯特机的计算模型，模型中的每一条规则称为一个产生式。在此之后，几经修改与充实，如今已被用到多个领域中。例如，用它来描述形式语言的语法，表示人类心理活动的认知过程等。1972 年，纽厄尔和西蒙在研究人类的认知模型中开发了基于规则的产生式系统。目前，它已成为人工智能中应用最多的一种知识表示模型，许多成功的专家系统都用它来表示知识，如费根鲍姆等研制的化学分子结构专家系统 DENDRAL、肖特里菲等研制的诊断传染性疾病的专家系统 MYCIN 等。

2.4.1　产生式概述

产生式通常用于表示事实、规则以及它们的不确定性度量，适合于表示事实性知识和规则性知识。

1. 确定性规则知识的产生式表示

确定性规则知识的产生式表示的基本形式如下：

$$\text{IF}\quad P\quad \text{THEN}\quad Q$$

或者

$$P \to Q$$

其中，P 是产生式的前提，用于指出该产生式是否可用的条件；Q 是一组结论或操作，用于指出当前提 P 所指示的条件满足时，应该得出的结论或应该执行的操作。整个产生式的含义是：如果前提 P 被满足，则可得到结论 Q 或执行 Q 所规定的操作。例如：

T4: IF　动物会飞　AND　会下蛋　THEN　该动物是鸟

这是一个产生式。其中，T4 是该产生式的编号；“动物会飞 AND 会下蛋”是前提 P；“该动物是鸟”是结论 Q。

2. 不确定性规则知识的产生式表示

不确定性规则知识的产生式表示的基本形式如下：

$$\text{IF}\quad P\quad \text{THEN}\quad Q\quad (\text{置信度})$$

或者

$$P \to Q\quad (\text{置信度})$$

例如，在专家系统 MYCIN 中有这样一条产生式：

IF　本微生物的染色斑是革兰氏阴性；
　　本微生物的形状呈杆状；
　　患者是中间宿主
THEN
　　该微生物是绿脓杆菌，置信度为0.6

它表示当前提示中列出的各个条件都得到满足时，结论“该微生物是绿脓杆菌”的置信度为 0.6。这里用 0.6 指出了知识的强度。

3. 确定性事实性知识的产生式表示

确定性事实一般用三元组表示：

（对象，属性，值）

或者

（关系，对象 1，对象 2）

例如，老李的年龄是 40 岁，表示为(Li，Age，40)。老李和老王是朋友，表示为(Friend，Li，Wang)。

4. 不确定性事实性知识的产生式表示

不确定性事实一般用四元组表示：

（对象，属性，值，置信度）

或者

（关系，对象 1，对象 2，置信度）

例如，老李的年龄很可能是 40 岁，表示为(Li，Age，40，0.8)。老李和老王不大可能是朋友，表示为(Friend，Li，Wang，0.1)。

产生式又称为规则或产生式规则；产生式的“前提”有时又称为“条件”“前提条件”“前件”“左部”等；其“结论”部分有时称为“后件”或“右部”等。今后将不加区分地使用这些术语，不再作单独说明。

产生式与谓词逻辑中的蕴涵式的基本形式相同，但蕴涵式只是产生式的一种特殊情况，理由有如下两点。

(1)除逻辑蕴涵外，产生式还包括各种操作、规则、变换、算子、函数等。例如，“如果炉温超过上限，则立即关闭风门”是一个产生式，但不是一个蕴涵式。产生式描述了事物之间的一种对应关系(包括因果关系和蕴涵关系)，其外延十分广泛。逻辑中的逻辑蕴涵式和等价式、程序设计语言中的文法规则、数学中的微分和积分公式、化学中分子结构式的分解变换规则，甚至体育比赛中的规则、国家的法律条文、单位的规章制度等，都可以用产生式表示。

(2)蕴涵式只能表示确定性知识，其真值或者为真，或者为假，而产生式不仅可以表示确定性的知识，而且还可以表示不确定性知识。决定一条知识是否可用，需要检查当前是否有已知事实可与前提中所规定的条件匹配。对谓词逻辑的蕴涵式来说，其匹配总要求是精确的。在产生式表示知识的系统中，匹配可以是精确的，也可以是不精确的，只要按某种算法求出的相似度落在预先指定的范围内就认为是可匹配的。

由于产生式与蕴涵式存在这些区别，它们在处理方法及应用等方面都有较大的差别。为了严格地描述产生式，下面用巴克斯范式(Backus-Naur form，BNF)给出它的形式进行描述：

＜产生式＞:: =＜前提> + <结论＞

＜前提＞:: =＜简单条件> I <复合条件＞

＜结论＞:: =＜事实> I <操作＞

＜复合条件＞:: =＜简单条件>AND<简单条件>[AND <简单条件＞…]

I <简单条件>OR <简单条件>[OR <简单条件＞…]

＜操作＞:: =＜操作名＞ [(＜变元＞，…)]

其中，符号“:: =”表示“定义为”；符号“I”表示“或者是”；符号“[ ]”表示“可省略”。

2.4.2　产生式系统

把一组产生式放在一起，让它们互相配合，协同作用，一个产生式生成的结论可以供另一个产生式作为已知事实使用，以求得问题的解，这样的系统称为产生式系统。

一般来说，一个产生式系统由规则库、控制系统(推理机)、综合数据库三部分组成。它们之间的关系如图 2.11 所示。

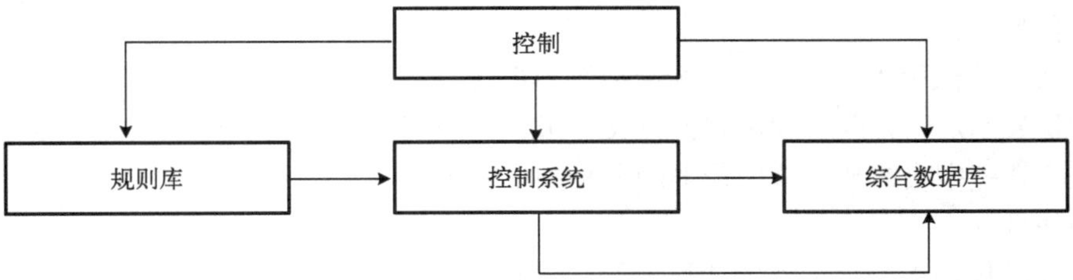

图 2.11　产生式系统的基本结构关系

1. 规则库

用于描述相应领域内知识的产生式集合称为规则库。

显然，规则库是产生式系统求解问题的基础，其知识是否完整、一致，表达是否准确、灵活，对知识的组织是否合理等，将直接影响系统的性能。因此，需要对规则库中的知识进行合理的组织和管理，检测并排除冗余及矛盾的知识，保持知识的一致性。采用合理的结构形式，可使推理避免访问那些与求解当前问题无关的知识，从而提高求解问题的效率。

2. 综合数据库

综合数据库又称为事实库、上下文、黑板等，它是一个用于存放问题求解过程中各种当前信息的数据结构，如问题的初始状态、原始证据、推理中得到的中间结论及最终结论。当规则库中某条产生式的前提可与综合数据库的某些已知事实相匹配时，该产生式就被激活，并把它推出的结论放入综合数据库中，作为后面推理的已知事实。显然，综合数据库的内容是在不断变化的。

3. 控制系统

控制系统又称为推理机。它由一组程序组成，负责整个产生式系统的运行，实现对问题的求解。粗略地说，推理机要做以下几项工作。

(1) 按一定的策略从规则库中选择前提条件与综合数据库中的已知事实进行匹配。匹配是指把规则库中的前提条件与综合数据库中的已知事实进行比较，如果两者一致，或者近似一致且满足预先规定的条件，则称匹配成功，相应的规则可被使用，否则称为匹配不成功。

(2) 冲突消解。匹配成功的规则可能不止一条，这称为发生了冲突。此时，推理机构必须调用相应的解决冲突策略进行消解，以便从匹配成功的规则中选出一条执行。

(3) 执行规则。如果某一规则的右部是一个或多个结论，则把这些结论加入综合数据库中；如果规则的右部是一个或多个操作，则执行这些操作。对于不确定性知识，在执行每一条规则时还要按一定的算法计算结论的不确定性。

(4) 检查推理终止条件。检查综合数据库中是否包含了最终结论，决定是否停止系统的运行。

2.4.3 产生式表示法的特点

1. 产生式表示法的主要优点

1) 自然性

产生式表示法用“如果……那么……”的形式表示知识，这是人们常用的一种表达因果关系的知识表示形式，既直观、自然，又便于进行推理。正是这一原因，才使得产生式表示法成为人工智能中最重要且应用最多的一种知识表示方法。

2) 模块性

产生式是规则库中最基本的知识单元，它们同推理机构相对独立，而且每条规则都具有相同的形式。这就便于对其进行模块化处理，为知识的增、删、改带来方便，为规则库的建立和扩展提供了可管理性。

3) 有效性

产生式表示法既可表示确定性知识，又可表示不确定性知识；既有利于表示启发式知识，又可方便地表示过程性知识。目前已建造成功的专家系统大部分是用产生式来表达其过程性知识的。

4) 清晰性

产生式有固定的格式。每一条产生式规则都由前提与结论（操作）这两部分组成，而且每一部分所含的知识量都比较少。这既便于对规则进行设计，又易于对规则库中知识的一致性及完整性进行检测。

2. 产生式表示法的主要缺点

1) 效率不高

在产生式系统求解问题的过程中，首先要用产生式的前提部分与综合数据库中的已知事实进行匹配，从规则库中选出可用的规则，此时选出的规则可能不止一个，这就需要按一定的策略进行“冲突消解”，然后把选中的规则启动执行。因此，产生式系统求解问题的过程是一个反复进行“匹配—冲突消解—执行” 的过程。鉴于规则库一般都比较庞大，而匹配又是一项十分费时的工作，因此其工作效率不高，而且大量的产生式规则容易引起组合爆炸。

2) 不能表达具有结构性的知识

产生式适合于表达具有因果关系的过程性知识，是一种非结构化的知识表示方法，所以对具有结构关系的知识却无能为力，它不能把具有结构关系的事物间的区别与联系表示出来。后面介绍的框架表示法可以解决这方面的问题。因此，产生式表示法除了可以独立作为一种知识表示模式外，还经常与其他表示法结合起来表示特定领域的知识。例如，在专家系统PROSPECTOR 中将产生式与语义网络相结合，在 Alkins 中将产生式与框架表示法结合起来，等等。

3. 产生式表示法适合表示的知识

由上述关于产生式表示法的特点，可以看出产生式表示法适合于表示具有下列特点的领域知识。

(1) 由许多相对独立的知识元组成的领域知识，彼此间关系不密切，不存在结构关系，如化学反应方面的知识。

(2) 具有经验性及不确定性的知识，而且相关领域中对这些知识没有严格、统一的理论，如医疗诊断、故障诊断等方面的知识。

(3) 领域问题的求解过程可表示为一系列相对独立的操作，而且每个操作可表示为一条或多条产生式规则。

2.5 面向对象的知识表示

面向对象方法的本质是强调从客观世界中固有的事物出发来构造系统，强调系统中的对象及对象之间的关系能够如实地反映客观世界中的固有事物及其关系。用面向对象方法构造的知识系统能够比较自然地反映人们思考问题的方式，因为人在认知和分析问题时，总是把问题分解为一些对象及对象之间的组合和联系。事实上，任何系统都可以视作为达到某种目的而相互作用的一组对象。把面向对象的方法和技术用于知识表示和处理具有极好的发展前景。

2.5.1 关于对象的定义

一个对象的形式定义可以用以下四元组表示：

$$对象 ::= < ID, DS, MS, MI >$$

其中，对象的标识符 ID 又称对象名，用以标识一个特定的对象，如人名、校名。对象的数据结构 DS 描述对象当前的内部状态或所具有的静态属性，常用一组 < 属性名 属性值 > 表示。对象方法集合 MS 用以说明对象所具有的内部处理方法或对受理的消息的操作过程，反映了对象自身的智能行为。对象的消息接口 MI 是对象接收外部信息和驱动有关内部方法的唯一对外接口。消息接口以消息模式集的形式给出，每一消息模式有一消息名，通常还包含必要的参数表。当接收者从它的消息接口受理发送者的某一消息时，首先要判断该消息属于哪一消息模式，找出与之匹配的内部方法，然后，进行相应的消息处理或回答某些信息。

在面向对象的系统中，问题求解或程序的执行是依靠对象间传递消息完成的。最初的消息通常来自用户的输入，某一对象在处理相应的消息时，如果需要，又可以通过传递消息去请求其他对象完成某些处理工作或回答某些信息，其他对象在执行所要求的处理时同样可以通过传递消息与其他的对象联系，如此下去，直至得到问题的解。

2.5.2　消息、接口和方法

通常，消息(message)是指在通信双方之间传送的任何书面、口头或代码的内容。在面向对象的方法中，对对象实施操作的唯一途径就是向对象发送消息，各对象间的联系只有通过消息发送和接收来进行。这里的“消息”具体化为对对象执行某一处理或回答某一请求的信息。

向对象发送消息就是要求该对象根据消息使用其相应的处理能力。某一对象在执行相应的处理时，如果需要，该对象可以通过发送消息请求其他对象完成某些处理工作或回复信息，其他对象在执行某些请求时，同样可以通过消息发送与其他的对象联系。发送者发送消息，仅仅告诉消息接收者做什么，至于如何做，则完全由接收者决定。消息发送者只知道消息接收者具有某种功能，而不知道它是如何实现的。消息接收者独立地决定采用什么方式完成所需处理，对接收到的消息进行分析并做出相应的反应，或改变自身的内部状态或向发送者回复消息。向对象发送消息实质上是一个间接的过程调用，即驱动对象中同消息选择库所指明的操作相对应的过程。在大多数情况下，这类调用会引起该对象向其他对象发送新的消息，这种消息发送一直延续到某个基本操作为止，终止消息发送链。这种消息发送过程如图 2.12 所示。

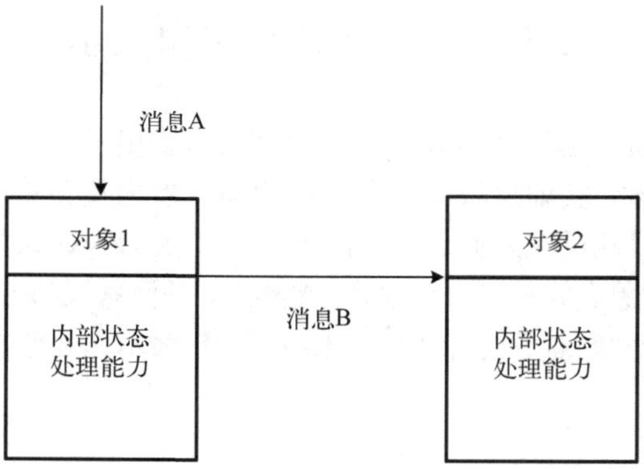

图 2.12　对象间的消息传递

同一消息可以送往不同的对象，不同的对象对于相同形式的消息，可以有不同的解释及不同的反应；一个对象可以接收不同形式、不同内容的多个消息。把对象可响应的消息集称为该对象同系统其他部分的消息接口，是对象间进行相互作用的唯一接口。每个消息所对应的处理过程是由对象内部定义的一种方法实现的。通常情况下，对象的消息接口应尽可能地通用，以便对象能够尽可能多地响应消息。

2.5.3　类

在面向对象的程序设计中，具有相同结构和处理能力的对象用类来描述。一个类实质上定义了一种对象类型，描述了属于该对象类型的所有对象的性质。如果一个对象具有某个类所描述的特性，则该对象就是这个类的异构实例。例如，如果把“整数”这个概念比作类，那么 4 便可看作该类的一个实例。

在类的描述中，通常要包括类名、类变量、实例变量及一组称为方法的操作程序。类变量指出这类对象，其值为属于该类的所有对象所共享，其相对应的实例变量则用来说明这类对象各自的内部特性。通常，同一类对象其实例变量的值不一定相同，只有附加于对象本身的方法才能访问这些变量。方法部分则是由一组操作程序组成的，形成对象的处理能力。

对象是在系统运行的过程中由其所属的类动态生成的。在一些系统中，生成新的对象是通过向该对象所属的类发送一个特殊的消息完成的。一个类可以生成多种不同的对象，这些对象具有相同的结构和处理能力，但内部状态可以各不相同。对象一经建立便具有类的描述中的所有特性，人们可以通过消息接口向对象发送消息，进行相应的操作。

一个类可以有超类，也可以有子类。比较抽象、通用的类靠近这种层次结构的顶部，而较具体、专用的类则靠近其底部。这与人类习惯的从宏观到微观刻画事物的方法是一致的。类的层次结构的一个重要特性是继承，一个类可以直接继承其超类中所描述的全部特性，这种继承还具有传递性。因此，一个类的对象除了具有该类所描述的特性外，还具有层次结构中位于其上层所有父辈超类所描述的全部特性。

2.5.4　封装与继承

1. 封装

封装是每个对象内部的数据及对数据的操作不允许其他对象直接引用和修改。对象内部状态和方法对外界都是隐蔽的，于是，每个对象就像集成电路和芯片一样被封装在一个明确的范围内，对外接口是它的消息模式集，受“黑盒”保护的内部实现由它的状态和操作细节组成。

一个复杂对象常由若干相对简单的对象组成。简单对象所提供的某些消息有时可能仅供复杂对象内部使用，复杂对象的这种不向外界公开的消息称为复杂对象的私有消息。在日常生活中，有许多关于私有消息的例子。例如，一个人或一个集团有多种多样的能力，虽然许多能力是可以公开告知外界的，但也有些纯属内部或不愿对外公开和不提供对外服务的能力。这些不对外公开的能力所对应的消息就是私有消息。相对地，对象向外界公开提供的消息称为该对象的公有消息。

封装使对象的设计者与对象的使用者分开，使用者不用知道对象行为的实现细节而只须通过该对象的消息接口便可访问该对象。明确地把该对象的外部定义和对象的内部实现分开是面向对象系统的一个特色。封装性本身就是模块性，模块的定义和实现分开，使面向对象的知识系统便于维护和修改。

2. 继承

继承是一种表示类之间的相似性的机制，在定义一个与先前已经定义的类相似的类时，能简化类的定义工作。已存在的类可称为新建立的类的超类；新建立的类则可称为已存在的类的子类。

继承机制可有层次继承与复合继承两种。在层次继承中，一个类最多只能有一个超类，子类中的对象最多只能直接继承其超类中所描述的特性，但可以有多个子类属于同一个超类。在子类描述中可以对超类中已有的描述进行修改，例如，为某个变量赋予新的初值，对某个消息选择符定义新的过程，或在子类中增加新的描述(如定义新变量和操作程序等)。

2.6　海洋机器人路径规划的知识表示

路径规划是决定海洋机器人智能性和自主性的关键技术之一，海洋机器人应该具有快速、准备避开障碍物并规划出一条最短的路径来完成预设任务的能力。如图 2.13 所示，图中圆圈区域为海洋机器人的起始位置，叉形区域为任务的终点位置，深灰色区域为障碍物，海洋机器人需要找到一条安全无碰撞(避开深灰色区域)且距离最短的最优路径。

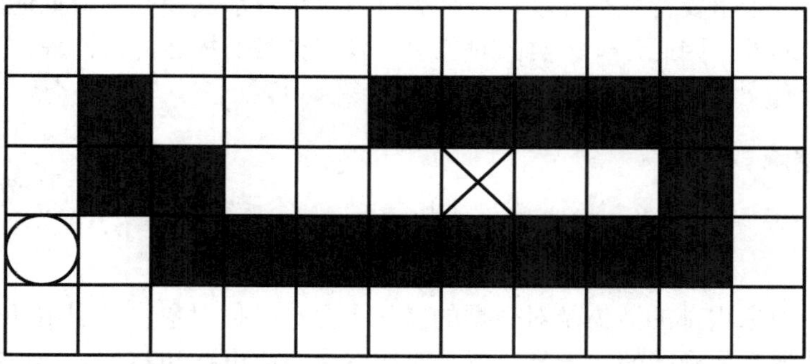

图 2.13　海洋机器人路径规划任务示例

解决该问题最直接的求解方法就是尝试海洋机器人各种不同的走步，直到偶然到达终点位置。根据状态图示法，从起点开始，海洋机器人通过试探由每一合法走步得到各种新的状态，然后走一步而得到的下一组状态，这样一直继续下去，直至到达终点位置为止。

为了简化问题，定义图中白色网格为海洋机器人每一步可经停的区域，海洋机器人每一步只能向上、下、左、右四个方向移动，且不能触碰边界和障碍物。因此海洋机器人从起点开始，每走一步便会产生一个新的状态，每一个状态又将根据新的动作产生下一组状态，直到海洋机器人到达目标位置。初始状态和可达到的各状态所组成的部分状态空间图如图 2.14 所示。

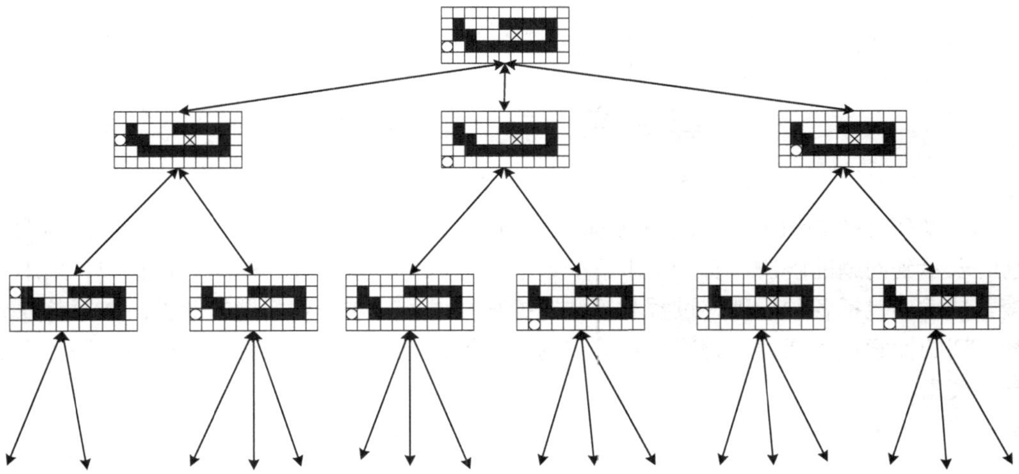

图 2.14　海洋机器人路径规划部分状态空间图

从状态空间图可以很清晰地看出海洋机器人每一步的动作和状态，经过不断更新，必然能找到一组动作使得海洋机器人能够安全快速地到达目标位置。但是从图中可以看出，海洋机器人每一步都会包含回到上一时刻状态的动作，这在路径规划任务中是没有意义的，不仅浪费资源，还增加了解决问题的难度，如果进行限制，则该问题将会变得更加简单、直观，因为限制了回到上一时刻状态的动作，海洋机器人每一步将最多只有三种动作(边界和障碍物的限制)。限制后的状态空间图如图 2.15 所示。

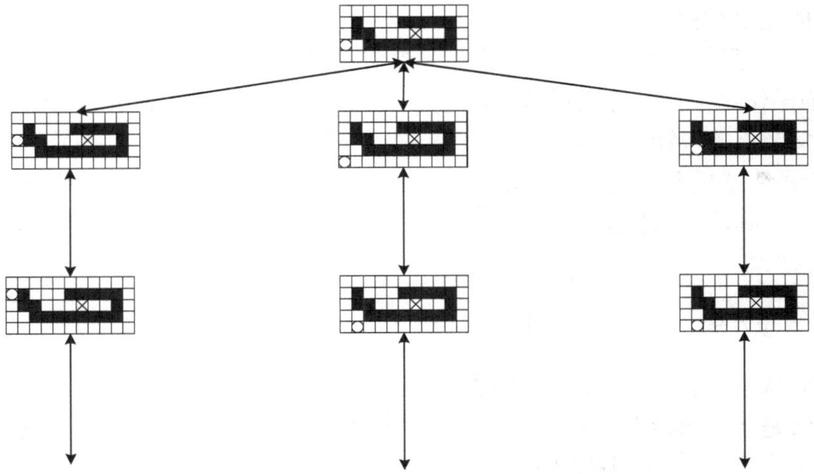

图 2.15　增加限制后的路径规划部分状态空间图

从图 2.15 中可以看出，增加限制后，不仅能减少每一步的状态空间数，而且通过状态图能更加轻易地发现海洋机器人相对于终点位置的运动情况(贴近或远离)。而通过状态图示法，必然能够找到一条安全快速的最优路径且中间状态清晰可见。

第 3 章　搜 索 策 略

第 2 章研究的知识表示方法是问题求解所必需的，表示问题是为了进一步解决问题。从问题的表示到问题的解决，有一个求解的过程，也就是搜索过程。在这一过程中，采用适当的搜索技术，包括各种规则、过程和算法等推理技术，力求找到问题的解答。本章首先介绍一些早期的搜索技术或用于解决比较简单问题的搜索原理，然后研究海洋机器人路径规划的启发式搜索。

3.1　搜 索 概 述

3.1.1　搜索的基本问题与主要过程

1) 在搜索中需要解决的基本问题

(1) 搜索过程是否一定能找到一个解？

(2) 当搜索过程找到一个解时，找到的是否是最佳解？

(3) 搜索过程的时间与空间复杂性如何？

(4) 搜索过程是否终止运行或是否会陷入一个死循环？

2) 搜索的主要过程

(1) 从初始或目的状态出发，并将它作为当前状态。

(2) 扫描操作算子集，将适用当前状态的一些操作算子作用在其上而得到新的状态，并建立指向其父节点的指针。

(3) 检查所生成的新状态是否满足结束状态，如果满足，则得到解，并可沿着有关指针从结束状态反向到达开始状态，给出一条解答路径；否则，将新状态作为当前状态，返回第(2) 步再进行搜索。

3.1.2　搜索策略分类

1) 从初始状态出发的正向搜索(也称为数据驱动)

正向搜索是从问题给出的条件——一个用于状态转换的操作算子集合出发的。搜索的过程为应用操作算子从给定的条件中产生新条件，再用操作算子从新条件产生更多的新条件，这个过程一直持续到有一条满足目的要求的路径产生为止。数据驱动就是用问题给定数据中的约束知识指导搜索，使其沿着那些已知是正确的线路前进。

2) 从目的状态出发的逆向搜索(也称为目的驱动)

逆向搜索是先从想达到的目的入手，看哪些操作算子能产生该目的以及应用这些操作子产生目的时需要哪些条件，这些条件就成为要达到的新目的，即子目的。逆向搜索的连续的子目的不断进行，直至找到问题给定的条件为止。这样就找到了一系列操作算子所组成的链。

根据搜索过程中是否运用与问题有关的信息，可以将搜索方法分为盲目搜索(blind search)和启发式搜索(heuristic search)。

盲目搜索是指在对特定问题不具有任何有关信息的条件下，按固定的步骤(依次或随机调用操作算子)进行的搜索，它能快速地调用一个操作算子。

启发式搜索则是考虑特定问题领域可应用的知识，动态地确定调用操作算子的步骤，优先选择较适合的操作算子，尽量减少不必要的搜索，以求尽快地到达结束状态，提高搜索效率。

在盲目搜索中，由于没有可参考的信息，只要能匹配的操作算子都须运用，这会搜索出更多的状态，生成较大的状态空间显示图；而启发式搜索中，运用一些启发信息，只采用少量的操作算子，生成较小的状态空间显示图，就能搜索到一个解答，但是每使用一个操作算子便需做更多的计算与判断。启发式搜索一般要优于盲目搜索，但不可过于追求更多的甚至完整的启发信息。

微课

3.2 盲 目 搜 索

盲目搜索又称为无信息搜索，其只按预先规定的搜索控制策略进行搜索。一般只适用于求解比较简单的问题。盲目搜索方法主要包括宽度优先搜索、深度优先搜索、有界深度优先搜索和迭代加深搜索。

3.2.1 宽度优先搜索

宽度优先搜索(breadth first search)又称为广度优先搜索，最初用于解决迷宫最短路径和网络路由等问题。整个搜索过程可以看作一棵树的结构，算法从图上的一个节点出发，先访问与其直接相连的子节点，若子节点不符合，再访问其子节点的子节点，按级别顺序依次访问，直到访问到目标节点为止。这种搜索算法是以接近起始节点的程度依次扩展节点、逐层进行搜索的，在对下一层的任一节点进行搜索之前，必须搜索完本层的所有节点。

宽度优先搜索算法是沿着树的宽度遍历树的节点，从深度为 0 的层开始，直到最深的层次。宽度优先搜索可以很容易地用队列实现。例如，考虑图 3.1 给出的树。这里节点的遍历顺序是按照节点中数字的大小顺序遍历的。

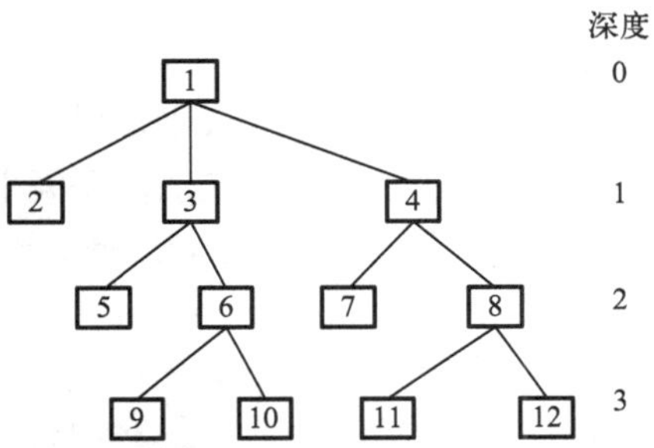

图 3.1　宽度优先搜索算法对深度为 3 的树的遍历顺序

在实际宽度优先搜索时，为了保存状态空间搜索的轨迹，用到了两个表：open 表和 closed 表。open 表与回溯算法中的 NPS 表相似，包含了已经生成但其子状态未被搜索的状态。open 表中状态的排列次序就是搜索的次序。closed 表记录了已被生成扩展过的状态，它相当于回溯算法中 PS 表和 NSS 表的合并。下面是宽度优先搜索过程。

```
Procedure breadth_first_search
begin
Open:=[start];closed:=[ ]    *初始化
while open≠[ ] do
    begin
      从 open 表中删除第一个状态，称为 n;
      将 n 放入 closed 表中;
      if  n=目的状态 then return(success);
      生成 n 的所有子状态;
      从 n 的子状态中删除已在 open 或 closed 表中出现的状态;    *避免循环搜索
      将 n 的其余子状态，按生成的次序加入 open 表的后段;
    end;
end;
```

注意，open 表是一个队列结构，即先进先出(first input first output，FIFO)的数据结构。曾在 open 表或 closed 表中出现过的子状态要删去。

如果过程因 while 循环条件(open≠[ ])不满足而结束，则表明已搜索完整个状态空间但未搜索到目的状态，说明搜索失败了。

如果整个状态空间是无限的，并不能满足 while 的循环条件，即无解，过程便会一直搜索下去，所以在过程中应增加“搜索超时而结束”的终止部分。

下面举一个宽度优先搜索的例子。如图 3.2 所示，通过搬动积木块，希望从初始状态达到一个目的状态，即三块积木堆叠在一起。积木 A 在顶部，积木 B 在中间，而积木 C 在底部。

(a) 初始状态　(b)目的状态

图 3.2　积木问题

这个问题的唯一操作算子为 MOVE(*X*, *Y*)，即把积木 *X* 搬到 *Y*(积木或桌面)上面。如“搬动积木 A 到桌面上”表示为 MOVE(A, Table)。该操作算子可运用的先决条件是:

(1)被搬动积木的顶部必须为空。

(2)如果 *Y* 是积木(不是桌面)，则积木 *Y* 的顶部也必须为空。

(3)同一状态下，运用操作算子的次数不得多于一次(可从 open 表和 closed 表加以检查)。

图 3.3 表示由宽度优先搜索所产生的搜索树。各节点是以产生和扩展的先后次序编下标的。当搜索到 S_{10} 目的状态时，过程便结束。此时，open 表包含 $S_0 \sim S_5$，而 closed 表包含 $S_6 \sim S_{10}$。

由于宽度优先搜索总是在生成扩展完 *N* 层的所有节点之后才转向 *N*+1 层，所以它总能找到最好的解(如有解)，但当图的分支数太多，即状态的后裔数的平均值较大时，这种组合爆炸就会使算法耗尽资源，从而在可利用的空间中找不到解。这是由于每层搜索中所有生成的未扩展的节点都要保存到 open 表中，如果解题路径较长，这个数目将会大得使搜索无法进行。

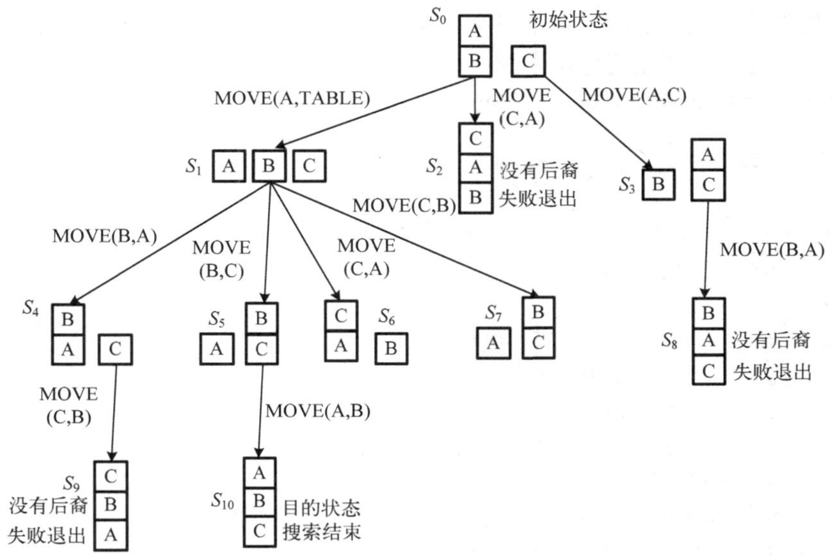

图 3.3 积木问题的宽度优先搜索树

3.2.2 深度优先搜索

深度优先搜索(depth first search)生成节点并与目标节点进行比较，是沿着树的最大深度方向进行的，只有当上次访问的节点不是目标节点，而且没有其他节点可以生成的时候，才转到上次访问节点的父节点。转移到父节点后，该算法会搜索父节点的其他的子节点，它总是首先扩展树的最深层次上的某个节点，只是当搜索遇到一个死亡节点(非目标节点而且不可扩展)时，搜索算法才会返回并扩展浅层次的节点。上述原理对树中的每一节点是递归实现的，实现该递归过程的比较简单的一种算法是采用栈。图 3.4 所示是采用深度优先搜索算法遍历一棵树的过程。

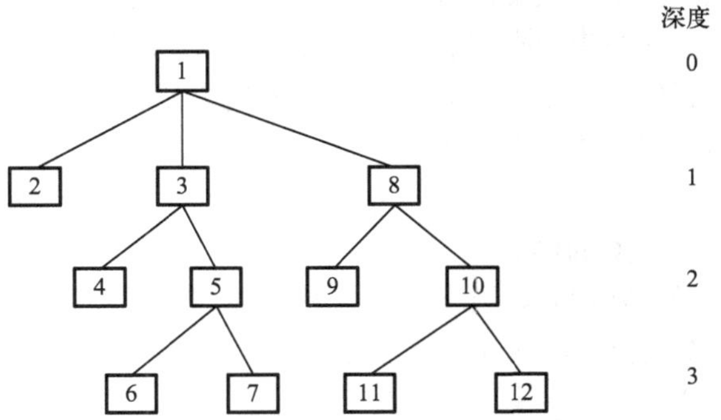

图 3.4 深度优先搜索算法对深度为 3 的树的遍历顺序

深度优先搜索的优点是比宽度优先搜索算法需要较少的空间，该算法只需要保存搜索树的一部分，它由当前正在搜索的路径和该路径上还没有完全展开的节点标志所组成。因此，深度优先搜索的存储器要求是深度约束的线性函数。但是其主要问题是可能搜索到错误的路径上。很多问题可能具有很深甚至是无限的搜索树，如果不幸选择了一条错误的路径，则深度优先搜索会一直搜索下去，而不会回到正确的路径上，这样对于这些问题，深度优先搜索要么陷入无限的循环而不能给出一个答案，要么最后找到一个答案，但路径很长而且不是最优的答案。这就是说，深度优先搜索既不是完备的，也不是最优的。

修改宽度优先搜索过程便可得到深度优先搜索过程：

```
Procedure breadth_first_search
begin
Open:=[start];closed:=[ ]; d:=深度限制值
while open≠[ ] do
    begin
      从 open 表中删除第一个状态，称为 n;
      将 n 放入 closed 表中;
      if  n=目的状态 then return(success);
      if  n 的深度<d then return continue;
      生成 n 的所有子状态;
      从 n 的子状态中删除已在 open 或 closed 表中出现的状态;
      将 n 的其余子状态，按生成的次序加入 open 表的前端;
    end;
end;
```

注意，open 表是一个堆栈结构，即先进后出的数据结构。open 表用堆栈实现的方法使得搜索偏向于最后生成的状态；曾在 open 表或 closed 表中出现的子状态要删去。和 breadth_first_search 中一样，此处 open 表列出了所有已生成但未作扩展的状态(搜索的“前锋”)，closed 表记录了已扩展过的状态。同 breadth_first_search 一样，两种算法都可以把每个节点同它的父节点一起保存，以便构造一条从起始状态到目的状态的路径。

与宽度优先搜索不同的是，深度优先搜索并不能保证第一次搜索到的某个状态时的路径是到这个状态的最短路径。对任何状态而言，以后的搜索有可能找到另一条通向它的路径。如果路径的长度对解题很关键，当算法多次搜索到同一个状态时，它应该保留最短路径。具体可把每个状态用一个三元组来保存(状态、父状态、路径长度)。当生成子状态时，将路径长度加 1，和子状态一起保存起来。当有多条路径可到达某子状态时，这些信息可帮助选择最优的路径。必须指出，深度优先搜索中即使保存这些信息也不能保证算法能得到的解题路径是最优的。

下面举一个深度优先搜索的例子。

如图 3.5 所示的卒子穿阵问题，要求一卒子从顶部通过阵列到达底部。卒子行进中不可进入代表敌兵驻守的区域(标注 1)，并不准后退。假定深度限制值为 5。

行 列	1	2	3	4
1	1	0	0	0
2	0	0	1	0
3	0	1	0	0
4	1	0	0	0

图 3.5　阵列图

由深度优先搜索策略产生的搜索树如图 3.6 所示。在节点 S_0，卒子还没有进入阵列，在其他节点，其所处的阵列位置用一对数字(行号，列号)表示，节点的编号代表搜索的次序。

当搜索过程终止时，open 表含有节点 S_{17} (为一目的节点)和 S_{18}，而其他节点(S_0 ～ S_{16}) 都在 closed 表中。很明显，所求得的解路($S_0, S_8, S_{14}, S_{15}, S_{16}, S_{17}$) 比最优路径(从(1，4)进入)多走一步。

此外，由于本算法把状态空间作为搜索树来考虑，而不是当作一般的搜索图考虑，所以忽略了两个不同的节点 S_2 和 S_9 实际上是代表了同一个状态这个问题。因而，从节点 S_9 向下的搜索实际是在重复从节点 S_2 向下的搜索。

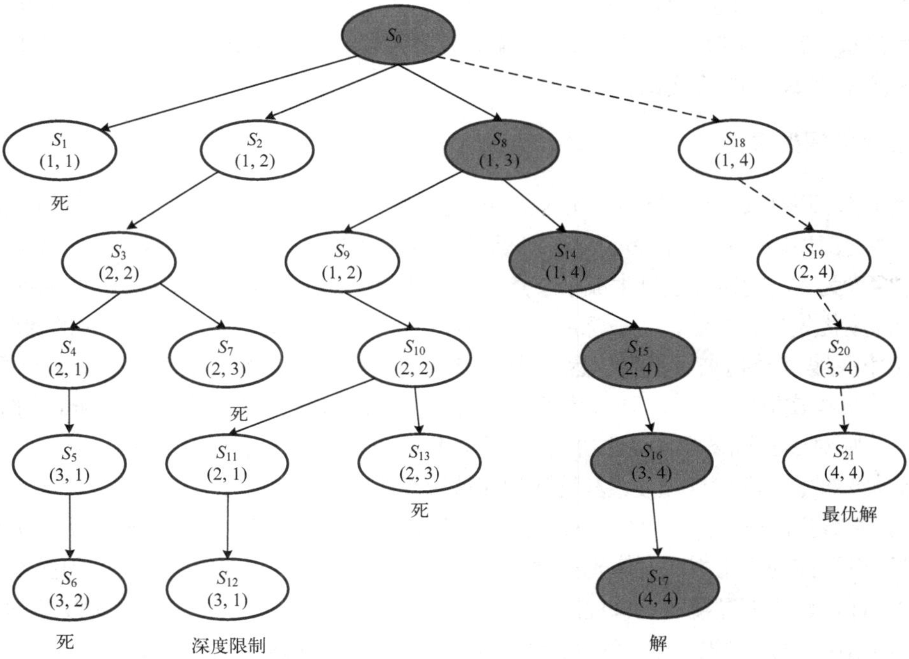

图 3.6　卒子穿阵的深度优先搜索树

深度优先搜索能尽快地深入下去，如果已知解题路径很长，深度搜索就不会在开始状态的周围即“浅层”状态上浪费时间；另外，深度优先搜索会在搜索的深处“迷失方向”，找不到通向目的的更短路径或陷入一条不通往目的的无限长的路径中。深度优先搜索在搜索有大量分支的状态空间时有相当高的效率，它不需要把某一层上的所有节点都进行扩展。

3.2.3　有界深度优先搜索

对于深度 d 比较大的情况，深度优先搜索需要很长的运行时间，而且还可能得不到解答。一种比较好的问题求解方法是对搜索树的深度进行控制，即有界深度优先搜索算法。有界深度优先搜索过程总体上按深度优先搜索算法进行，但对搜索深度需要给出一个深度限制 d_m，当深度达到了 d_m 的时候，如果还没有找到解答，就停止对该分支的搜索，换到另外一个分支进行搜索。

对于有界深度优先搜索算法，有以下几点需要说明。

(1) 在有界深度优先搜索算法中，深度限制 d_m 是一个很重要的参数。当问题有解，且解的路径长度小于或等于 d_m 时，搜索过程一定能够找到解，但是和深度优先搜索一样，这并不能保证最先找到的是最优解，即这时有界深度优先搜索是完备的但不是最优的。当 d_m 取得太小，解的路径长度大于 d_m 时，搜索过程中就找不到解，即这时搜索过程甚至是不完备的。

(2) 深度限制 d_m 不能太大。当 d_m 太大时，搜索过程会产生过多的无用节点，既浪费了计算机资源，又降低了搜索效率。

(3) 有界深度优先搜索的主要问题是深度限制 d_m 的选取。该值也称为状态空间的直径，如果该值设置得比较合适，则会得到比较有效的有界深度优先搜索算法。但是对很多问题，并不知道该值到底为多少，直到该问题求解完成了，才可以确定深度限制 d_m。为了解决上述问题，可采用如下的改进方法：先任意给定一个较小的数作为 d_m，然后按有界深度优先搜索算法进行搜索，若在此深度限制内找到了解，则算法结束；若在此限制内没有找到问题的解，则增大深度限制 d_m，继续搜索。

3.2.4 迭代加深搜索

迭代加深搜索（iterative deepening search）是一种回避选择最优深度限制问题的策略，是尝试所有可能的深度限制：首先深度为 0，然后深度为 1，接着深度为 2，等等，一直进行下去。如果初始深度为 0，则该算法只生成根节点，并检测它。如果根节点不是目标，则深度加 1，通过典型的深度优先搜索算法，生成深度为 1 的树。同样，当深度限制为 m 时，树的深度也为 m。

迭代加深搜索看起来很浪费，因为很多节点都可能扩展多次。然而对于很多问题，这种多次的扩展负担实际上很小，可以想象，如果一棵树的分支系数很大，几乎所有的节点都在最底层上，则对于上面各层节点扩展多次对整个系统来说影响不是很大的。

宽度优先搜索、深度优先搜索和迭代加深搜索都可以用于生成和测试算法。然而，宽度优先搜索需要指数数量的空间，深度优先搜索的空间复杂度和最大搜索深度成线性关系，迭代加深搜索对一棵深度受控的树采用深度优先搜索，结合了宽度优先搜索和深度优先搜索的优点。和宽度优先搜索一样，迭代加深搜索是最优的，也是完备的，但对空间要求和深度优先搜索一样是适中的。表 3.1 给出了宽度优先搜索、深度优先搜索、有界深度优先搜索和迭代加深搜索的简单比较。

表 3.1 搜索最优策略的比较

标准	宽度优先搜索	深度优先搜索	有界深度优先搜索	迭代加深搜索
时间	b^d	b^m	b^l	b^d
空间	b^d	b^m	b^l	b^d
最优	是	否	否	是
完备	是	否	如果 $l>d$，是	是

注：b 是分支系数，d 是解答深度，m 是搜索树的最大深度，l 是深度限制。

3.3 启发式图搜索策略

3.2 节所介绍的大部分搜索方法都是盲目搜索方法，其搜索的复杂性往往是很高的。为了提高算法的效率，必须放弃利用纯数学的方法来决定搜索节点的次序，而需要对具体问题作具体分析，利用与问题有关的信息，从中得到启发来引导搜索，以达到减少搜索量的目的，这就是启发式搜索。

本节先介绍启发式策略所涉及的问题，然后具体介绍启发式图搜索算法——A及A^*搜索算法，最后讨论启发式搜索算法的性质。

3.3.1 启发式策略

启发式策略是利用与问题有关的启发信息引导搜索。

在状态空间搜索中，启发式被定义成一系列操作算子，并能从状态空间中选择最有希望到达问题解的路径。

问题求解系统可在两种基本情况下运用启发式策略：

(1) 由于在问题陈述和数据获取方面存在模糊性，可能会使一个问题没有一个确定的解，这就要求系统能运用启发式策略作出最有可能的解释。

(2) 虽然一个问题可能有确定解，但是其状态空间特别大，搜索中生成扩展的状态数会随着搜索的深度呈指数级增长。穷尽式搜索策略如宽度优先或深度优先搜索，在一个给定的较实际的时空内很可能得不到最终的解，而启发式策略则通过引导搜索向最有希望的方向进行来降低搜索复杂度。

然而，启发式策略也是极易出错的。在解决问题过程中，启发仅仅是下一步将要采取措施的一种猜想。它常常根据经验和直觉来判断。由于启发式搜索只利用特定问题的有限的信息，很难准确地预测下一步在状态空间中采取具体的搜索行为。一次启发式搜索可能得到一个次优解，也可能一无所获。这是启发式搜索固有的局限性，这种局限性不可能由更好的启发式策略或更有效的搜索算法来彻底消除。

在问题求解中，需要用启发式知识来剪枝以减少状态空间，否则只能求解一些小规模的问题。启发式策略及算法设计一直是人工智能的核心问题。

启发式搜索通常由两部分组成：启发算法和使用该算法搜索状态空间的算法。

在九宫棋盘上，从空棋盘开始，双方轮流在棋盘上摆各自的棋子×或○(每次一枚)，谁先取得三子一线(一行、一列或一条对角线)的结果就取胜。

×和○在棋盘中摆成的各种不同的棋局就是问题空间中的不同状态。在9个位置上摆放{空，×，○}有3^9种棋局。当然，其中大多数不会在实际对局中出现。任一方的摆棋就是状态空间中的一条弧。由于第三层及更底层的某些状态可以通过不同路径到达，所以其状态空间是图而不是树。但图中不会出现回路，因为弧具有方向性(下棋时不允许悔棋)。这样搜索路径时就不必检测是否有回路。

在一字棋游戏中，第一步有9个空格便有9种可能的走法，第二步8种，第三步7种……如此递减，所以共有9×8×7×…×1即9！种不同的棋局状态，其状态空间较大，穷尽搜索的组合数较大。

可以利用启发算法来剪枝以减少状态空间的大小。根据棋盘的对称性可以减少搜索空间的大小。棋盘上很多棋局是等价的，如第一步实际上只有3种走法，角、边的中央和棋盘正中，这时状态空间的大小为 3×8!。在状态空间的第二层上，由对称性还可进一步将状态空间减小到3+12×7!，当然还可以再进一步减小状态空间。

此外，使用启发算法进行搜索几乎可以整个地消除复杂的搜索过程。设想将棋子走到棋盘上×有最多的赢线的格子上，若两种状态有相等的赢的概率，取其中的一种。最初的三种状态显示在图 3.7 中。这样，可设计一种算法(完全实现启发式搜索)，它选择具有最高启发值的棋局状态放棋子。例如，对于图 3.7(a)，×方有 8 种布子成为一线的方法，而○方只有 5 种布子成为一线的方法，所以×方赢的可能性 8–5=3；对于图 3.7(b)，○方有 6 种布子成为一线，所以×方赢的可能性为 8–6=2；对于图 3.7(c)，○方有 4 种布子成为一线的方法，所以×方赢的可能性为 8–4=4，是×方的最佳走步。因此，在本例的这种情况下，只需搜索×占据棋盘正中位置的棋局状态，而其他的各种棋局状态连同它们的延伸棋局状态都不必再考虑了。如图 3.8 所示，2/3 的状态空间就不必搜索了。

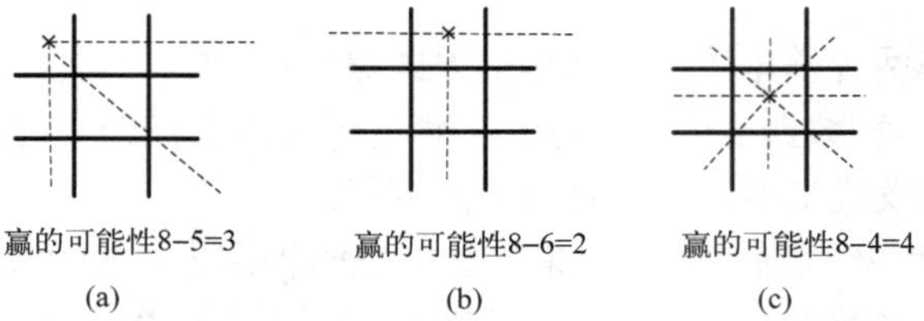

图 3.7 启发式策略的运用

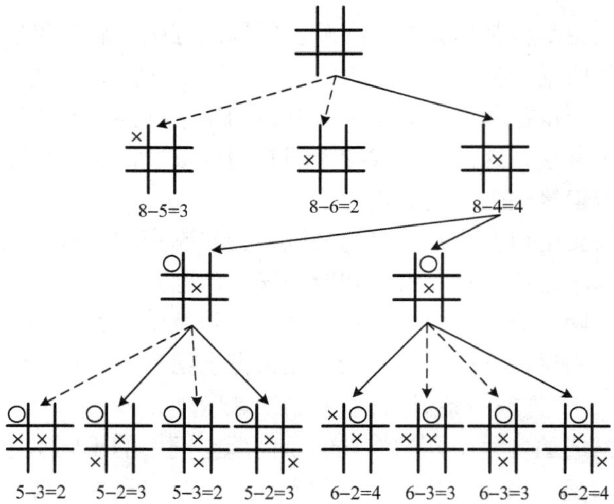

图 3.8 启发式搜索下缩减的状态空间

第一步棋下完后，对方只能有两种走法。无论选择哪种走法，我方均可以通过启发式搜索来选择下一步可能的走法。在搜索过程中，每一步只需估计单个节点的子节点便可决定下哪步棋。

图 3.8 显示了游戏前三步简化了的搜索过程。每种状态都标记了它的启发值，图中实线表示最佳走步。

要精确地计算待搜索的状态数目比较难，但可以大致计算它的上限。一盘棋最多走 9 步，每步的下一步平均有 4.5 种走法，这样大约就是 4.5×9，约 40 种状态，这比原来 9！大小的状态空间缩小了很多。

国际象棋软件采用启发式搜索算法，在搜索棋局时加入剪枝策略。谷歌开发的围棋软件 AlphaGo 利用深度学习算法学习人类的棋谱，模拟人类选择几个优势点然后通过蒙特卡罗树搜索，穷举计算这几个点的胜率，从中优选。AlphaGo 中有两个深度神经网络：Value

Networks（价值网络）和 Policy Networks（策略网络）。其中，Value Networks 评估棋盘选点位置，Poliey Networks 选择落子。深度神经网络不仅向人类专家学习棋谱，而且能够自己和自己下棋（self-play），进行强化学习，不断提高下棋水平。

3.3.2　启发信息和估价函数

在实际解决一个具体问题时，人们常常把一个复杂的实际问题抽象化，保留某些主要因素，忽略大量次要因素，从而将这个实际问题转化成具有明确结构的有限或无限的状态空间问题，这个状态空间中的状态和变换规律都是已知的集合，因此可以找到一个求解该问题的算法。

在具体求解中，启发式搜索能够利用与该问题有关的信息来简化搜索过程，称此类信息为启发信息。然而，在求解问题中能利用的大多不是具有完备性的启发信息，而是非完备的启发信息。其原因如下。

(1) 大多数情况下，求解问题系统不可能知道与实际问题有关的全部信息，因而无法知道该问题的全部状态空间，也不可能用一套算法来求解所有的问题。这样就只能依靠部分状态空间、一些特殊的经验和有关信息来求解其中的部分问题。

(2) 有些问题在理论上虽然存在着求解算法，但是在工程实践中，这些算法不是效率太低，就是无法实现。为了提高求解问题的效率，不得不放弃使用这些“完美的”算法，而求助于一些启发信息来进行启发式搜索。

例如，在博弈问题中，计算机为了保证最后胜利，可以将所有可能的走法都试一遍，然后选择最佳走步。这样的算法是可以找到的，但计算所需的时空代价十分惊人。对于可能有的棋局数来说，一字棋是 $9! \approx 3.6\times10^5$，西洋跳棋是 10^{78}，国际象棋是 10^{120}，围棋是 10^{761}。对于围棋，宋代《梦溪笔谈》中论述:“大约连书万字五十二个，即是局之大数。”意思是，围棋所有可能的走法数目超过 52 位。扣除气孔等必需的空位后，仍然有 43 位数的可能性。假设每步可以搜索一个棋局，用极限并行速度来处理，搜索一遍国际象棋的全部棋局也得 10^{16} 年，即 1 亿亿年，才可以算完，而已知的宇宙天体寿命才 100 亿年！因此，必须采用启发式的求解算法。

启发信息按运用的方法不同可分为三种。

(1) 陈述性启发信息：一般用于更准确、更精炼地描述状态，使问题的状态空间缩小，如待求问题的特定状况等属于此类信息。

(2) 过程性启发信息：一般用于构造操作算子，使操作算子少而精，如一些规律性知识等属于此类信息。

(3) 控制性启发信息：表示控制策略方面的知识，包括协调整个问题在求解过程中所使用的各种处理方法及搜索策略控制结构等有关的知识。

为提高搜索效率就需要利用上述三种启发信息作为搜索的辅助性策略。这里主要介绍控制性的启发信息。

利用控制性的启发信息有两种情况：一种是没有任何控制性知识作为搜索的依据，搜索的每一步完全是随意的，如随机搜索、宽度优先搜索、深度优先搜索等；另一种是有充分的控制知识作为依据，搜索的每一步选择都是正确的，但这是不现实的。一般情况介于二者之间。在搜索过程中需要根据这些启发信息估计各个节点的重要性。

用估价函数（evaluation function）估计待搜索节点的“有希望”程度，并依次给它们排定次序。估价函数 $f(x)$ 可以是任意一种函数，如定义为节点 x 处于最佳路径上的概率，或是 x 节点和目的节点之间的距离或差异，或是 x 格局的得分等。

一般来说，估计一个节点的价值，必须综合考虑两方面的因素：已经付出的代价和将要付出的代价。因此，估价函数 $f(x)$ 定义为从初始节点经过 n 节点到达目的节点的路径的最小代价估计值，其一般形式是

$$f(n)=g(n)+h(n)$$

其中，$g(n)$ 是从初始节点到 n 节点的实际代价；$h(n)$ 是从 n 节点到目的节点的最佳路径的估计代价。因为实际代价 $g(n)$ 可以根据已生成的搜索树实际计算出来，而估计代价 $h(n)$ 是对未生成的搜索路径作某种经验性的估计。这种估计来源于对问题解的某些特性的认识，希望依靠这些特性来更快地找到问题的解，因此，主要是 $h(n)$ 体现了搜索的启发信息。

$g(n)$ 的作用一般是不可忽略的。因为它代表了从初始节点经过 n 节点到达目的节点的总代价估值中实际已付出的那一部分。保持 $g(n)$ 项就保持了搜索的宽度优先成分，$g(n)$ 的比重越大，越倾向于宽度优先搜索方式。这有利于搜索的完备性，但会影响搜索的效率。$h(n)$ 的比重越大，表示启发性能越强。在特殊情况下，如果只希望找到达到目的节点的路径而不关心会付出什么代价，则 $g(n)$ 的作用可以忽略。另外，当 $h(n)\gg g(n)$ 时，也可忽略 $g(n)$，这时有 $f(n)=h(n)$，有利于提高搜索的效率，但影响搜索的完备性。

给定一个问题后，根据该问题的特性和解的特性，可以有多种方法定义估价函数，用不同的估价函数指导搜索，其效果可能相差很远。因此，必须尽可能选择最能体现问题特性的、最佳的估价函数。设计估价函数的目标就是利用有限的信息做出一个较精确的估计。

八数码问题的估价函数的设计方法有多种，并且不同的估价函数对求解八数码问题有不同的影响。

(1) 估价函数是一格局与目的格局位置不符的数码数目。这是最简单的设计方法。直观感觉这种估价函数很有效，因为在其他条件相同的情况下，某格局位置不符的数码数目越少，则它和最终目的越接近，因而它是下一个搜索格局。但是，这种估价函数并没有充分利用所能获得的信息，也没有考虑数码所需要移动的距离。

(2) 估价函数是各数码移到目的位置所需移动的距离的总和。

这两种估价函数都没有考虑数码逆转（与目的格局中数码排列的先后顺序）的情况。如果两块数码相邻但与目标格局相比位置相反，则至少需移动 3 次才能将它们移到正确的位置上。

(3) 估价函数对每一对逆转数码乘以一个倍数。

(4) 估价函数将位置不符数码数目的总和与 3 倍数码逆转数目相加。它克服了仅计算数码逆转数目策略的局限性。

这个例子说明，设计一个好的估价函数具有相当的难度。好的估价函数的设计是一个经验问题，判断和直觉是很重要的因素，但是衡量其好坏的最终标准是在具体应用时的搜索效果。

3.3.3　A 搜索算法

启发式图搜索算法的关键是如何寻找并设计一个与问题有关的 $h(n)$ 及构造出 $f(n)=g(n)+h(n)$，然后以 $f(n)$ 的大小来排列待扩展状态的次序，每次选择 $f(n)$ 值最小者进行扩展。

与宽度优先搜索和深度优先搜索算法一样，启发式图搜索法算法使用两张表记录状态信

息：在 open 表中保留所有已生成而未扩展的状态；在 closed 表中记录已扩展过的状态。算法中有一步是根据某些启发信息来排列 open 表的。它既不同于宽度优先所使用的队列(先进先出)，也不同于深度优先所使用的堆栈(先进后出)，而是按状态的启发估价函数值的大小排列的一张表。进入 open 表的状态不是简单地排在队尾(或队首)，而是根据其估值的大小插入表中合适的位置，每次从表中优先取出启发估价函数值最小的状态加以扩展。

A 搜索算法是基于估价函数的一种加权启发式图搜索算法，具体步骤如下。

步骤 1：把附有 $f(S_0)$ 的初始节点 S_0 放入 open 表。

步骤 2：若 open 表为空，则搜索失败，退出。

步骤 3：移出 open 表中第一个节点 N 放入 closed 表中，并顺序编号 n。

步骤 4：若目标节点 $S_g = N$，则搜索成功，结束。

步骤 5：若 N 不可扩展，则转步骤 2。

步骤 6：扩展 N，生成一组附有 $f(x)$ 的子节点，对这组子节点作如下处理。

(1)考察是否有已在 open 表或 closed 表中存在的节点。若有，则再考察其中有无 N 的父节点，若有则删除之，对于其余节点也删除之，但由于它们又被第二次生成，因此需要考虑是否修改已经存在于 open 表或 closed 表中的这些节点及其后裔的返回指针和 $f(x)$ 的值。修改原则是：选 $f(x)$ 值小的路径走。

(2)为其余子节点配上指向 N 的返回指针后放入 open 表中，并对 open 表按 $f(x)$ 值以升序排序，转步骤 2。

启发式图搜索的 A 搜索算法描述如下：

```
procedure heuristic_search
open:=[start];closed:=[ ];f(s):=g(s)+h(s);    *初始化
while open≠[ ] do
   begin
     从 open 表中删除第一个状态，称为 n;
     if  n=目的状态 then return(success);
     生成 n 的所有子状态;
     if  n 没有任何子状态 then continue;
     for  n 的每个子状态 do
        case 子状态 is not already on open 表 or closed 表:
           begin
              计算该子状态的估价函数值;
              将该子状态加到 open 表中;
           end;
        case 子状态 is already on open 表:
          if  该子状态是沿着一条比在 open 表已有的更短路径而到达
          then 记录更短路径走向及其估价函数值;
        case 子状态 is already on closed 表:
          if  该子状态是沿着一条比在 closed 表已有的更短路径到达
          then
            begin
               将该子状态从 closed 表移到 open 表中;
```

```
            记录更短路径走向及其估价函数值;
            end;
        case end:
        将 n 放入 closed 表中;
        根据估价函数值，从小到大重新排列 open 表;
    end; *Open 表节点已耗尽
    return(failure);
```

从上面的描述可见，在 A 搜索算法中，从 open 表中取出第一个状态，如果该状态满足目的条件，则算法返回到该状态的搜索路径，在这里，每个状态都保留了其父节点状态的信息，以保证能返回完整的搜索路径。如果 open 表的第一个状态不是目的状态，则算法利用与之相匹配的一系列操作算子进行相应的操作来产生它的子状态。如果某个子状态已在 open 表(或 closed 表)中出现过，即该状态再一次被发现时，则通过刷新它的祖先节点状态的历史记录，使算法极有可能找到到达目的状态的更短的路径。接着，将 A 搜索算法 open 表中每个状态的估价函数值，按照值的大小重新排序，将值最小的状态放在表头，使其第一个被扩展。

图 3.9 给出了利用 A 搜索算法求解八数码问题的搜索树，解的路径为 s→B→E→I→K→L。

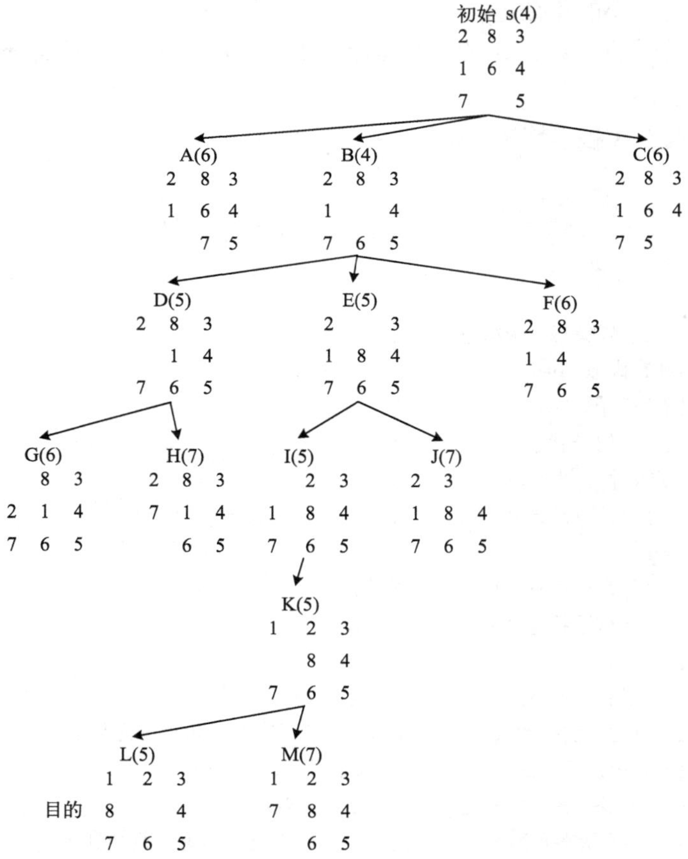

图 3.9　八数码问题的 A 搜索树

图 3.9 中状态旁括号内的数字表示该状态的估价函数值，其估价函数定义为

$$f(n)=d(n)+w(n)$$

其中，$d(n)$ 代表状态的深度，每步为单位代价；$w(n)$ 代表以“不在位”的数码数作为启发信息的度量。例如，A 的状态深度为 1，不在位的数码数为 5，所以 A 的启发函数值为 6。又如，E 的状态深度为 2，不在位的数码数为 3，所以 E 的启发函数值为 5。

搜索过程中 open 表和 closed 表内状态排列的变化情况如表 3.2 所示。

表 3.2 搜索过程中 open 表和 closed 表内状态排列的变化情况

表	open 表	closed 表
初始化	(s(4))	()
一次循环后	(B(4) A(6) C(6))	(s(4))
二次循环后	(D(5) E(5) A(6) C(6) F(6))	(s(4) B(4))
三次循环后	(E(5) A(6) C(6) F(6) G(6) H(7))	(s(4) B(4) D(5))
四次循环后	(I(5) A(6) C(6) F(6) G(6) H(7) J(7))	(s(4) B(4) D(5) E(5))
五次循环后	(K(5) A(6) C(6) F(6) G(6) H(7) J(7))	(s(4) B(4) D(5) E(5) I(5))
六次循环后	(L(5) A(6) C(6) F(6) G(6) H(7) J(7) M(7))	(s(4) B(4) D(5) E(5) I(5) K(5))
七次循环后	L 为目的状态，则成功退出，结束搜索	(s(4) B(4) D(5) E(5) I(5) K(5) L(5))

前面已提到启发信息给得越多即估价函数值越大，则 A 搜索算法需要搜索处理的状态数就越少，其效率就越高。但也不是估价函数值越大越好，因为估价函数值太大，A 搜索算法不一定能搜索到最优解。

3.3.4 A*搜索算法及其特性分析

A*搜索算法是由著名的人工智能学者尼尔森(Nilsson)提出的，它是目前最有影响的启发式图搜索算法，也称为最佳图搜索算法。

定义 $h^*(n)$ 为状态 n 到目的状态的最优路径的代价，则当 A 搜索算法的启发函数 $h(n)$ 小于等于 $h^*(n)$，即满足

$$h(n)\leqslant h^*(n)\text{，对所有节点 } n$$

时，被称为 A*搜索算法。

如果某一问题有解，那么利用 A*搜索算法对该问题进行搜索就一定能搜索到解，并且一定能搜索到最优的解。因此，A*搜索算法比 A 搜索算法好。它不仅能得到目标解，并且还一定能找到最优解(只要问题有解)。

3.3.3 节所描述的八数码问题中的 $w(n)$ 即为 $h(n)$，它表示“不在位”的数码数。这个 $w(n)$ 满足了 $h(n)\leqslant h^*(n)$ 的条件，因此，图 3.9 的八数码 A 搜索树也是 A*搜索树，所得的解的路径 s→B→E→I→K→L 为最优解路，其步数为状态 L(5) 上所标注的 5，因为这时不在位的数码数为 0。

在一些问题求解中，只要搜索到一个解，就会想得到最优解，关键是要提高搜索效率。问题是：是否还有更好的启发策略？在什么意义上称某一启发策略比另一个好？

另外一个问题是：当通过启发式搜索得到某一状态的路径代价时，是否能保证在以后的

搜索中不会出现到达该状态有更小的代价？

就上面这些问题，下面讨论 A^* 搜索算法的有关特性。

1) 可采纳性

当一种搜索算法在最短路径存在时能在有限步内保证找它，就称它是可采纳的。

通过估价函数 $f(n)=g(n)+h(n)$，可归纳出一类可采纳性的启发搜索策略的特征。若 n 是状态空间图中的一个状态，$g(n)$ 用于衡量某一状态在图中的深度，$h(n)$ 是 n 到目的状态代价的估计值，此时 $f(n)$ 则是从起点出发，通过 n 到达目标的路径的总代价的估计值。

定义最优估价函数为

$$f^*(n)=g^*(n)+h^*(n)$$

式中，$g^*(n)$ 为起点到 n 状态的最短路径代价值；$h^*(n)$ 是 n 状态到目的状态的最短路径的代价值。这样，$f^*(n)$ 就是从起点出发通过 n 状态而到达目的状态的最佳路径的总代价值。

尽管在绝大部分实际问题中并不存在 $f^*(n)$ 这样的先验函数，但可以将 $f(n)$ 作为 $f^*(n)$ 的一个近似估计函数。在 A 及 A^* 搜索算法中，$g(n)$ 作为 $g^*(n)$ 的近似估价。$g(n)$ 与 $g^*(n)$ 可能并不相等，但有 $g(n)\geqslant g^*(n)$。仅当搜索过程已发现了到达 n 状态的最佳路径时，它们才相等。

同样，可以用 $h(n)$ 代替 $h^*(n)$ 作为 n 状态到目的状态的最小代价估计值。虽然在绝大多数情况下无法计算 $h^*(n)$，但是要判别某一 $h(n)$ 是否大于 $h^*(n)$ 还是可能的。如果 A 搜索算法所使用的估计函数 $f(n)$ 能达到 $f(n)$ 中的 $h(n)\leqslant h^*(n)$，则称为 A^* 搜索算法。

可以证明，所有的 A^* 搜索算法都是可采纳的。

宽度优先搜索算法是 A^* 搜索算法的一个特例，是一种可采纳的搜索算法。该算法相当于 A^* 搜索算法中取 $h(n)=0$ 和 $f(n)=g(n)+0$。宽度优先搜索时对某一状态只考虑它同起始状态的距离代价。这是由于该算法在考虑 $n+1$ 层状态之前，已考察了 n 层中的任意一个状态，所以每个目的状态都是沿着最短的可能路径而找到的。不幸的是，宽度优先搜索算法的搜索效率太低。

2) 单调性

在 A^* 搜索算法中并不要求 $g(n)=g^*(n)$。这意味着要采纳的启发算法可能会沿着一条非最佳路径搜索到某一中间状态。从 A 搜索算法可看出，在这种情况下，算法需要比较代价、调整路径等，使搜索的效率大大降低。如果对启发函数 $h(n)$ 加上单调性的限制，就可以减少比较代价和调整路径的工作量，从而降低搜索代价。

下面介绍启发函数单调性的概念。

如果某一启发函数满足：

(1) 对所有状态 n_i 和 n_j，其中 n_j 是 n_i 的后裔，满足 $h(n_i)-h(n_j)\leqslant \mathrm{cost}(n_i,n_j)$，其中 $\mathrm{cost}(n_i,n_j)$ 是从 n_i 到 n_j 的实际代价。

(2) 目的状态的启发函数值为 0 或 $h(\mathrm{Goal})=0$。

则称该启发函数 $h(n)$ 是单调的。

搜索算法的单调性可这样描述：在整个搜索空间都是局部可采纳的。一个状态和任一个子状态之间的差由该状态与其子状态之间的实际代价所限定，这就是说，启发策略无论何处都是可采纳的，总是从祖先状态沿着最佳路径到达任一状态。

于是，由于算法总是在第一次发现该点时就已经发现了到达该点状态的最短路径，所以当某一状态被重新搜索时，就无须检验新的路径是否更短，那是不可能的，这就意味着当某一状态被重新搜索时，可以立即将其从 open 表或 closed 表中删除，而无须修改路径的信息。

容易证明单调性启发策略是可采纳的。这意味着单调性策略中的 $h(n)$，满足 A^*搜索策略的下界要求，算法是可采纳的。

3)信息性

好的启发策略具有更多的启发知识，使其容易找到最短路径，搜索较少的状态，特别是当两种策略都是 A^*搜索算法时。那么，何时一种启发策略要比另一种启发策略好？

在两种 A^*启发策略的 h_1 和 h_2 中，如果对搜索空间中的任一状态 n 都有 $h_1(n) \leqslant h_2(n)$，就称策略 h_2 比 h_1 具有更多的信息性。如果某一搜索策略的 $h(n)$ 越大，则它所搜索的状态要少得多。

如果启发策略 h_2 的信息性比 h_1 多，则用 h_2 所搜索的状态集合是 h_1 的一个子集。因此 A^*搜索算法的信息性越多，它所搜索的状态数就越少。必须注意的是，更多的信息性需要更多的计算时间，从而有可能抵消减少搜索空间所带来的益处。

3.4 回溯策略

不管是正向搜索还是逆向搜索求解问题，都是在状态空间图中找到从初始状态到目的状态的路径。路径上弧的序列对应于解题的步骤。若在选择操作算子求解问题时，能给出绝对可靠的预测或者绝对正确的选择策略，一次性成功地穿过状态空间而达到目的，构造出一条解题路径，那就不需要搜索了。但事实上，不是总能给出正确的选择，求解实际问题时必须尝试多条路径才能找到目的状态。一种搜索算法的策略就是要决定树或图中状态的搜索次序。回溯策略是一种系统地尝试状态空间中各种不同路径的技术。

回溯策略的搜索是从初始状态出发，不停地、试探性地寻找路径，直到到达的或“不可解节点”，即“死胡同”为止。回溯策略是当遇到不可解节点时就回溯到路径中最近的父节点上，查看该节点是否还有其他的子节点未被扩展。若有，则沿这些子节点继续搜索；如果找到目标，就成功退出搜索，返回解题路径。

可以看出，回溯策略的搜索过程呈现出递归过程的性质。搜索过程在每个节点上的检查遵循递归方式。下面给出递归过程。

```
Step Track(DataList):
Data:=First(DataList);                              *当前状态为状态序列表中第一个状态
if Member(Data, Tail(DataList)then return FAIL;     *回老路，退回
if Goal(Data)then return NIL;                       *达到目的状态，成功返回
if DeadEnd(Data)then return FAIL;                   *达到不合理状态，退回
if Length(DataList)>Bound then return FAIL;         *已到深度限制，退回
Rules:=AppRules(Data);                              *得出可应用的规则集
Loop:if Null(Rules)then return FAIL;                *进入死胡同，退回
R:=First(Rules);                                    *取出第一条可用规则
Rules:=Tail(Rules);
Newdata:=Gen(R, Data):                              *运用规则，生成新状态
NewDataList:=Cons(Newdata, DataList);
Path:=Back Track(NewDataLiS)                        *递归
```

```
If Path:=FAIL then go Loop
else return Cons(R, Path)
```

说明：变量符号 Data、DataList、Rules、R、Newdata、NewdataList、Path 分别表示当前状态、状态序列表、规则集序列表、当前运用的规则、生成的新状态、生成的新状态序列表、当前解路径表；常量符号 FAIL、NIL、Bound、Loop 分别表示回溯点标记、空表、深度限制值、循环标号；函数 First(y) 表示在 y 表中取第一个元素，函数 Tail(x) 是取除了第一个元素的 x 表的其余部分，函数 Member(x, y) 表示变量 x 是否为 y 表的一个元素，函数 Goal(x) 表示变量状态 x 是否为目的状态，函数 DeadEnd(x) 表示变量状态 x 是否为不可能解路径上的状态，函数 Length(x) 表示取 x 表的表长度，函数 AppRules(x) 表示求出在变量状态 x 上可运用的规则集，函数 Null(x) 表示 x 表是否为空表，函数 Gen(x, y) 表示求 x 规则运用在 y 状态后所生成的新状态，函数 Cons(x, y) 表示将变量状态 x 加在表 y 的前部。

图 3.10 给出了一个状态空间中应用回溯搜索的示意图，图中虚线箭头的方向表示搜索的轨迹，节点边的数字表示被搜索到的次序。

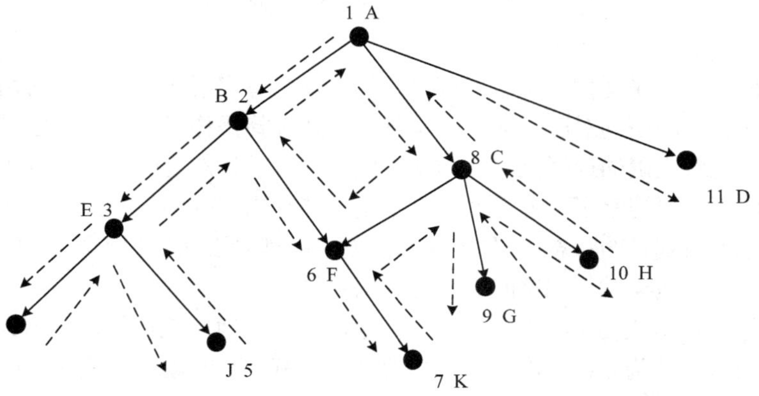

图 3.10 回溯搜索示意图

回溯搜索算法用三张表来保存状态空间中的不同性质的节点。

1) 路径状态表

路径状态（path states，PS）表保存当前搜索路径上的状态。如果找到了目的，PS 就是解路径上的状态有序集。

2) 新的路径状态表

新的路径状态（new path states，NPS）表包含了等待搜索的状态，其后裔状态还未搜索到，即未生成扩展。

3) 无可解状态表

无可解状态（no solvable states，NSS）表列出了找不到解路径的状态。如果在搜索中扩展出的状态是它的元素，则可立即将之排除，不必沿该状态继续搜索。

为了避免造成无穷循环搜索，需要检测并删除多次出现的状态。具体检测可通过判断每一个新生成的状态是否在 PS、NPS、NSS 三张表中来实现。如果它属于其中一张表，就说明它已被搜索过而不必再考虑。

当前正在被检测的状态，记作CS(curren slate)。CS总是等于最近加入PS中的状态，是当前正在探寻解题路径的"前锋"。各种合适的推理规则或其他问题求解操作都可应用于PS。应用后一般便得到一些新状态，即PS的子状态的有序集，然后将该集合中的第一个子状态作为当前状态(CS)，并加入PS中，其余的则按序放入NPS中，用于以后的搜索。如果应用后CS没有子状态，则要从PS、NPS中删除它，同时将其加入NSS，之后回溯查找NPS中表首位置的状态。

图3.10的回溯轨迹如表3.3所示。初值：PS=[A]；NPS=[A]；NSS=[ ]；CS=A。

表3.3 回溯轨迹

重复	CS	PS	NPS	NSS
0	A	[A]	[A]	[]
1	B	[BA]	[BCDA]	[]
2	E	[EBA]	[EFBDCA]	[]
3	I	[IEBA]	[IJEFBCDA]	[]
4	J	[JEBA]	[JEFBCDA]	[I]
5	F	[FBA]	[FBCDA]	[EJI]
6	K	[KFBA]	[KFBCDA]	[EJI]
7	C	[CA]	[CDA]	[BFKEJI]
8	G	[GCA]	[GHCDA]	[BFKEJI]

表3.3的搜索过程显示出回溯是状态空间中的一个正搜索。它将初始条件作为初始状态，对其子状态进行搜索以寻找目的。如果将目的作为搜索图的根，即初始状态，本算法便可看作逆向搜索。如果将算法中"成功，返回解题路径"的判别条件"CS = 目的状态"修改为"搜索路径的性质优劣"，那算法必须通过检查PS中的路径来确定是否到达目的。

回溯是状态空间搜索的一种基本算法。各种图搜索算法，包括深度优先搜索、宽度优先搜索、最好优先搜索等都有回溯的思想，其中宽度优先搜索、深度优先搜索是状态空间的最基本的搜索策略。

3.5 博弈搜索

博弈一向被认为是富有挑战性的智力活动，如下棋、打牌、作战、游戏等。博弈的研究不断为人工智能提出新的课题，可以说博弈是人工智能研究的起源和动力之一。博弈之所以是人们探索人工智能的一个很好的领域，一方面是因为博弈提供了一个可构造的任务领域，在这个领域中，具有明确的胜利和失败；另一方面是因为博弈问题对人工智能研究提出了严峻的挑战。例如，如何表示博弈问题的状态、博弈过程和博弈知识等。

这里讲的博弈是二人博弈，二人零和、全信息、非偶然博弈，博弈双方的利益是完全对立的。

(1)对垒的双方MAX和MIN轮流采取行动，博弈的结果只能有3种情况：MAX胜、MIN败；MAX败，MIN胜；和局。

(2)在对垒过程中，任何一方都了解当前的格局和过去的历史。

(3)任何一方在采取行动前都要根据当前的实际情况，进行得失分析，选择对自己最为有利而对对方最不利的对策，不存在“碰运气”的偶然因素，即双方都很理智地决定自己的行动。这类博弈如一字棋、象棋、围棋等。

另外一种博弈是机遇性博弈，是指不可预测性的博弈，如掷硬币游戏等。对于机遇性博弈，由于不具备完备信息，所以在此不做讨论。

先来看一个例子，假设有 7 枚钱币，任一选手只能将已分好的一堆钱币分成两堆个数不等的钱币，两位选手轮流进行，直到每一堆都只有一个或两个钱币，不能再分为止，哪个选手遇到不能再分的情况，则为输。

用数字序列加上一个说明表示一个状态，其中数字表示不同堆中钱币的个数，说明表示下一步由谁来分，如(7,MIN)表示只有一个由 7 枚钱币组成的堆，由 MIN 来分，MIN 有 3 种可供选择的分法，即(6,1,MAX)、(5,2,MAX)、(4,3,MAX)，其中 MAX 表示另一选手，不论哪一种方法，MAX 在它的基础上再作符合要求的划分，整个过程如图 3.11 所示。在图中已将双方可能的方案完全表示出来了，而且从中可以看出，无论 MIN 开始时怎么分，MAX 总可以获胜，取胜的策略用双线箭头表示。

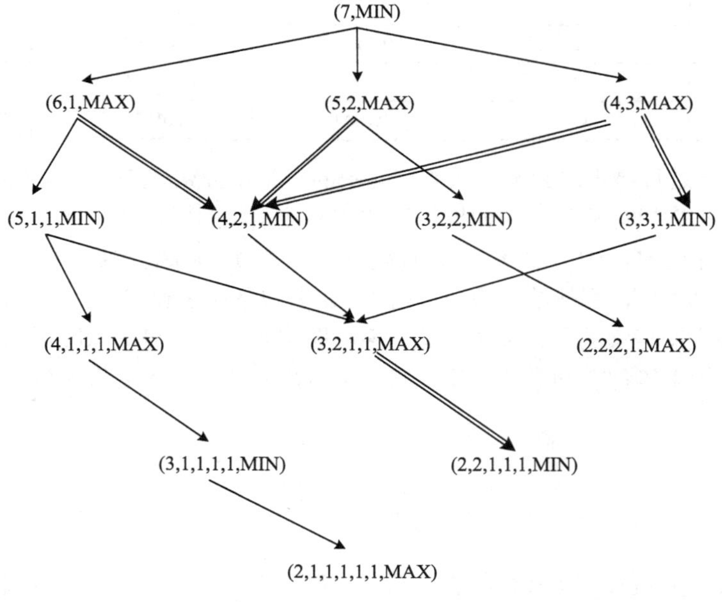

图 3.11　分钱币的博弈

实际的情况没有这么简单，任何一种棋都不可能将所有情况列尽，因此，只能模拟人“向前看几步”，然后作出决策，决定自己走哪一步最有利，也就是说，只能给出几层走法，然后按照一定的估算方法，决定走哪一步棋。

在双人完备信息博弈过程中，双方都希望自己能够获胜。因此当一方走步时，都是选择对自己最有利，而对对方最不利的走法。假设博弈双方为 MAX 和 MIN，在博弈的每一步，可供他们选择的方案都有很多种。从 MAX 的观点看，可供自己选择的方案之间是“或”的关系，原因是主动权在自己手里，选择哪种方案完全由自己决定，而对那些可供 MIN 选择的方案之间是“与”的关系，这是因为主动权在 MIN 手中，任何一种方案都可能被 MIN 选中，

MAX 必须防止对自己最不利的情况出现。

图 3.11 是把双人博弈过程用图的形式表示出来，这样就可以得到一棵 AND-OR 树，这种 AND-OR 树称为博弈树。在博弈树中，那些下一步该 MAX 走的节点称为 MAX 节点，而下一步该 MIN 走的节点称为 MIN 节点。博弈树具有下列特点。

(1) 博弈的初始状态是初始节点。

(2) 博弈树的“与”节点和“或”节点是逐层交替出现的。

(3) 整个博弈过程始终站在某一方的立场上，所以能使自己一方获胜的终局都是本原问题，相应的节点也是可解节点，所有使对方获胜的节点都是不可解节点。

在人工智能中可以采用搜索方法来求解博弈问题，下面就来讨论博弈中两种最基本的搜索方法。

3.5.1 极大极小过程

极大极小过程是考虑双方对弈若干步之后，从可能的走法中选一步相对好的走法来走，即在有限的搜索深度范围内进行求解。为此需要定义一个静态估价函数 f，以便对棋局的态势作出评估。这个函数可以根据棋局的态势特征进行定义。假定对弈双方分别为 MAX 和 MIN，规定：有利于 MAX 方的态势，$f(p)$ 取正值；有利于 MIN 方的态势，$f(p)$ 取负值；态势均衡的时候，$f(p)$ 取零。其中，p 代表棋局。

MIN 和 MAX 的基本思想如下。

(1) 当轮到 MIN 走步的节点时，MAX 应考虑最坏的情况(即 $f(p)$ 取极小值)。

(2) 当轮到 MAX 走步的节点时，MAX 应考虑最好的情况(即 $f(p)$ 取极大值)。

(3) 评价往回倒推时，相应于两位棋手的对抗策略，交替使用(1)和(2)两种方法传递倒推值。

因此这种方法称为极大极小过程。

图 3.12 所示是向前看两步，共 4 层的博弈树，用□表示 MAX，用○表示 MIN，端节点上的数字表示它对应的估价函数的值。在 MIN 处用圆弧连接，用 0 表示其子节点取估值最小的格局。

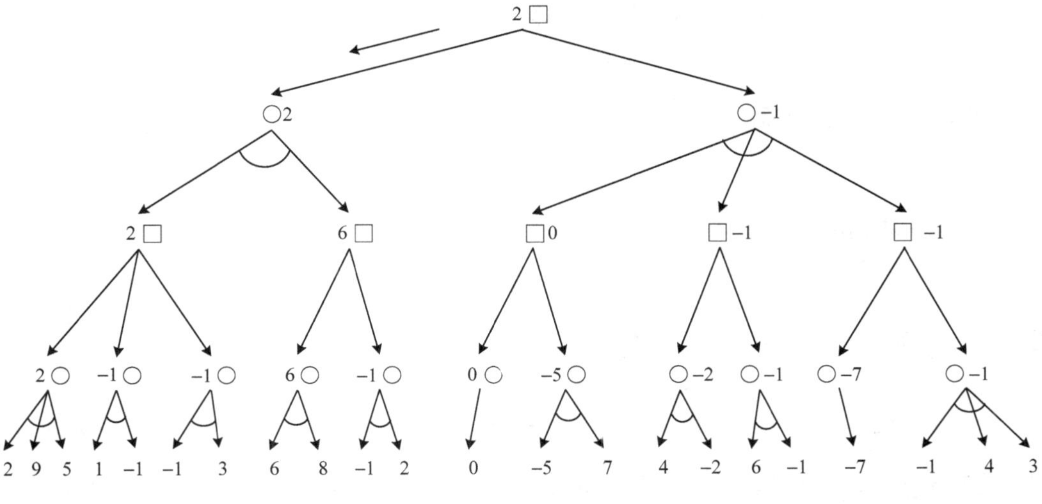

图 3.12 4 层博弈树

图 3.12 中节点处的数字，在端节点是估价函数的值，称为静态值，在 MIN 处取最小值，在 MAX 处取最大值，最后 MAX 选择箭头方向的走步。

利用一字棋来具体说明极大极小过程，不失一般性，设只进行 2 层，即每方只走一步(实际上，多看一步将增加大量的计算和存储)，如图 3.13 所示。

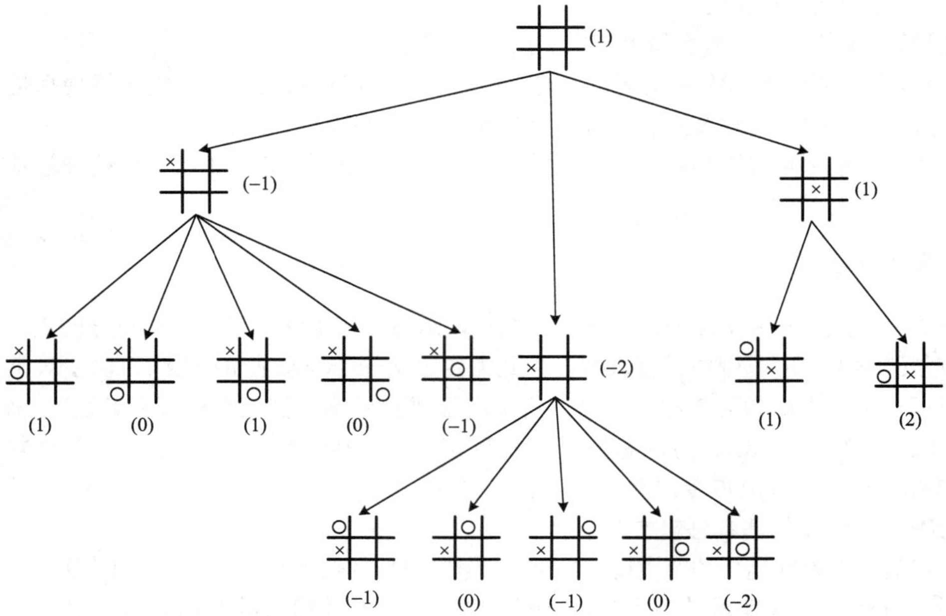

图 3.13　一字棋博弈的极大极小过程

估价函数 $e(p)$ 规定如下：

(1) 若格局对任何一方都不是获胜的，则

$$e(p)=\text{所有空格都放上MAX的棋子之后三子成一线的总数}-\text{所有空格都放上MIN的棋子后三子成一线的总数}$$

(2) 若 p 是 MAX 获胜，则

$$e(p)=+\infty$$

(3) 若 p 是 MIN 获胜，则

$$e(p)=-\infty$$

因此，若 p 为

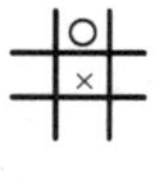

就有 $e(p)=6-4=2$，其中×表示 MAX 方，○表示 MIN 方。在生成后继节点时，可以利用棋盘的对称性，省略了从对称上看是相同的格局。图 3.13 给出了 MAX 最初一步走法的搜索树，由于×放在中间位置有最大的倒推值，故 MAX 第一步就选择它。MAX 走了箭头指

向的一步，例如，MIN 将棋子走在×的上方，下面 MAX 就从这个格局出发选择一步，做法与图 3.12 类似，直到某方取胜为止。

3.5.2 α-β 过程

3.5.1 节讨论的极大极小过程先生成一棵博弈搜索树，而且会生成规定深度内的所有节点，再进行估值的倒推计算，这样使得生成博弈树和估计值的倒推计算两个过程完全分离，因此搜索效率较低。如果能边生成博弈树，边进行估值的计算，则可能不必生成规定深度内的所有节点，以减少搜索的次数，这就是下面要讨论的α-β过程。α-β过程就是把生成后继和倒推值估计结合起来，及时剪掉一些无用分支，以此来提高算法的效率。

下面仍然用一字棋进行说明。现将图 3.13 左边所示的一部分重画在图 3.14 中。

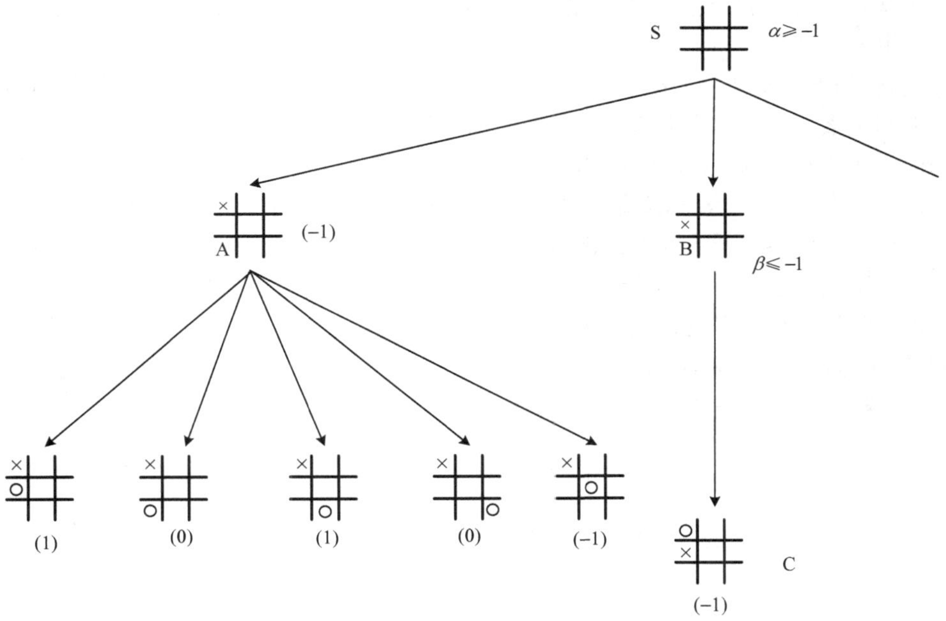

图 3.14 一字棋博弈的α-β过程

前面的过程实际上类似于宽度优先搜索，即逐层生成所有可能的格局，现在用深度优先搜索来处理，例如，在节点 A 处，若已生成 5 个子节点，并且 A 处的倒推值等于-1，将此下界称为 MAX 节点的α值，即$\alpha \geqslant -1$。现在轮到节点 B，产生它的第一后继节点 C，C 的静态值为-1，可知 B 处的倒推值$\leqslant -1$，此为 MIN 节点的β值的上界，即 B 处$\beta \leqslant -1$，这样 B 节点最终的倒推值可能小于-1，但绝不可能大于-1，因此，B 节点的其他后继节点的静态值不必计算，自然不必再生成，反正 B 决不会比 A 好，所以通过倒推值的比较，就可以减少搜索的工作量，在图 3.14 中作为 MIN 节点 B 的β值小于等于 B 的前辈 MAX 节点 S 的α值，从而 B 的其他后继节点可以不必再生成。

图 3.14 表示了β值小于等于父节点的α值时的情况，实际上当某个 MIN 节点的β值不大于它的先辈的 MAX 节点(不一定是父节点)的α值时，MIN 节点就可以终止向下搜索。

同样，当某个节点的α值大于等于它的先辈 MIN 节点的β值时，则该 MAX 节点就可以终止向下搜索。

通过上面的讨论可以看出，α-β过程首先使搜索树的某一部分达到最大深度，这时计算出了某些 MAX 节点的α值，或者是某些 MIN 节点的β值。随着搜索的继续，不断修改个别节点的α或β值。对任一节点，当其某一后继节点的最终值给定时，就可以确定该节点的α或β值。当该节点的其他后继节点的最终值给定时，就可以对该节点的α或β值进行修正。注意α、β值修改有如下规律：①MAX 节点的α值永不下降；②MIN 节点的β值永不增加。

因此可以利用上述规律进行剪枝，一般可以停止对某个节点搜索，即剪枝的规则表述如下。

(1)若任何 MIN 节点的β值小于或等于任何它的先辈 MAX 节点的α值，则可停止该 MIN 节点以下的搜索，然后这个 MIN 节点的最终倒推值即为它已得到的β值。该值与真正的极大极小值的搜索结果的倒推值可能不相同，但是对开始节点而言，倒推值是相同的，使用它选择的走步也是相同的。

(2)若任何 MAX 节点的α值大于或等于它的 MIN 先辈节点的β值，则可以停止该 MAX 节点以下的搜索，然后这个 MAX 节点处的倒推值即为它已得到的α值。

当满足规则(1)而减少了搜索时，称为进行了α剪枝；而当满足规则(2)而减少了搜索时，称为进行了β剪枝。保存α和β值，并且一旦可能就进行剪枝的整个过程通常称为α-β过程，当初始节点的全体后继节点的最终倒推值全部给出时，上述过程便结束。在搜索深度相同的条件下，采用这个过程所获得的走步总跟简单的极大极小过程的结果是相同的，区别只在于α-β过程通常只用少得多的搜索便可以找到一个理想的走步。

图 3.15 给出了一个α-β过程的应用例子。图中节点 A、B、C、D 处都进行了剪枝，剪枝处用两横杠标出。实际上，凡减去的部分，搜索时是不生成的。

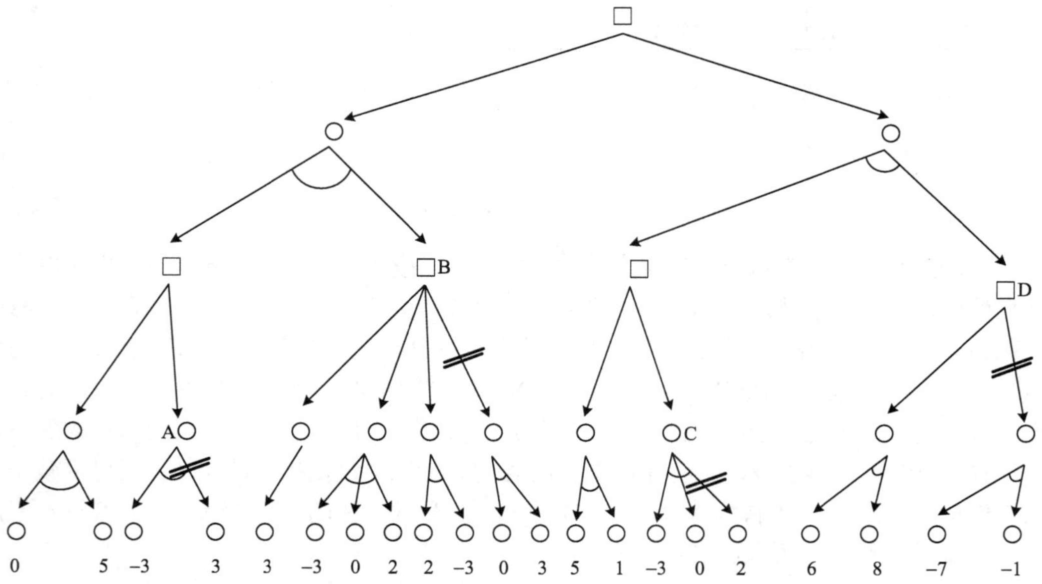

图 3.15　修剪

α-β过程的搜索效率与最先生成的节点的α、β值和最终倒推值之间的近似程度有关。初始节点最终倒推值将等于某个叶节点的静态估值。如果在深度优先搜索过程中，第一次就碰到了这个节点，则剪枝数量大，搜索效率最高。

假设一棵树的深度为 d，且每个非叶节点的分支系数为 b。对于最佳情况，即 MIN 节点先扩展出最小估值的后继节点，MAX 节点先扩展出最大估值的后继节点，这种情况可使得修剪的枝数最大。设叶节点的最少个数为 N_d，则有

$$N_d = \begin{cases} 2b^{d/2} - 1, & d\text{为偶数} \\ b^{(d+1)/2} + b^{(d-1)/2} - 1, & d\text{为奇数} \end{cases}$$

这说明，在最佳情况下，α-β搜索生成深度为 d 的叶节点数目大约相当于极大极小过程所生成的深度为 $d/2$ 的博弈树的节点数。也就是说，为了得到最佳的走步，α-β过程只需要检测 $O(b^{d/2})$ 节点，而不是极大极小过程的 $O(b^d)$ 节点。这样有效的分枝系数是 $\sqrt{b}$，而不是 b。假设国际象棋可以有 35 种走步的选择，则现在可以有 6 种。从另一个角度来看，在相同的代价下，α-β过程向前看的走步数是极大极小过程向前看的走步数的两倍。

3.6　海洋机器人路径规划的启发式搜索

本节采用 A*搜索算法来解答图 2.14 中的海洋机器人路径规划问题，为了方便，将地图的各个区域按行列进行编号，如图 3.16 所示。

(1,1)	(2,1)	(3,1)	(4,1)	(5,1)	(6,1)	(7,1)	(8,1)	(9,1)	(10,1)	(11,1)
(1,2)	(2,2)	(3,2)	(4,2)	(5,2)	(6,2)	(7,2)	(8,2)	(9,2)	(10,2)	(11,2)
(1,3)	(2,3)	(3,3)	(4,3)	(5,3)	(6,3)	(7,3)	(8,3)	(9,3)	(10,3)	(11,3)
(1,4)	(2,4)	(3,4)	(4,4)	(5,4)	(6,4)	(7,4)	(8,4)	(9,4)	(10,4)	(11,4)
(1,5)	(2,5)	(3,5)	(4,5)	(5,5)	(6,5)	(7,5)	(8,5)	(9,5)	(10,5)	(11,5)

图 3.16　路径规划区域编号

经过行列编号，可以用两点行与列差的绝对值之和来计算出最小代价距离。从起点开始进行搜索，根据 $f^*(n) = g^*(n) + h^*(n)$ 来确定相邻区域的估计函数 $f^*(n)$，它表示从初始节点经过 n 节点到达目的节点的路径的最小代价估计值，其中 $g^*(n)$ 为从初始位置到节点位置的实际代价，例如，从起始位置(1, 4)到节点(3, 1)的实际代价为 5；$h^*(n)$ 为节点 n 到目标节点的最优路径的估计代价，例如，采用两点行列可计算出节点(3, 1)到目标节点的估计代价为 6：$|7-3|+|3-1|=6$。各节点的 $f^*(n)$ 计算如图 3.17 所示。

3+8	4+7	5+6	6+5	7+4	8+3	9+2	10+3	4	5	6
2+7		6+5	7+4	8+3						5
1+6			8+3	9+2	10+1	11+0	1	2		4
0+7	1+6									5
1+8	2+7	3+6	4+5	5+4	6+3	7+2	8+3	4	5	6

图 3.17　最小代价估计函数计算结果图

设置 open 表、close 表，将节点位置及其周围区域放入 open 表，将每次搜索后的最小的区域放入 close 表。根据 $f^*(n)$ 的大小，对这些区域进行排序并选择 $f^*(n)$ 最小的区域。不断重复搜索过程，直到将终点也放入 close 表中便能找到一条最优的路径。

具体实现可以分为如下步骤。

(1) 设置搜索区域：将 11×5 的表格设置为搜索区域，且将表格中的障碍物设置为不可搜索区域。

(2) 设置 open 表、close 表：将起始位置及其周围区域放入 open 表，将每次搜索后的 $f^*(n)$ 最小的区域放入 close 表。

(3) 开始搜索：从起点位置开始进行搜索，根据 $f^*(n)=g^*(n)+h^*(n)$ 来确定相邻区域的 $f^*(n)$。

(4) 路径排序：在步骤(2)对该点相邻可搜索区域内的点进行搜索，完成之后，根据 $f^*(n)$ 的大小，对这些区域进行排序。

(5) 继续搜索：在排好序的区域中选择 $f^*(n)$ 最小的区域，继续根据 $f^*(n)=g^*(n)+h^*(n)$ 来对相邻区域进行搜索，并更新 open 表和 close 表。

(6) 若相邻区域已经在 open 表中(即已经被搜索过)，则从本区域判断其区域 $f^*(n)$ 是否可以更新，变得更小。

(7) 不断重复搜索过程，直到将终点 B 也放入 close 表中。

程序流程图如图 3.18 所示。

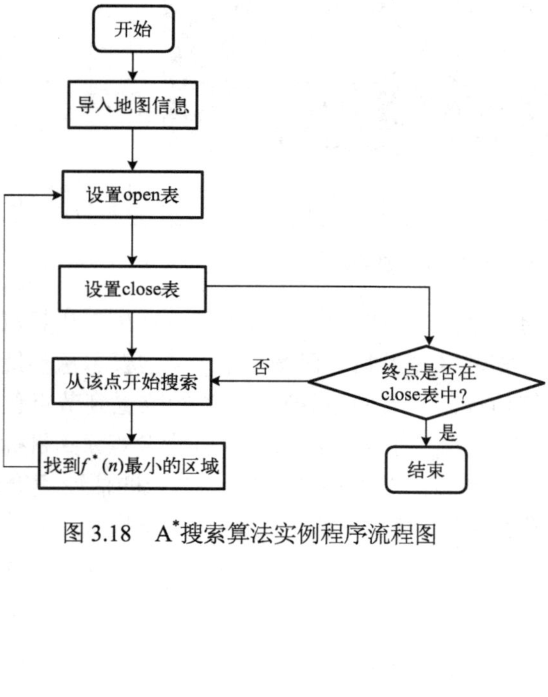

图 3.18　A*搜索算法实例程序流程图

第 4 章　人工神经网络

4.1　神经信息处理基本原理

微课

4.1.1　生物神经元结构

科学研究发现，人的大脑中大约含有 10^{11} 个生物神经元，它们通过 10^{15} 个连接被连成一个系统。每个神经元具有独立的接收、处理和传递电化学信号的能力。这种传递经由构成大脑通信系统的神经通路所完成。图 4.1 所示是生物神经元的典型结构。

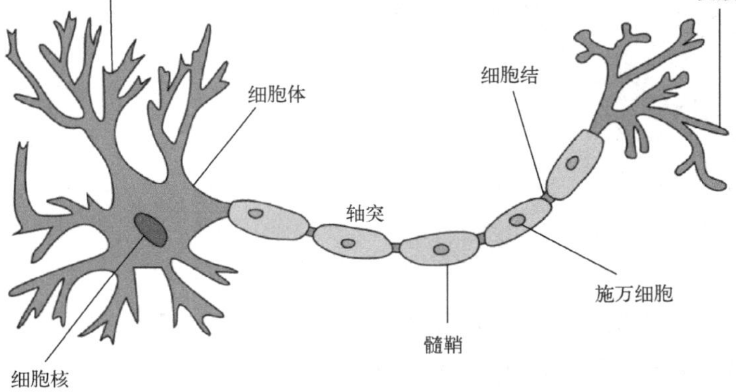

图 4.1　生物神经元结构

如图 4.1 所示，树突从胞体伸向其他神经元，这些神经元在被称为突触的连接点接收信号。在突触的接收侧，信号被送入胞体，这些信号在胞体里被综合。其中，有的输入信号起刺激作用，有的起抑制作用。当胞体中接收的累加刺激超过一个阈值时，胞体就被激发，此时它沿轴突通过树突向其他神经元发出信号。

在这个系统中，每一个神经元都通过突触与系统中很多其他的神经元相联系。研究认为，同一个神经元通过由其伸出的树突发出的信号是相同的，而这个信号可能对接收它的不同神经元有不同的效果，这一效果主要由相应的突触决定：突触的“连接强度”越大，接收的信号就越强，反之，突触的“连接强度”越小，接收的信号就越弱。突触的“连接强度”可以随着系统受到的训练而改变。

总结起来，生物神经系统有如下六个基本特征：

(1) 神经元及其连接；

(2) 神经元之间的连接强度决定信号传递的强弱；

(3) 神经元之间的连接强度是可以随训练而改变的；

(4) 信号可以是起刺激作用的，也可以是起抑制作用的；

(5) 一个神经元接收的信号的累积效果决定该神经元的状态；

(6) 每个神经元可以有一个“阈值”。

4.1.2　神经元数学模型

早在 1943 年，美国 McCulloch 和 Pitts 就提出了神经元的数学模型(M-P 模型)，从此开创了神经科学理论研究的时代。从 20 世纪 40 年代开始，根据神经元的结构和功能不同，先后提出的神经元模型有几百种之多。下面介绍神经元的一种标准、统一的数学模型，它由三部分组成，即加权求和、线性动态系统和非线性函数映射，如图 4.2 所示。

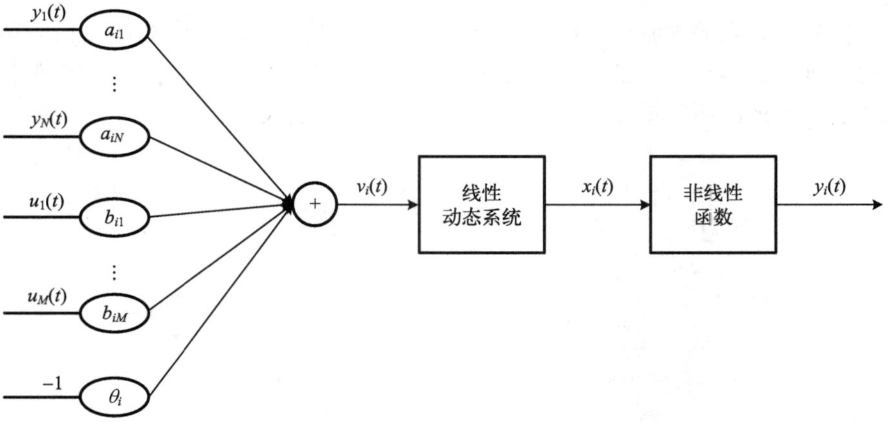

图 4.2　神经元数学模型

图 4.2 中，$y_i(t)$ 为第 i 个神经元的输出，θ_i 为第 i 个神经元的值 $(i=1,2,\cdots,N)$；$u_k(t)(k=1,2,\cdots,M)$ 为外部输入；a_{ij}、b_{ik} 为权值。

加权求和：

$$v_i(t)=\sum_{j=1}^{N}a_{ij}y_j(t)+\sum_{k=1}^{M}b_{ik}u_k(t)-\theta_i$$

其矩阵形式为

$$\boldsymbol{V}(t)=\boldsymbol{AY}(t)+\boldsymbol{BU}(t)-\boldsymbol{\theta}$$

式中

$\boldsymbol{V}=[v_1,\cdots,v_N]^{\mathrm{T}}$，$\boldsymbol{A}=[a_{ij}]_{N\times N}$，$\boldsymbol{B}=[b_{ik}]_{N\times M}$，$\boldsymbol{Y}=[y_1,\cdots,y_N]^{\mathrm{T}}$，$\boldsymbol{U}=[u_1,\cdots,u_M]^{\mathrm{T}}$，$\boldsymbol{\theta}=[\theta_1,\theta_2,\cdots,\theta_N]^{\mathrm{T}}$

线性环节的传递函数描述为

$$X_i(s)=H(s)V_i(s)$$

式中，$H(s)$ 通常取为 1、$\dfrac{1}{s}$、$\dfrac{1}{Ts+1}$、e^{-Ts} 及其组合等。

4.1.3 神经网络的结构与工作方式

神经网络是由众多简单的神经元连接而成的一个网络。尽管每个神经元结构、功能都不复杂，但神经网络的行为并不是各单元行为的简单相加，网络的整体动态行为则是极为复杂的，可以组成高度非线性动力学系统，从而可以描述很多复杂的物理系统，表现出一般复杂非线性系统的特性(如不可预测性、不可逆性、多吸引子、可能出现混沌现象等)和作为神经网络系统的各种性质。神经网络具有大规模并行处理能力和自适应、自组织、自学习能力及分布式存储等特点，在许多领域得到了成功的应用，展现了非常广阔的应用前景。

众多的神经元的轴突和其他神经元或者自身的树突相连接，构成复杂的神经网络。根据神经元的连接方式，神经网络可以划分为不同类型的结构。目前，人工神经网络主要有前馈型和反馈型两大类。

(1) 前馈型：在前馈型神经网络中，各神经元接收前一层的输入，并输出给下一层，没有反馈。前馈网络可分为不同的层，第 i 层只与第 $i-1$ 层输出相连，输入与输出的神经元与外界相连。后面着重介绍的 BP 神经网络就是一种前馈型神经网络。

(2) 反馈型：在反馈型神经网络中，存在一些神经元的输出经过若干个神经元后，再反馈到这些神经元的输入端。最典型的反馈型神经网络是 Hopfield 神经网络。它是全互联神经网络，即每个神经元和其他神经元都相连。

当满足兴奋条件时，神经网络中的神经元就会变为兴奋状态，当不满足兴奋条件时，它就会改变为抑制状态。如果神经网络中各个神经元同时改变状态，则称为同步(synchronous)工作方式；如果神经网络中神经元是一个一个地改变状态，即当某个神经元改变状态时，其他神经元保持状态不变，称为异步(asynchronous)工作方式。神经网络在不同的工作方式下的性能有些差异。

4.1.4 神经网络的学习

神经网络方法是一种知识表示方法和推理方法。神经网络知识表示方法与谓词、产生式、框架、语义网络等完全不同。谓词、产生式、框架、语义网络等方法是知识的显式表示。例如，在产生式系统中，知识独立地表示为一条规则。神经网络知识表示是一种隐式的表示方法。在这里将某一问题的若干知识通过学习表示在同一网络中。

神经网络的学习是指调整神经网络的联结权值或者结构，使输入输出具有需要的特性。

1944 年，赫布(Hebb)提出了改变神经元连接强度的 Hebb 学习规则。Hebb 学习规则的基本思想很容易被接受，得到了较为广泛的应用，至今仍在各种神经网络模型的研究中起着重要的作用。但近年来，神经科学的许多发现都表明，Hebb 学习规则并没有准确反映神经元在学习过程中突触变化的基本规律。

Hebb 学习规则：如果某一突触两端的神经元同时处于兴奋状态，那么该连接的权值应该增强用数学方式描述调整权值 w_{ij} 的方法为

$$w_{ij}(k+1)=w_{ij}(k)+\alpha y_i(k)y_j(k), \quad \alpha>0$$

式中，$w_{ij}(k+1)$ 为权值的下一步值；$w_{ij}(k)$ 为权值的当前值。

4.2 感　知　器

人工神经元也称为感知器，是对生物神经元的一种形式化描述，它对生物神经元的信息处理过程进行抽象，并用数学语言描述。

4.2.1 人工神经元的基本构成

人工神经元是指用于构建人工神经网络的基本单元，其结构如图 4.3 所示。它们模拟生物神经元的功能，进行处理和传递信息。人工神经元通常由以下几部分构成。

(1) 输入权重(input weights)：每个人工神经元都有一组与之连接的输入权重。这些权重决定了输入信号对神经元的影响程度。

(2) 激活函数(activation function)：人工神经元的非线性转换函数。它接收神经元输入的加权和，并产生一个输出信号。常见的激活函数包括 sigmoid 函数、ReLU 函数和 Tanh 函数等。

(3) 偏置项(bias)：人工神经元的可学习参数，用于调整激活函数的阈值。它允许神经元对输入信号作出适当的响应。

(4) 输出(output)：人工神经元的输出是经过激活函数处理后的结果。它可以传递给其他神经元作为输入，或者作为整个神经网络的输出。

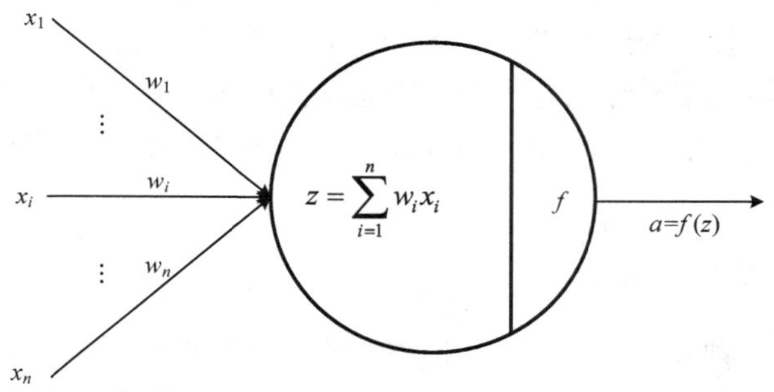

图 4.3　人工神经元的结构

这些组成部分共同构成了人工神经元的基本结构。通过调整输入权重和偏置项，并选择适当的激活函数，人工神经元可以模拟生物神经元的行为，实现复杂的信息处理和学习能力。

表 4.1 对比展示了生物神经元与人工神经元组成结构的对应联系。

表 4.1　生物神经元与人工神经元

生物神经元	人工神经元
细胞核	节点(加权求和+激活函数)
树突	输入
轴突	带权重的连接
突触	输出

4.2.2　感知器的组成

感知器的结构如图 4.4 所示。

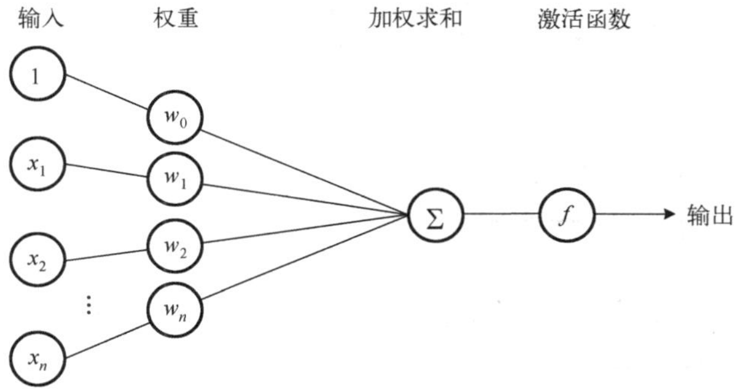

图 4.4　感知器的结构

在感知器中，输入信息被加权求和，再经过一个激活函数处理，然后生成输出信息。假设正确的输出是预定义的，每次通过感知器传递数据时，都会将最终结果与正确的结果进行比较，并根据差值对感知器中的输入权重值进行调整，直到网络可以生成正确的最终输出。所以，感知器的学习过程，实际上就是根据一组样本数据，确定感知器输入权重的过程。

1. 感知器输入

一个感知器可以接收多个输入（$x_1,x_2,\cdots,x_n$），每个输入都有一个权重值，另外还有一个偏置项，即图 4.4 中的 $w0$，通常也记为 b。

2. 加权求和

对于输入信号，感知器首先会对其加权求和：

$$z(x) = w_0 + w_1x_1 + w_2x_2 + \cdots + w_nx_n$$

3. 激活函数

神经元在获得网络输入后，它应该给出适当的输出。按照生物神经元的特性，每个神经元有一个阈值，当该神经元所获得的输入信号的累积效果超过阈值时，它就处于激发态；否则，应该处于抑制态。为了使系统有更宽的适用面，希望人工神经元有一个通用的变换函数来处理其所获得的网络输入，这就是激活函数，也可以称为激励函数、活化函数。用 f 表示：

$$o = f(\text{net})$$

其中，o 是该神经元的输出。由此式可以看出，函数 f 同时也用来将神经元的输出进行放大处理或将输出限制在一个适当的范围内。如图 4.5 所示，典型的激活函数有线性函数、非线性斜面函数、阶跃函数、s 形函数等四种。

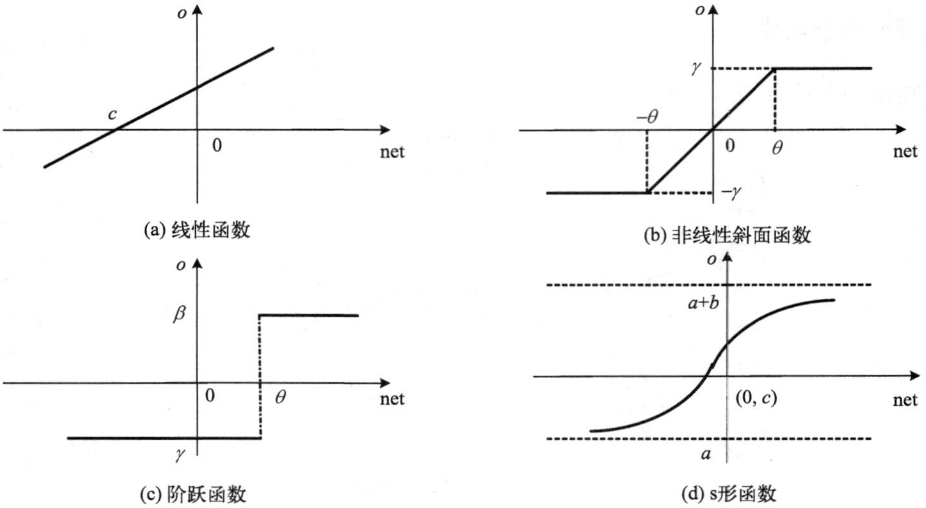

图 4.5　四种常用的激活函数

1) 线性函数

线性函数是最基本的激活函数，它起到对神经元所获得的网络输入进行适当的线性放大的作用。它的一般形式为

$$f(\text{net}) = k \times \text{net} + c$$

其中，k 为放大系数，c 为位，它们均为常数。

2) 非线性斜面函数

线性函数非常简单，但是它的线性性极大地降低了网络的性能，它甚至使多级网络的功能退化成单级网络的功能。因此，在人工神经网络中有必要引入非线性激活函数。

非线性斜面函数是最简单的非线性函数，实际上，它是一种分段线性函数。由于它简单，所以有时也被人们采用。这种函数在于把函数的值域限制在一个给定的范围$[-\gamma, \gamma]$内。

$$f(\text{net}) = \begin{cases} \gamma, & \text{net} \geqslant \theta \\ k \times \text{net}, & |\text{net}| < \theta \\ -\gamma, & \text{net} \leqslant -\theta \end{cases}$$

其中，γ 为常数。一般地，规定$\gamma > 0$，它被称为饱和值，为该神经元的最大输出。

3) 阈值函数

阈值函数又称阶跃函数，当激活函数仅用来判定神经元所获得的网络输入是否超过阈值θ时，使用此函数。

$$f(\text{net}) = \begin{cases} \beta, & \text{net} > \theta \\ -\gamma, & \text{net} \leqslant \theta \end{cases}$$

其中，β、γ、θ 均为非负实数，θ 为阈值，通常用其二值形式：

$$f(\text{net}) = \begin{cases} 0, & \text{net} > \theta \\ 1, & \text{net} \leqslant \theta \end{cases}$$

4) s 形函数

s 形函数又称压缩函数(squashing function)和逻辑斯谛函数(logistic function)，其应用最为广泛。它的一般形式为

$$f(\text{net}) = a + \frac{b}{1 + \exp(-d \times \text{net})}$$

其中，a、b、d 为常数，图 4.5(d)中

$$c = a + \frac{b}{2}$$

它的饱和值为 a 和 $a+b$。该函数的最简单形式为

$$f(\text{net}) = \frac{1}{1 + \exp(-d \times \text{net})}$$

此时，函数的饱和值为 0 和 1。

也可以取其他形式的函数，如双曲函数、扩充平方函数。而当取扩充平方函数

$$f(\text{net}) = \begin{cases} \dfrac{\text{net}^2}{1 + \text{net}^2}, & \text{net} > 0 \\ 0, & \text{其他} \end{cases}$$

时，饱和值仍然是 0 和 1。当取双曲函数

$$f(\text{net}) = \tanh(\text{net}) = \frac{e^{\text{net}} - e^{-\text{net}}}{e^{\text{net}} + e^{-\text{net}}}$$

时，饱和值则是−1 和 1。

s 形函数之所以被广泛地应用，除了它的非线性和处处连续可导外，更重要的是由于该函数对信号有较好的增益控制：函数的值域可以由用户根据实际需要给定，当 net 的值比较小时，$f(\text{net})$ 有一个较大的增益；当 net 的值比较大时，$f(\text{net})$ 有一个较小的增益。这为防止网络进入饱和状态提供了良好的支持。

4. 感知器输出

感知器的输出可以表示如下。

输入项为 $x_1, x_2, \cdots, x_n$，表示为向量 $\boldsymbol{X}$:

$$\boldsymbol{X} = [1, x_1, x_2, \cdots, x_n]$$

权重项为 $w_1, w_2, \cdots, w_n$，表示为向量 $\boldsymbol{W}$:

$$\boldsymbol{W} = [w_0, w_1, w_2, \cdots, w_n]$$

偏置项为 $w_0 \times 1$，也记为 b。

激活函数为 $f(\boldsymbol{Z})$。

加权求和的值可以表示为

$$\boldsymbol{Z} = \boldsymbol{W} \cdot \boldsymbol{X} = \boldsymbol{W}^{\mathrm{T}} \boldsymbol{X} = \sum_{i=0}^{n} w_i \cdot x_i$$

经过激活函数处理后：

$$\boldsymbol{Y} = f(\boldsymbol{W} \cdot \boldsymbol{X})$$

4.3　BP 神经网络

4.3.1　网络的构成

1. 神经元

与一般的人工神经网络一样，构成 BP 神经网络的神经元仍然是 2.2 节中定义的神经元。按照 BP 算法的要求，这些神经元所用的激活函数必须是处处可导的。一般地，多数设计者都使用 s 形函数。对一个神经元来说，取它的网络输入为

$$\text{net} = x_1 w_1 + x_2 w_2 + \cdots + x_n w_n$$

输出为

$$o = f(\text{net}) = \frac{1}{1 + \mathrm{e}^{-\text{net}}}$$

o 关于 net 的导数为

$$\begin{aligned} f'(\text{net}) &= \frac{\mathrm{e}^{-\text{net}}}{(1+\mathrm{e}^{-\text{net}})^2} = \frac{1+\mathrm{e}^{-\text{net}}-1}{(1+\mathrm{e}^{-\text{net}})^2} \\ &= \frac{1}{1+\mathrm{e}^{-\text{net}}} - \frac{1}{(1+\mathrm{e}^{-\text{net}})^2} \\ &= o - o^2 = o(1-o) \end{aligned}$$

其中

$$\lim_{n\to+\infty} \frac{1}{1+\mathrm{e}^{-\text{net}}} = 1, \quad \lim_{\text{net}\to-\infty} \frac{1}{1+\mathrm{e}^{-\text{net}}} = 0$$

可以得到图 4.6。

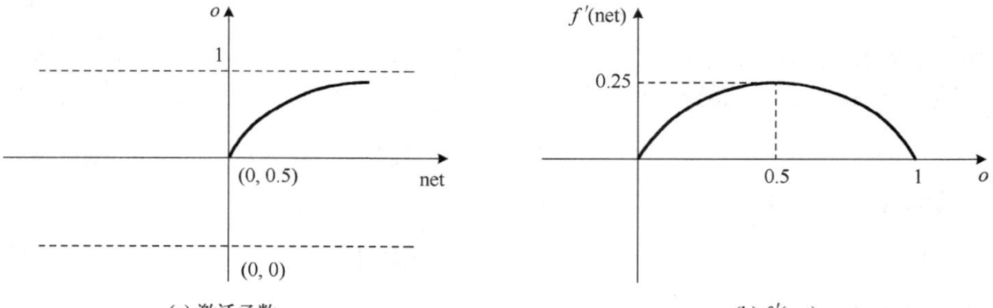

图 4.6　BP 神经网络的激活函数和 $f'(\text{net})$

2. 拓扑结构

输入向量、输出向量的维数是由问题所直接决定的，然而网络隐藏层的层数和各个隐藏

层神经元的个数则是与问题相关的。实验表明，增加隐藏层的层数和隐藏层神经元的个数不一定能够提高网络的精度和表达能力，在多数情况下，BP 神经网络一般都选用二级网络。图 4.7 展示了 BP 神经网络的拓扑结构。

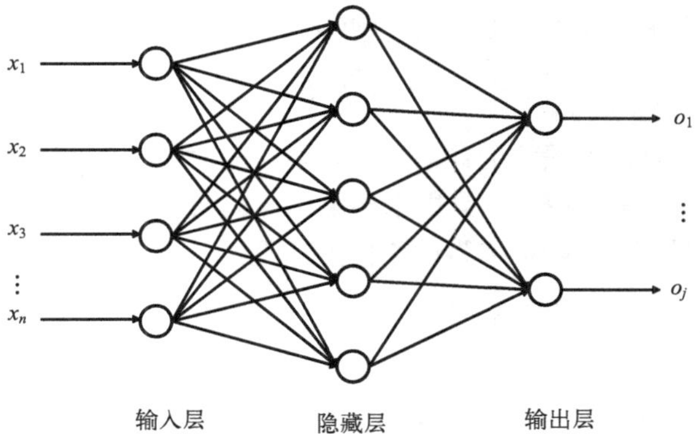

图 4.7　BP 神经网络的拓扑结构

4.3.2　训练过程

首先，前面已经提到过，人工神经网络的训练过程是根据样本集对神经元之间的联结权进行调整的过程，BP 网络也不例外。其次，BP 网络执行的是有导师训练。所以，其样本集是由形如

（输入向量，理想输出向量）

的向量对构成的。所有这些向量对，都应该来源于网络即将模拟的系统的实际“运行”结果。它们可以是从实际运行系统中采集来的。

在开始训练前，所有的权都应该用一些不同的小随机数进行初始化。“小随机数”用来保证网络不会因为权重过大而进入饱和状态，从而导致训练失败；“不同”用来保证网络可以正常学习。实际上，如果用相同的数去初始化权矩阵，则网络将无能力学习。

BP 算法主要包含 4 步，这 4 步被分为两个阶段。

1. 向前传播阶段

(1) 从样本集中取一个样本 $(\boldsymbol{X}_p, \boldsymbol{Y}_p)$，将 $\boldsymbol{X}_p$ 输入网络。

(2) 计算相应的实际输出 $\boldsymbol{O}_p$。

在此阶段，信息从输入层经过逐级的变换，传送到输出层。这个过程也是网络在完成训练后正常运行时执行的过程。在此过程中，网络执行的是下列运算：

$$\boldsymbol{O}_p = F_n(\cdots(F_2(F_1(\boldsymbol{X}_p\boldsymbol{W}^{(1)})\boldsymbol{W}^{(2)})\cdots)\boldsymbol{W}^{(n)})$$

2. 向后传播阶段

(1) 计算实际输出 $\boldsymbol{O}_p$ 与相应的理想输出 $\boldsymbol{Y}_p$ 的差。

(2) 按极小化误差的方式调整权矩阵。

这两个阶段的工作一般应受到精度要求的控制，在这里取

$$E_p = \frac{1}{2}\sum_{j=1}^{m}(y_{p_j} - o_{p_j})^2$$

作为网络关于第 p 个样本的误差测度。而将网络关于整个样本集的误差测度定义为

$$E = \sum E_p$$

如前所述，之所以将此阶段称为向后传播阶段，是对应于输入信号的正常传播而言的。因为在开始调整神经元的联结权时，只能求出输出层的误差，而其他层的误差要通过此误差反向逐层后推才能得到。有时候也称为误差传播阶段。

4.3.3 误差传播分析

1. 输出层权的调整

为了说明清晰方便，使用图 4.8 中的相应符号来讨论输出层联结权的调整。

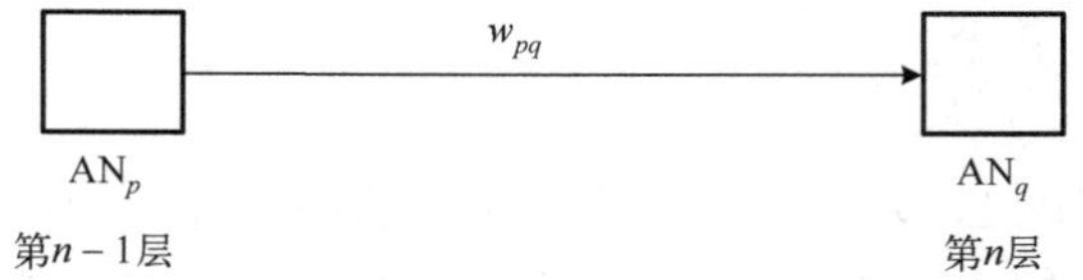

图 4.8 AN_p 到 AN_q 的联结

图 4.8 中，AN_q 是输出层的第 q 个神经元，w_{pq} 是从其前导层的第 p 个神经元到 AN_q 的联结权。取

$$w_{pq} = w_{pq} + \Delta w_{pq}$$

根据 Delta 规则有

$$\delta_q = f_n'(\text{net}_q)(y_q - o_q)$$

而

$$f_n'(\text{net}_q) = o_q(1 - o_q)$$

所以

$$\begin{aligned}\Delta w_{pq} &= \alpha\delta_q o_p = \alpha f_n'(\text{net}_q)(y_q - o_q)o_p \\ &= \alpha o_q(1 - o_q)(y_q - o_q)o_p\end{aligned}$$

即

$$\Delta w_{pq} = \alpha o_q(1 - o_q)(y_q - o_q)o_p$$

δ_q 可以看成是 AN_p 所表现出来的误差。它由 AN_p 的输出值和 AN_p 的理想输出值以及 w_{pq} 与直接相关联的 AN_p 的输出值确定。

2. 隐藏层权的调整

对隐藏层权的调整，不可以再用 $\delta_q = f_n'(\text{net}_q)(y_q - o_q)$ 去计算相应的神经元所表现出来

的误差，因为此时无法知道该神经元的理想输出。为了解决这个问题，在这里从直观上来研究如何计算相应的神经元所表现出来的误差。

为使讨论更清晰，对隐藏层联结权调整的讨论将参考图 4.9 进行。按照该图的表示，省去了其中有些符号上表示网络层号的上标。一方面，将相应的层号标注在图的下方；另一方面，仅在需要的地方让层号以下标的形式出现。

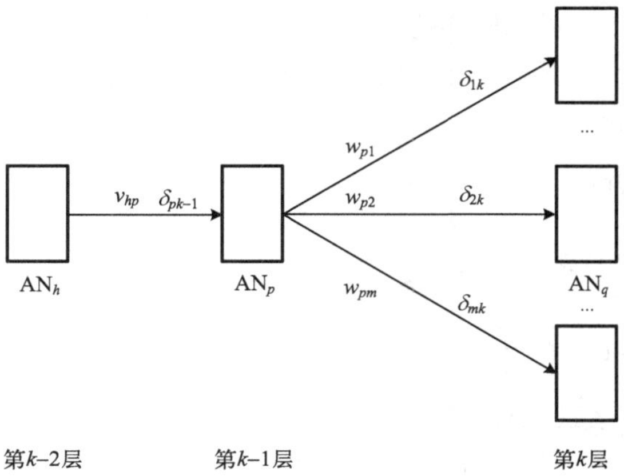

图 4.9　误差反向传播示意图

假定图 4.9 中 $w_{p1},w_{p2},\cdots,w_{pm}$ 的调整已经完成。所以，此时 $\delta_{1k},\delta_{2k},\cdots,\delta_{mk}$ 的值是已知的。要想调整 v_{hp}，就必须知道 δ_{pk-1}，由于 AN_p 的理想输出是未知的，所以必须按照一定的方法来给 δ_{pk-1} 一个合适的估计。

从图 4.9 中可以看出，δ_{pk-1} 的值应该是和 $\delta_{1k},\delta_{2k},\cdots,\delta_{mk}$ 有关的，在 $\delta_{1k},\delta_{2k},\cdots,\delta_{mk}$ 等每个值中，都含有 δ_{pk-1} 的“成分”。因此，自然地想到用 $\delta_{1k},\delta_{2k},\cdots,\delta_{mk}$ 来估计 δ_{pk-1}。具体地，不妨认为 δ_{pk-1}：

通过权 w_{p1} 对 δ_{1k} 做出贡献；

通过权 w_{p2} 对 δ_{2k} 做出贡献；

…

通过权 w_{pm} 对 δ_{mk} 做出贡献。

从而，AN_p 的输出误差是与 $w_{p1}\delta_{1k}+w_{p2}\delta_{2k}+\cdots+w_{pm}\delta_{mk}$ 相关的。这样可以用它近似地表示 AN_p 的理想输出与实际输出的差，得到

$$\delta_{pk-1}=f'_{k-1}(\text{net}_p)(w_{p1}\delta_{1k}+w_{p2}\delta_{2k}+\cdots+w_{pm}\delta_{mk})$$

从而有

$$\begin{aligned}\Delta v_{hp}&=\alpha\delta_{pk-1}o_{hk-2}\\&=\alpha f'_{k-1}(\text{net}_p)(w_{p1}\delta_{1k}+w_{p2}\delta_{2k}+\cdots+w_{pm}\delta_{mk})o_{hk-2}\\&=\alpha o_{pk-1}(1-o_{pk-1})(w_{p1}\delta_{1k}+w_{p2}\delta_{2k}+\cdots+w_{pm}\delta_{mk})o_{hk-2}\end{aligned}$$

即

$$\Delta v_{hp} = \alpha o_{pk-1}(1 - o_{pk-1})(w_{p1}\delta_{1k} + w_{p2}\delta_{2k} + \cdots + w_{pm}\delta_{mk})o_{hk-2}$$
$$v_{hp} = v_{hp} + \Delta v_{hp}$$

式中，o_{pk-1}、o_{hk-2} 分别表示第 k–1 层的第 p 个神经元、第 k–2 层的第 h 个神经元的输出。

4.3.4　实例

下面的代码是一个 BP 神经网络的实例，使用了反向传播算法来训练它解决异或(XOR)问题。输入 $\boldsymbol{x}$ 是一个 4×2 的矩阵，每行代表一个 XOR 输入组合。输出 $\boldsymbol{y}$ 是一个 4×1 的矩阵，每行代表对应的 XOR 输出。

```
import numpy as np

# 定义 sigmoid 激活函数及其导数
def sigmoid(x):
    return 1/(1+np.exp(-x))

def sigmoid_derivative(x):
    return x*(1-x)

# 定义神经网络类
class NeuralNetwork:
    def __init__(self, input_size, hidden_size, output_size, learning_rate,
      epochs):
        self.input_size=input_size
        self.hidden_size=hidden_size
        self.output_size=output_size
        self.learning_rate=learning_rate
        self.epochs=epochs

        # 初始化权重和偏置
        self.weights_input_hidden=np.random.uniform(-1, 1, (input_size,
           hidden_size))
        self.bias_hidden=np.zeros((1, hidden_size))
        self.weights_hidden_output=np.random.uniform(-1, 1, (hidden_size,
           output_size))
        self.bias_output=np.zeros((1, output_size))
    def train(self, X, y):
        for epoch in range(self.epochs):
            # 前向传播
            hidden_input=np.dot(X, self.weights_input_hidden)+ self.bias_hidden
            hidden_output=sigmoid(hidden_input)
```

```
            output_input=np.dot(hidden_output, self.weights_hidden_output)+
                self.bias_output
            predicted_output=sigmoid(output_input)

            # 计算损失
            loss=y-predicted_output

            # 反向传播
            d_output=loss*sigmoid_derivative(predicted_output)
            error_hidden_layer=d_output.dot(self.weights_hidden_output.T)
            d_hidden_layer=error_hidden_layer*sigmoid_derivative(hidden_ output)

            # 更新权重和偏置
            self.weights_hidden_output+=hidden_output.T.dot(d_output)*
                self.learning_rate
            self.bias_output+=np.sum(d_output, axis=0,
                keepdims=True)*self.learning_rate
            self.weights_input_hidden+=X.T.dot(d_hidden_layer)*
                self.learning_rate
            self.bias_hidden+= np.sum(d_hidden_layer, axis=0, keepdims=True)*
                self.learning_rate

            if epoch%1000==0:
                print(f"Epoch {epoch}: Loss={np.mean(np.abs(loss))}")

    def predict(self, X):
        hidden_input=np.dot(X, self.weights_input_hidden)+ self.bias_hidden
        hidden_output=sigmoid(hidden_input)

        output_input=np.dot(hidden_output, self.weights_hidden_output)+
            self.bias_output
        predicted_output=sigmoid(output_input)

        return predicted_output
# 示例数据
X=np.array([[0, 0], [0, 1], [1, 0], [1, 1]])
y=np.array([[0], [1], [1], [0]])

# 创建神经网络并进行训练
input_size=2
hidden_size=4
output_size=1
```

```
learning_rate=0.1
epochs=10000

nn=NeuralNetwork(input_size, hidden_size, output_size, learning_rate, epochs)
nn.train(X, y)

# 进行预测
predictions=nn.predict(X)
print("Predictions:")
print(predictions)
```

4.4 RBF 神经网络

径向基函数(radial basis function，RBF)神经网络是一种使用径向基函数作为激活函数的人工神经网络。径向基函数神经网络的输出是输入的径向基函数和神经元参数的线性组合。

径向基函数神经网络通常有三层：输入层、隐藏层以及一个非线性激活函数和线性径向基神经网络输出层。输入可以被建模为实数向量。输出是输入向量的一个标量函数。

4.4.1 径向基函数

径向基函数方法是 Powell 在 1985 年提出的。径向基函数，其实就是某种沿径向对称的标量函数。通常定义为空间中任一点 x 到某一中心 c 之间欧氏距离的单调函数，可记作 $k(\|x-c\|)$，其作用往往是局部的，即当 x 远离 c 时，函数取值很小。如高斯径向基函数：

$$h(x)=\exp\left(-\frac{(x-c)^2}{r^2}\right)$$

径向基函数的诞生主要是为了解决多变量插值的问题。如图 4.10 所示，先在每个样本上面放一个基函数，图中每个点是一个样本，图 4.10(b)中虚线表示每个训练样本对应一个高斯函数(高斯函数中心就是样本点)。然后假设真实的拟合这些训练数据的曲线是图 4.10(c)最上方的那条，如果有一个新的数据 x_1，我们想知道它对应的 $f(x_1)$ 是多少，也就是 a 点的纵坐标是多少，那么由图可以看到，a 点的纵坐标等于 b 点的纵坐标加上 c 点的纵坐标。而 b 的纵坐标是第一个样本点的高斯函数的值乘以一个较大权值得到的，c 点的纵坐标是第二个样本点的高斯函数的值乘以另一个较小权值得到的。而其他样本点的权值全是 0，因为要插值的点 x_1 在第一和第二个样本点之间，远离其他的样本点，那么插值影响最大的就是离得近的点，离得远的点就没什么贡献了。所以 x_1 点的函数值由附近的 b 和 c 两个点就可以确定了。拓展到任意的新的 x，将这些高斯函数乘以一个权值后，再在对应的 x 的位置相加，就可以完美地拟合真实的函数曲线。

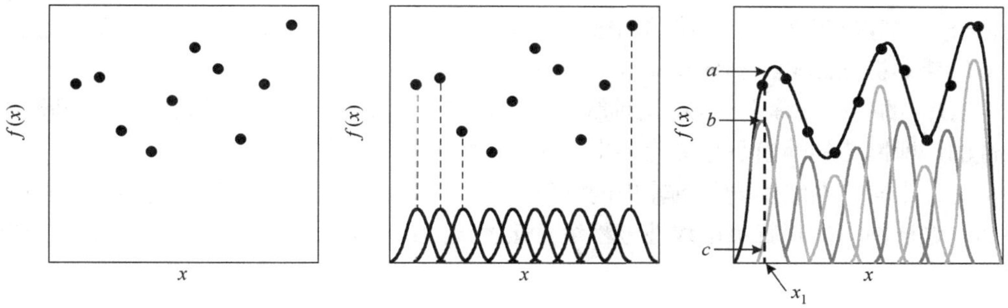

(a)　(b)　(c)

图 4.10　拟合曲线

4.4.2　径向基网络

1988 年，Moody 和 Darken 提出了一种神经网络结构，即 RBF 神经网络，它属于前向神经网络类型，能够以任意精度逼近任意连续函数，特别适合解决分类问题。

$$y_j = \sum_{i=1}^{h} w_{ij} \exp\left(-\frac{1}{2\sigma^2} \| x_p - c_i \|^2\right), \quad j = 1, 2, \cdots, n$$

RBF 神经网络的结构与多层前向网络类似，它是一种三层前向网络，如图 4.11 所示。输入层由信号源节点组成；第二层为隐藏层，隐单元数视所描述问题的需要而定，隐单元的变换函数是 RBF，它是对中心点径向对称且衰减的非负非线性函数；第三层为输出层，它对输入模式的作用作出响应。从输入空间到隐藏层空间的变换是非线性的，而从隐藏层空间到输出层空间的变换是线性的。

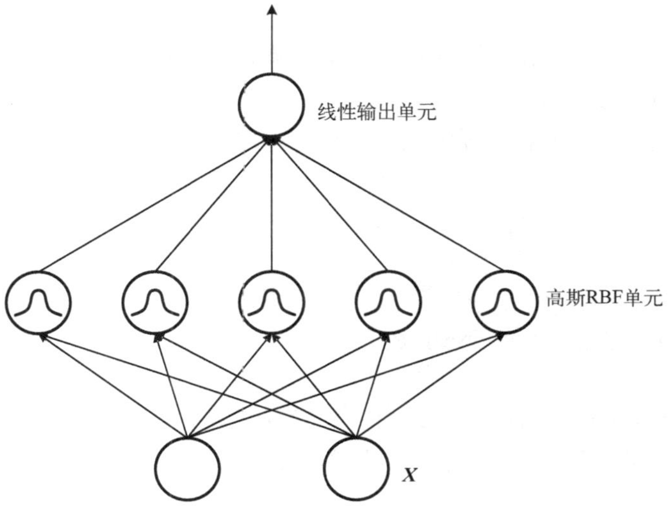

图 4.11　径向基网络结构图

RBF 神经网络的基本思想是：用 RBF 作为隐单元的“基”构成隐藏层空间，这样就可将输入矢量直接(即不需要通过权连接)映射到隐空间。换句话来说，RBF 网络的隐藏层的功能就是将低维空间的输入通过非线性函数映射到一个高维空间。然后在这个高维空间进行曲线的拟合。它等价于在一个隐藏的高维空间寻找一个能最佳拟合训练数据的表面。这点与普通的多层感知机(multilayer perceptron，MLP)是不同的。

当 RBF 的中心点确定以后，这种映射关系也就确定了。而隐藏层空间到输出空间的映射是线性的，即网络的输出是隐单元输出的线性加权和，此处的权即为网络可调参数。由此可见，从总体上看，网络由输入到输出的映射是非线性的，而网络输出对可调参数而言却又是线性的。这样网络的权就可由线性方程组直接解出，从而大大加快学习速度并避免局部极小问题。

4.4.3 RBF 神经网络的设计和求解

RBF 神经网络的设计主要包括两个方面：一个是结构设计，也就是说隐藏层含有几个节点合适。另一个就是参数设计，也就是对网络各参数进行求解。由上面的输入到输出的网络映射函数公式可以看到，网络的参数主要包括三种：径向基函数的中心、方差和隐藏层到输出层的权值。到目前为止，出现了很多求解这三种参数的方法，主要可以分为以下两大类。

方法一

通过非监督方法得到径向基函数的中心和方差，通过监督方法(最小均方误差)得到隐藏层到输出层的权值。具体步骤如下。

(1)在训练样本集中随机选择 h 个样本作为 h 个径向基函数的中心。更好的方法是通过聚类，如 K-means 聚类得到 h 个聚类中心，将这些聚类中心当成径向基函数的 h 个中心。

(2)RBF 神经网络的基函数为高斯函数时，方差可由下式求解：

$$\sigma_i = \frac{c_{\max}}{\sqrt{2h}}, \quad i = 1, 2, \cdots, h$$

式中，$c_{\max}$ 为所选取中心之间的最大距离；h 是隐藏层节点的个数。扩展常数这么计算是为了避免径向基函数太尖或太平。

(3)隐藏层至输出层之间神经元的联结权值可以用最小均方误差直接计算得到，计算公式如下：

$$W = \Phi^{+} d$$

计算伪逆

$$\Phi^{+} = (\Phi^{\mathrm{T}}\Phi)^{-1}\Phi^{\mathrm{T}}$$

式中，d 是期待的输出值；Φ 是 Green 函数。

方法二

采用监督学习方法对网络所有的参数(径向基函数的中心、方差和隐藏层到输出层的权值)进行训练。主要是对代价函数(均方误差)进行梯度下降，然后修正每个参数。具体步骤如下。

(1)随机初始化径向基函数的中心、方差和隐藏层到输出层的权值。当然，也可以选用方法一中的步骤(1)来初始化径向基函数的中心。

(2)通过梯度下降来对网络中的三种参数进行监督训练优化。代价函数是网络输出和期望输出的均方误差：

$$E = \frac{1}{2}[y(x) - d]^2$$

然后每次迭代，在误差梯度的负方向以一定的学习率调整参数。

$$\Delta c_j = -\eta \frac{\partial E}{\partial c_j} = \eta \frac{w_j}{\delta_j^2} \sum_{i=1}^{P} e_i G(\| X_i - c_j \|)(\| X_i - c_j \|)$$

$$\Delta \delta_j = -\eta \frac{\partial E}{\partial \delta_j} = \eta \frac{w_j}{\delta_j^3} \sum_{i=1}^{P} e_i G(\| X_i - c_j \|) \| X_i - c_j \|^2$$

$$\Delta w_j = -\eta \frac{\partial E}{\partial w_j} = \eta \sum_{i=1}^{P} e_i G(\| X_i - c_j \|)$$

4.4.4　实例

下面的代码实现了一个径向基函数神经网络，并用它来对含噪声的正弦函数数据进行拟合和预测。

```
import numpy as np
from scipy.spatial.distance import cdist

# 定义 RBF 神经网络类
class RBFNetwork:
    def__init__(self,num_centers,num_outputs,learning_rate=0.1,epochs=100):
        self.num_centers=num_centers
        self.num_outputs=num_outputs
        self.learning_rate=learning_rate
        self.epochs=epochs
        self.centers=None
        self.width=None
        self.weights=None

    def _gaussian(self, x, center, width):
        return np.exp(-cdist(x, center)/(2.0*width**2))

    def fit(self, X, y):
        # 随机选择 RBF 中心
        self.centers=X[np.random.choice(X.shape[0], self.num_centers, replace=
          False)]

        # 计算 RBF 函数的宽度
        self.width=np.std(X)/np.sqrt(2*self.num_centers)

        # 计算 RBF 层的输出
        RBF_layer = self._gaussian(X, self.centers, self.width)
```

```
        # 添加偏置项
        RBF_layer=np.column_stack([RBF_layer, np.ones(X.shape[0])])

        # 使用最小二乘法拟合权重
        self.weights=np.linalg.lstsq(RBF_layer, y, rcond=None)[0]

    def predict(self, X):
        # 计算 RBF 层的输出
        RBF_layer=self._gaussian(X, self.centers, self.width)

        # 添加偏置项
        RBF_layer=np.column_stack([RBF_layer, np.ones(X.shape[0])])

        # 使用 RBF 层和权重进行预测
        predictions=np.dot(RBF_layer, self.weights)
        return predictions

# 示例数据
X=np.linspace(-5, 5, 100)
y=np.sin(X)+ 0.1 * np.random.randn(100) # 添加噪声

# 创建 RBF 神经网络并进行训练
rbf_net=RBFNetwork(num_centers=10, num_outputs=1)
rbf_net.fit(X.reshape(-1, 1), y)

# 进行预测
X_test=np.linspace(-6, 6, 200)
y_pred=rbf_net.predict(X_test.reshape(-1, 1))

# 可视化结果
import matplotlib.pyplot as plt

plt.scatter(X, y, label='Actual Data')
plt.plot(X_test, y_pred, 'r', label='RBF Network Prediction')
plt.legend()
plt.xlabel('X')
plt.ylabel('y')
plt.title('RBF Network Regression')
plt.show()
```

4.5　Hopfield 神经网络

Hopfield 神经网络是一种循环神经网络，由霍普菲尔德(Hopfield)在 1982 年发明。Hopfield 网络是一种结合存储系统和二元系统的神经网络。它保证了向局部极小的收敛，但收敛到错误的局部极小值(local minimum)，而非全局极小值(global minimum)的情况也可能发生。Hopfield 神经网络也提供了模拟人类记忆的模型。

离散 Hopfield 神经网络是一个单层网络，有 n 个神经元节点，每个神经元的输出均接到其他神经元的输入。各节点没有自反馈。每个节点都可处于一种可能的状态(1 或–1)，即当该神经元所受的刺激超过其阀值时，神经元就处于一种状态(如 1)，否则神经元就始终处于另一状态(如–1)。整个网络有两种工作方式，即异步方式和同步方式。

4.5.1　Hopfield 神经网络的组织

在 Hopfield 神经网络中，每对神经元之间都是互联的，每个神经元都没有到自身的联结。也就是说，Hopfield 神经网络是一个全互联的网络。假设网络的神经元的个数为 h，输入向量的维数为 n，输出向量的维数为 m。对应于输入向量和输出向量，网络中有 n 个神经元被指定为直接接收输入的神经元，简称它们为输入神经元。同时，有 m 个神经元被指定为输出计算结果的神经元，类似地，简称它们为输出神经元。一个网络中的输入神经元和输出神经元是可以重叠的。为了清晰起见，图 4.12 只给出了输入神经元和输出神经元不重叠的情况，输入神经元和输出神经元有重叠的情况的处理是类似的，相应的讨论完全适用。在此网络中，显然有

$$h \geqslant n, \quad h \geqslant m, \quad n \geqslant 1, \quad m \geqslant 1$$

其中，当 $n = m = h$ 时，网络退化成最简单的形式，称为最基本的 Hopfield 神经网络。

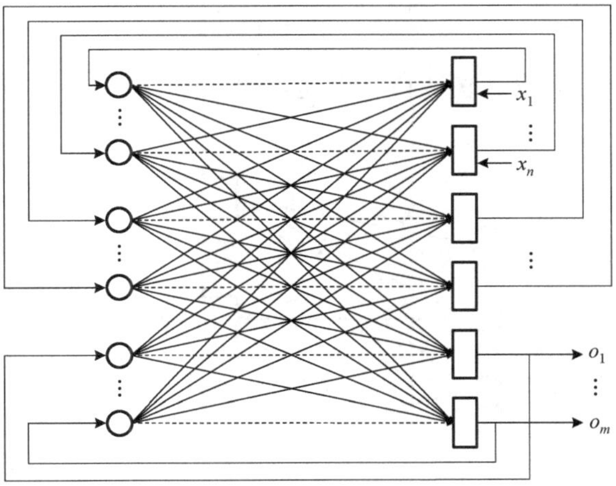

图 4.12　全互联网络

在网络的非简单形式下，除了输入神经元和输出神经元外，其他神经元就是该网络的隐藏神经元。当上式成立时，网络中就不存在隐藏神经元。

在下面的叙述中，设网络的神经元 AN_i 与神经元 AN_j 之间的联结权为 w_{ij}，网络的联结权矩阵为

$$\boldsymbol{W}=\{w_{ij}\}$$

由于网络中的所有神经元都不包含到自身的直接联结，所以，在图 4.12 中，用虚线表示这类联结。相应地，在联结权矩阵$\boldsymbol{W}$ 中，对所有的 i，$w_{ij}=0$ 成立。此时，仍然分别用 $\boldsymbol{X}$ 和 $\boldsymbol{O}$ 表示网络的输入向量和输出向量：

$$\boldsymbol{X}=[x_1,x_2,\cdots,x_n]$$

$$\boldsymbol{O}=[o_1,o_2,\cdots,o_m]$$

对循环网来说，另一个必须确定的问题是，网络中神经元的状态采用的是什么样的变换方式。实际上，与所有其他的人工神经网络模型相同，在上述循环网络中，神经元的状态的变化也有两种不同的形式：第一种，各个神经元的状态的变化是非同步的。在这种方法中，由于神经元的状态是随机离散变化的，所以研究起来比较复杂；第二种，各个神经元的状态的变化是同步的。在这种方法中，所有的神经元按照同一个系统时钟同步变换状态。因为主要是为了说明这种网络的运行机理，所以在下面的讨论中，仍然假定网络是按第二种方式运行的。此外，在这里还假定网络取最简单的形式，即最基本的 Hopfield 神经网络，并且假定当一个输入加在网络上后，直到网络给出一个稳定的输出，它一直加在网络上。所以对于网络中的任意一个神经元 $AN_i\,(1\leqslant i\leqslant n)$，它的网络输入：

$$\text{net}_j=\sum_{i=1,i\neq j}^{n}w_{ij}o_i+x_i$$

同时，各神经元的激活函数为如下形式的阈值函数:

$$o_j=\begin{cases}1, & \text{net}_j>\theta_j\\ 0, & \text{net}_j<\theta_j\\ o_j, & \text{net}_j=\theta_j\end{cases}$$

式中，θ_j 为神经元 AN_j 的阈值。图 4.13 为最基本的 Hopfield 神经网络。

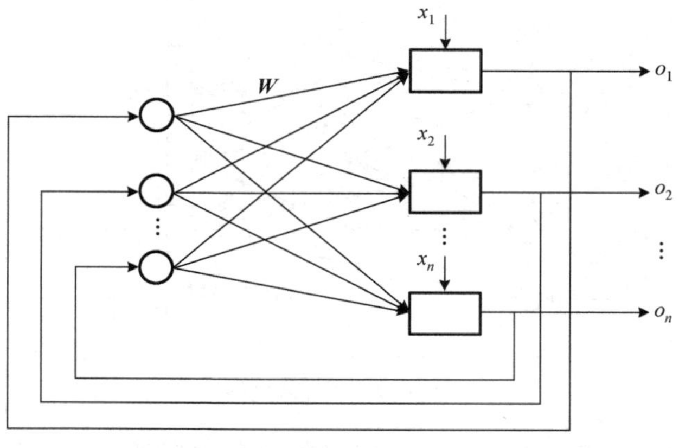

图 4.13　最基本的 Hopfield 神经网络

希望该网络可以实现联想功能，并且希望在联想过程中实现对信息的“修复”和“加强”，因此就可以要求网络的联结权矩阵存放的是一组这样的样本：它的输入向量和输出向量相同，即 $\boldsymbol{X}=\boldsymbol{Y}$。因此可以按如下方法确定它的联结权矩阵。

设网络训练用的样本集为

$$\boldsymbol{S}=\{\boldsymbol{Y}_1,\boldsymbol{Y}_2,\cdots,\boldsymbol{Y}_s\}$$

对 $i\neq j$，取

$$w_{ij}=\sum_{k=1}^{s}y_{ik}y_{jk}$$

对于 $1\leqslant i\leqslant n$，取

$$w_{ii}=0$$

式中，y_{jk} 表示 $\boldsymbol{Y}_j$ 的第 k 个元素。下面的矩阵表示形式会使我们有更清楚的理解。取

$$\boldsymbol{W}_0=\begin{bmatrix}\sum_{k=1}^{s}y_{k1}^2 & 0 & 0 & \cdots & 0\\ 0 & \sum_{k=1}^{s}y_{k2}^2 & 0 & \cdots & 0\\ 0 & 0 & \sum_{k=1}^{s}y_{k3}^2 & \cdots & 0\\ \vdots & \vdots & \vdots & & \vdots\\ 0 & 0 & 0 & \cdots & \sum_{k=1}^{s}y_{kn}^2\end{bmatrix}$$

则

$$\begin{aligned}\boldsymbol{W}&=\boldsymbol{Y}_1^{\mathrm{T}}\times\boldsymbol{Y}_1+\boldsymbol{Y}_2^{\mathrm{T}}\times\boldsymbol{Y}_2+\cdots+\boldsymbol{Y}_s^{\mathrm{T}}\times\boldsymbol{Y}_s-\boldsymbol{W}_0\\
&=\begin{bmatrix}y_{11}y_{11} & y_{11}y_{12} & \cdots & y_{11}y_{1n}\\ y_{12}y_{11} & y_{12}y_{12} & \cdots & y_{12}y_{1n}\\ \vdots & \vdots & & \vdots\\ y_{1n}y_{11} & y_{1n}y_{12} & \cdots & y_{1n}y_{1n}\end{bmatrix}+\cdots+\begin{bmatrix}y_{s1}y_{s1} & y_{s1}y_{s2} & \cdots & y_{s1}y_{sn}\\ y_{s2}y_{s1} & y_{s2}y_{s2} & \cdots & y_{s2}y_{sn}\\ \vdots & \vdots & & \vdots\\ y_{sn}y_{s1} & y_{sn}y_{s2} & \cdots & y_{sn}y_{sn}\end{bmatrix}-\boldsymbol{W}_0\\
&=\begin{bmatrix}y_{11}y_{11}+\cdots+y_{s1}y_{s1} & y_{11}y_{12}+\cdots+y_{s1}y_{s2} & \cdots & y_{11}y_{1n}+\cdots+y_{s1}y_{sn}\\ y_{12}y_{11}+\cdots+y_{s2}y_{s1} & y_{12}y_{12}+\cdots+y_{s2}y_{s2} & \cdots & y_{12}y_{1n}+\cdots+y_{s2}y_{sn}\\ \vdots & \vdots & & \vdots\\ y_{1n}y_{11}+\cdots+y_{sn}y_{s1} & y_{1n}y_{12}+\cdots+y_{sn}y_{s2} & \cdots & y_{1n}y_{1n}+\cdots+y_{sn}y_{sn}\end{bmatrix}-\boldsymbol{W}_0\end{aligned}$$

对任意的 i 和 $j\,(i\neq j)$，有

$$w_{ij}=\sum_{k=1}^{s}y_{ik}y_{jk}=\sum_{k=1}^{s}y_{jk}y_{ik}=w_{ji}$$

所以，$\boldsymbol{W}$ 是一个对角线元素为 0 的对称矩阵。

与前面遇到过的训练方法不同，在这里是根据样本集直接计算出网络的联结权矩阵。显

然，这种训练方法效率要高许多。另外，由于 $\boldsymbol{W}$ 是各个样本向量自身的外积的和，所以有时称该网络实现的是自相联映射。

与所述的二值系统相对应，当将神经元的激活函数改为 s 形函数后，系统就成为一个连续系统。

4.5.2 稳定性分析

网络的稳定性是与收敛性不同的问题。如前所述，收敛性是指在网络的训练过程中，算法最终能使网络变得对训练样本集中的所有样本都能给出误差精度要求范围内的结果。网络的稳定性是指，在网络的运行中，对一个输入向量，由于网络中信号反馈的作用，经过网络不断地"修复""加强"，最后能给出对应该输入的适当的输出向量。这是循环网络中特有的问题。如果对一个给定的输入向量，网络无休止地进行"修复""加强"，而无法给出一个适当的输出，那么就无法使用该网络。因此，稳定性问题是困扰循环网络的一个非常重要的问题。

1983 年，科恩（Cohen）和格罗斯伯格（Grossberg）证明了 Hopfield 神经网络的稳定性定理：如果 Hopfield 神经网络的联结权矩阵是对角线为 0 的对称矩阵，则它是稳定的。

下面按照 4.5.1 节所给的假设来证明这个结论。

讨论网络训练的收敛性问题时，通常给网络定义了一个能量函数（又称为目标函数），网络的训练过程可以看成是进行网络能量函数的极小化的过程。参考这种做法，我们认为在 Hopfield 神经网络的运行过程中也应该有一个类似的能量函数。如果网络的运行是稳定的，则对任意一个输入向量，在网络的运行过程中，这个目标函数是广义下降的。这样，随着网络的运行，目标函数逐渐减小，最终达到极小点。而当网络运行到它的能量函数达到极小点时，网络的状态就不再发生新的变化，此时网络的输出就是输入向量相应的输出向量。也就是，将判定网络运行的稳定性问题转换成了考察网络能量函数是否能够下降到极小点的问题。

用著名的 Lyapunov 函数作为 Hopfield 神经网络的能量函数：

$$E=\frac{1}{2}\sum_{i=1}^{h}\sum_{j=1}^{h}w_{ij}o_i o_j-\sum_{j=1}^{n}x_j o_j+\sum_{j=1}^{n}\theta_j o_j$$

此函数中的各项按照如下的意义表达出关于网络的稳定性度量。

$w_{ij}o_i o_j$：是网络的一致性测度。当神经元 AN_i、AN_j 的输出与 w_{ij} 一致时，它对 E 的贡献将是一个负数，起到减小能量函数值的作用；而当神经元 AN_i、AN_j 的输出与 w_{ij} 不一致时，它对 E 的贡献将是一个正数，起到增加能量函数值的作用。

事实上，当神经元 AN_i、AN_j 的输出是同号时，它们应该表现出是互相支持的。所以此时应该有 $w_{ij}>0$。这使得 $w_{ij}o_i o_j>0$，从而给 E 的贡献是一个负数。如果此时 $w_{ij}<0$，表明神经元 AN_i、AN_j 的输出状态与 $w_{ij}<0$ 表现出的"互相抑制"相矛盾，所以此时它对 E 的贡献是一个正数。

当神经元 AN_i、AN_j 的输出是异号时，它们应该表现出是互相抑制的。所以，此时应该有 $w_{ij}<0$，这使得仍然有 $w_{ij}o_i o_j>0$，从而给 E 的贡献还是一个负数。如果此时 $w_{ij}>0$，表明神经元 AN_i、AN_j 的输出状态与网络的要求（它们应该互相抑制）不相符，此时 $w_{ij}o_i o_j<0$，

从而该项对 E 的贡献是一个正数。

$x_j o_j$：表示同一个神经元的输入和它的输出的一致性测度。显然，希望对同一个神经元来说，它的输出应该与它的输入相一致。实际上，就是希望网络能够消除这些不一致。所以，输入向量中隐藏的这种不一致越少，网络将来需要做的工作就越少，网络就更趋于稳定。

$\theta_j o_j$：是神经元自身的稳定性的测度。θ_j 越高，o_j 越高，表明该神经元在网络中需要接收的网络输入越高，从而要求的网络联结权的值越高，这样，网络就趋向于不稳定。

只要能证明，在网络的运行过程中，它的能量函数总能保证是(广义)下降的，就证明了网络是稳定的。注意，网络的运行表现出来的只是神经元的状态变化，只要能证明对于网络的任意神经元的状态变化，网络的能量函数总是(广义)下降的，就证明了该网络是稳定的。

因此，仍然任意取一个神经元 AN_k，在网络的某一次循环中，它的状态从 o_k 变成 o'_k。按照 Cohen 和 Grossberg 所给的 Hopfield 神经网络的稳定性定理的要求，设 $\boldsymbol{W}$ 是对角线为 0 的对称阵：

$$w_{ij} = w_{ji},\quad 1 \leqslant i \leqslant h,\quad 1 \leqslant j \leqslant h$$

$$w_{ii} = 0,\quad 1 \leqslant i \leqslant h$$

并且设网络在原始状态下的能量函数为

$$E = \frac{1}{2}\sum_{i=1}^{h}\sum_{j=1}^{h} w_{ij} o_i o_j - \sum_{j=1}^{n} x_j o_j + \sum_{j=1}^{n} \theta_j o_j$$

当 AN_k 的状态从 o_k 变成 o'_k 时，有如下两种情况。

1. AN_k 是输入神经元

AN_k 的状态从 o_k 变成 o'_k 后，网络的能量函数 E' 为

$$\begin{aligned} E' &= -\frac{1}{2}\sum_{i=1,i\neq k}^{h}\sum_{j=1,j\neq k}^{h} w_{ij} o_i o_j - \sum_{j=1,j\neq k}^{n} x_j o_j + \sum_{j=1,j\neq k}^{n} \theta_j o_j \\ &= -\boxed{\frac{1}{2}\sum_{j=1,j\neq k}^{h} w_{ij} o'_k o_j} - \boxed{\frac{1}{2}\sum_{j=1,j\neq k}^{h} w_{jk} o_j o'_k} - \frac{1}{2} w_{kk} o'_k o'_{kk} - \frac{1}{2} x_k o'_k + \theta_k o'_k \end{aligned}$$

注意到 $\boldsymbol{W}$ 的对称性，上式中方框标出的两项求和是相同的，可以将它们合并起来。另外，矩阵 $\boldsymbol{W}$ 的对角线元素为 0，因此有

$$E' = -\frac{1}{2}\sum_{i=1,i\neq k}^{h}\sum_{j=1,j\neq k}^{h} w_{ij} o_i o_j - \sum_{j=1,j\neq k}^{n} x_j o_j + \sum_{j=1,j\neq k}^{n} \theta_j o_j - \sum_{j=1,j\neq k}^{h} w_{kj} o'_k o_j - x_k o'_k + \theta_k o'_k$$

再注意到上两式中不同的项只是那些含有 o'_k 的项，两式相减，可以得到能量的增量 ΔE：

$$\begin{aligned} \Delta E &= E' - E \\ &= -\left[\sum_{j=1,j\neq k}^{h} w_{kj}(o'_k - o_k) o_j\right] + (o'_k - o_k) \end{aligned}$$

$$= -\left(\sum_{j=1, j\neq k}^{k} w_{kj} o_j - \theta_k\right)(o'_k - o_k)$$

$$= -\left(\sum_{j=1}^{h} w_{kj} o_j - \theta_k\right)(o'_k - o_k)$$

$$= -(\text{net}_k - \theta_k)\Delta o_k$$

即

$$\Delta E = -(\text{net}_k - \theta_k)\Delta o_k$$

其中，Δo_k 表示 AN_k 状态的变化。当 $\Delta o_k = 0$ 时，有 $\Delta E = 0$；当 $\Delta o_k > 0$ 时，必有 $\Delta o_k = 1$。

这表示 Δo_k 由 0 变到 1，因此必有 $\text{net}_k > \theta_k$，所以

$$-(\text{net}_k - \theta_k)\Delta o_k < 0$$

即

$$\Delta E < 0$$

这就是说，网络的目标函数是下降的。同理，读者可以自行讨论当 $\Delta o_k < 0$ 时的情况，这里不再详细讨论。

2. AN_k 不是输入神经元

AN_k 的状态从 Δo_k 变成 o'_k 后网络的能量函数 E' 为

$$E' = -\frac{1}{2}\sum_{i=1, i\neq k}^{h}\sum_{j=1, j\neq k}^{h} w_{ij} o_{ij} - \sum_{j=1}^{n} x_j o_j + \sum_{j=1, j\neq k}^{h} \theta_j o_j - \frac{1}{2}\sum_{j=1, j\neq k}^{h} w_{kj} o_j o'_k - \frac{1}{2} w_{kk} o'_k o_k + \theta_k o'_k$$

与 AN_k 是输入神经元的讨论相同，上式中等号右侧的第 4 项求和与第 5 项求和可以合并起来，第 6 项可以删除，整理得

$$E' = -\frac{1}{2}\sum_{i=1, i\neq k}^{h}\sum_{j=1, j\neq k}^{h} w_{ij} o_{ij} - \sum_{j=1}^{n} x_j o_j + \sum_{j=1, j\neq k}^{h} \theta_j o_j - \sum_{j=1, j\neq k}^{h} w_{kj}\left(o'_k o_j + \theta_k o'_k\right)$$

从而有

$$E = E' - E = -\left[\sum_{j=1, j\neq k}^{h} w_{kj}(o'_k - o_k) o_j\right] + (o'_k - o_k)$$

$$= -\left(\sum_{j=1, j\neq k}^{h} w_{kj} o_j - \theta_k\right)(o'_k - o_k)$$

$$= -\left(\sum_{j=1}^{h} w_{kj} o_j - \theta_k\right)(o'_k - o_k)$$

$$= -(\text{net}_k - \theta_k)\Delta o_k$$

即

$$\Delta E = -(\text{net}_k - \theta_k)\Delta o_k$$

可以得到，无论 AN_k 的状态是如何变化的，总有 $\Delta E < 0$ 。

综上所述，E 在网络的运行中是广义下降的。

需要说明的是，在上面的推导中用到了“$\boldsymbol{W}$ 是对角线为 0 的对称矩阵”这个条件，正是这个条件保证了 Hopfield 神经网络的稳定性。但是必须指出，这个条件并不是必要条件。事实上，在许多系统中，其联结权矩阵 $\boldsymbol{W}$ 并不一定是对角线为 0 的对称矩阵。当然，有时候对称的微小偏差也会导致系统的不稳定情况的发生。

4.5.3　实例

下面的代码实现了一个 Hopfield 神经网络，用于模式存储和恢复。Patterns 是用于训练的模式集合，每个模式是一个由 1 和−1 组成的列表。input_pattern 是用于测试的输入模式，是一个由 1 和−1 组成的列表。predicted_pattern 是 Hopfield 神经网络根据输入模式恢复的模式。

```
import numpy as np

class HopfieldNetwork:
    def __init__(self, num_neurons):
        self.num_neurons=num_neurons
        self.weights=np.zeros((num_neurons, num_neurons))

    def train(self, patterns):
        for pattern in patterns:
            pattern=np.array(pattern)
            outer_product=np.outer(pattern, pattern)
            np.fill_diagonal(outer_product, 0)
            self.weights+=outer_product

        self.weights/=self.num_neurons

    def predict(self, input_pattern, max_iterations=100):
        input_pattern=np.array(input_pattern)
        for_in range(max_iterations):
            net_input=np.dot(self.weights, input_pattern)
            input_pattern=np.sign(net_input)

        return input_pattern.tolist()

if __name__=="__main__":
    # 创建一个 Hopfield 神经网络，设置神经元数量
    num_neurons=4
    hopfield_net=HopfieldNetwork(num_neurons)

    # 定义一些模式并用它们来训练网络
```

```
patterns=[[1, -1, 1, -1], [-1, 1, -1, 1], [1, 1, 1, 1]]
hopfield_net.train(patterns)

# 模式恢复测试
input_pattern=[1, -1, -1, 1]
predicted_pattern=hopfield_net.predict(input_pattern)

print("输入模式: ", input_pattern)
print("恢复的模式: ", predicted_pattern)
```

4.6　自组织映射神经网络

自组织映射(self-organizing map，SOM)神经网络是无监督学习方法中一类重要方法，可以用作聚类、高维可视化、数据压缩、特征提取等多种用途。在深度神经网络大为流行的今天，谈及自组织映射神经网络依然是一件非常有意义的事情，这主要是由于自组织映射神经网络融入了大量人脑神经元的信号处理机制，有着独特的结构特点。该模型由芬兰赫尔辛基大学的教授科霍恩(Kohonen)于 1981 年提出，因此也称为 Kohonen 网络。

生物学研究表明，在人脑的感知通道上，神经元组织是有序排列的；同时，大脑皮层会对外界特定时空信息的输入在特定区域产生兴奋，而且相类似的外界信息输入产生对应兴奋的大脑皮层区域。例如，生物视网膜中有许多特定的细胞对特定的图形比较敏感，当视网膜中有若干个接收单元同时受特定模式刺激时，大脑皮层中的特定神经元开始兴奋，且输入模式接近时与之对应的兴奋神经元也接近；在听觉通道上，神经元在结构排列上与频率的关系十分密切，对于某个频率，特定的神经元具有最大的响应，位置相邻的神经元具有相近的频率特征，而远离的神经元具有的频率特征差别也较大。大脑皮层中神经元的这种响应特点不是先天安排好的，而是通过后天的学习自组织形成的。

在生物神经系统中，存在着一种侧抑制现象，即一个神经细胞兴奋以后，会对周围其他神经细胞产生抑制作用。这种抑制作用会使神经细胞之间出现竞争，其结果是某些获胜，而另一些则失败。表现形式是获胜神经细胞兴奋，失败神经细胞抑制。自组织映射神经网络就是模拟上述生物神经系统功能的人工神经网络。

自组织映射神经网络的结构及其学习规则与其他神经网络相比有自己的特点。在网络结构上，它一般是由输入层和竞争层构成的两层网络；两层之间各神经元实现双向连接，而且网络没有隐藏层。有时竞争层各神经元之间还存在横向连接。在学习算法上，它模拟生物神经元之间的兴奋、协调与抑制、竞争作用的信息处理的动力学原理来指导网络的学习与工作，而不像多层感知机神经网络那样是以网络的误差作为算法的准则。自组织映射神经网络构成的基本思想是网络的竞争层各神经元竞争对输入模式响应的机会，最后仅有一个神经元成为竞争的胜者。这一获胜神经元则表示对输入模式的分类。因此，很容易把这样的结果和聚类联系在一起。

4.6.1　典型结构

自组织映射神经网络本质上是一个两层的神经网络，包含输入层和输出层(竞争层)。输入层模拟感知外界输入信息的视网膜，输出层模拟做出响应的大脑皮层。输出层中神经元的个数通常是聚类的个数，代表每一个需要聚成的类。训练时采用“竞争学习”的方式，每个输入的样例在输出层中找到一个和它最匹配的节点，称为激活节点；紧接着，用随机梯度下降法更新激活节点的参数；同时，和激活节点邻近的点也根据它们距离激活节点的远近而适当地更新参数。这种竞争可以通过神经元之间的横向抑制连接(负反馈路径)来实现。自组织映射神经网络的输出层节点是有拓扑关系的。这种拓扑关系依据需求确定，如果想要一维的模型，那么隐藏节点可以是“一维线阵”，如果想要二维的拓扑关系，那么就形成一个“二维平面线阵”，如图 4.14 所示。也有更高维度的拓扑关系，如“三维栅格阵”，但并不常见。

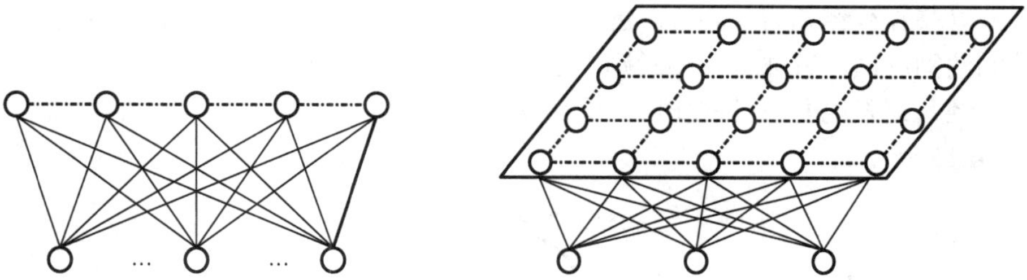

图 4.14　一维线阵和二维平面线阵

4.6.2　自组织学习过程

假设输入空间是 D 维的，输入模式为 $x=\{x_i, i=1,\cdots,D\}$，输入单元 i 和神经元 j 之间在计算层的联结权重为 $w=\{w_{i,j}, j=1,\cdots,N, i=1,\cdots,D\}$，其中 N 是神经元的总数。自组织映射神经网络的自组织学习过程可以归纳为以下几个子过程。

(1) 初始化：所有联结权重都用小的随机值进行初始化。

(2) 竞争：神经元计算每一个输入模式各自的判别函数值，并宣布具有最小判别函数值的特定神经元为胜利者，其中每个神经元 j 的判别函数为 $d_j(x)=\sum_{i=1}^{D}(x_i-w_{i,j})^2$。

(3) 合作：获胜神经元 $I(x)$ 决定了兴奋神经元拓扑邻域的空间位置。确定激活节点 $I(x)$ 之后，我们也希望更新和它邻近的节点。更新程度计算如下：

$$T_{j,I(x)}(t)=\exp\left(-\frac{S_{ij,I(x)}^2}{2\sigma(t)^2}\right)$$

其中，S_{ij} 表示竞争层神经元 i 和 j 之间的距离；$\sigma(t)=\sigma_0\exp\left(-\frac{t}{\tau_\sigma}\right)$ 随时间衰减；简单地说，邻近的节点距离越远，更新的程度要打更大折扣。

(4) 适应：适当调整相关兴奋神经元的联结权重，使得获胜的神经元对相似输入模式的后续应用的响应增强：

$$W_{ji}=\eta(t)T_{j,I(x)}(t)(x_i-w_{ji})$$

其中，依赖于时间的学习率 $\eta(t)$ 定义为

$$\eta(t)=\eta_0\exp\left(-\frac{t}{\tau_\eta}\right)$$

(5) 迭代：继续回到步骤(2)，直到特征映射趋于稳定。

自组织映射神经网络具有保序映射的特点，可以将任意维输入模式在输出层映射为一维或者二维图形，并保持拓扑结构不变。这种拓扑映射使得输出层神经元的空间位置对应于输入空间的特定域或特征，由其学习过程可以看出，每个学习权重更新的效果等同于将获胜的神经元及其邻近的权向量 $\boldsymbol{w}_i$ 向输入向量 $\boldsymbol{x}$ 移动，同时对该过程的迭代会使得网络的拓扑有序。

在自组织映射神经网络中，获胜的神经元将使得相关的各权重向更加有利于它竞争的方向调整，即以获胜神经元为中心，对近邻的神经元表现出兴奋性侧反馈，而对远邻的神经元表现出抑制性侧反馈，近邻者互相激励，远邻者相互抑制。近邻和远邻均有一定的范围，对更远邻的神经元则表现弱激励的作用。这种交互作用的方式以曲线可视化则类似于“墨西哥帽”，如图 4.15 所示。

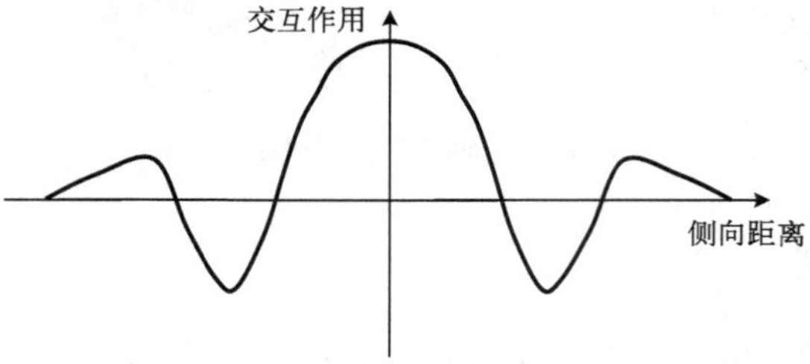

图 4.15　神经元的激励交互方式

4.6.3　设计细节

1. 设定输出层神经元的数量

输出层神经元的数量和训练集样本的类别数相关。若不清楚类别数，则尽可能地设定较多的节点数，以便较好地映射样本的拓扑结构，如果分类过细，再酌情减少输出节点。这样可能会带来少量从未更新过权值的“死节点”，但一般可通过重新初始化权值来解决。

2. 设计输出层节点的排列

输出层的节点排列成哪种形式取决于实际应用的需要，排列形式应尽量直观地反映出实际问题的物理意义。例如，对于一般的分类问题，一个输出节点能代表一个模式类，用一维线阵既结构简单又意义明确；对于颜色空间或者旅行路径类的问题，二维平面则比较直观。

3. 初始化权值

可以随机初始化，但尽量使权值的初始位置与输入样本的大概分布区域充分重合，避免出现大量的初始“死节点”。一种简单易行的方法是从训练集中随机抽取 m 个输入样本作为初始权值。

4. 设计拓扑领域

拓扑领域的设计原则是使领域不断缩小，这样输出平面上相邻神经元对应的权向量之间既有区别又有相当的相似性，从而保证当获胜节点对某一类模式产生最大响应时，其领域节点也能产生较大响应。领域的形状可以是正方形、六边形或者菱形。优势领域的大小用领域的半径表示，通常凭借经验来选择。

5. 设计学习率

学习率是一个递减的函数，可以结合拓扑领域的更新一起考虑，也可分开考虑。在训练开始时，学习率可以选取较大的值，之后以较快的速度下降，这样有利于很快地捕捉到输入向量的大致结构，然后学习率在较小的值上缓降至 0 值，这样可以精细地调整权值使之符合输入空间的样本分布结构。

4.6.4 实例

下面的代码实现了一个自组织神经网络，用于对高维数据进行降维和聚类。

```
import numpy as np

class SOM:
    def__init__(self,input_size,output_size,learning_rate=0.1,num_epochs=100):
        self.input_size=input_size
        self.output_size=output_size
        self.learning_rate=learning_rate
        self.num_epochs=num_epochs

        # 初始化权重矩阵，随机小值
        self.weights=np.random.rand(output_size[0], output_size[1], input_size)

    def train(self, data):
        for epoch in range(self.num_epochs):
            for x in data:
                # 找到最匹配的神经元(最小距离)
                best_match=self.find_best_matching_unit(x)

                # 更新权重
                self.update_weights(x, best_match, epoch)

    def find_best_matching_unit(self, x):
        # 计算每个神经元与输入之间的距离
        distances=np.linalg.norm(self.weights-x, axis=2)

        # 找到距离最小的神经元的索引
```

```
        best_match=np.unravel_index(np.argmin(distances), distances.shape)
        return best_match

    def update_weights(self, x, best_match, epoch):
        # 计算学习率
        learning_rate=self.learning_rate*(1 - epoch/self.num_epochs)

        # 更新权重，使最匹配的神经元更接近输入
        for i in range(self.output_size[0]):
            for j in range(self.output_size[1]):
                weight=self.weights[i, j, :]
                distance=np.linalg.norm([i - best_match[0], j - best_match[1]])
                influence=np.exp(-distance**2/(2*learning_rate**2))
                weight+=influence*learning_rate*(x-weight)

    def get_weights(self):
        return self.weights

# 示例用法
if __name__=="__main__":
    # 创建一个输入数据集，每个数据点有 3 个特征
    data=np.random.rand(100, 3)

    # 创建一个 SOM 对象，设置输入和输出大小
    som=SOM(input_size=3, output_size=(5, 5), learning_rate=0.1, num_epochs=100)

    # 训练 SOM 模型
    som.train(data)

    # 获取训练后的权重矩阵
    trained_weights=som.get_weights()

    print("训练后的权重矩阵：")
    print(trained_weights)
```

4.7　海洋机器人控制中的人工神经网络

4.7.1　基于 RBF 神经网络的监督控制

图 4.16 为基于 RBF 神经网络的监督控制系统，其控制思想为：初始阶段采用 PD 反馈控制，然后过渡到神经网络控制。在控制过程中，如出现较大的误差，则 PD 控制起主导作用，神经网络控制起调节作用。

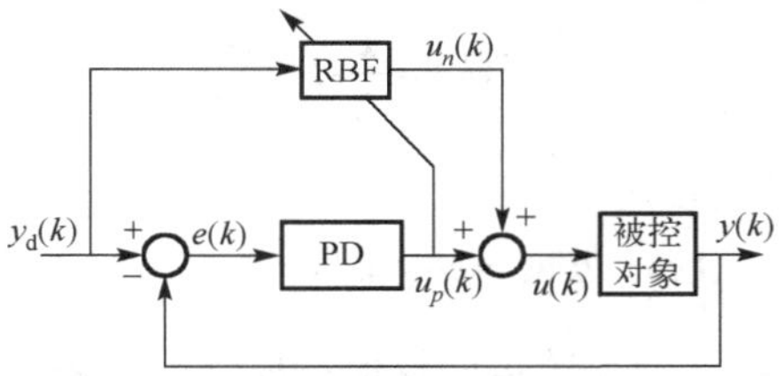

图 4.16　基于 RBF 神经网络的监督控制系统

设径向基向量为 $\boldsymbol{h}=[h_1,\cdots,h_m]^{\mathrm{T}}$，$h_j$ 为高斯函数，则

$$h_j=\exp\left(-\frac{\|x(k)-\boldsymbol{c}_j\|^2}{2\boldsymbol{b}_j^2}\right)$$

式中，$i=1$，$j=1,\cdots,m$，$x(k)$ 为 RBF 网络的输入；$\boldsymbol{c}_j=[c_{11},\cdots,c_{1m}]$；$\boldsymbol{b}=[b_1,\cdots,b_m]^{\mathrm{T}}$。

设权值向量为

$$\boldsymbol{w}=[w_1,\cdots,w_m]^{\mathrm{T}}$$

RBF 神经网络的输出为

$$u_n(k)=h_1w_1+\cdots+h_jw_j+\cdots+h_mw_m$$

式中，m 为隐藏层节点的个数。

总控制输入为 $u(k)=u_n(k)+u_p(k)$，误差指标为

$$E(k)=\frac{1}{2}[u_n(k)-u(k)]^2$$

采用梯度下降法，网络权值学习算法为

$$\Delta w_j(k)=-\eta\frac{\partial E(k)}{\partial w_j(k)}=\eta[u_n(k)-u(k)]h_j(k)$$

$$w(k)=w(k-1)+\Delta w(k)+\alpha[w(k-1)-w(k-2)]$$

式中，$\eta\in[0,1]$ 为学习速率，$\alpha\in[0,1]$ 为动量因子。

4.7.2　基于 RBF 神经网络的模型参考自适应控制

图 4.17 所示为基于 RBF 神经网络的模型参考自适应控制系统。

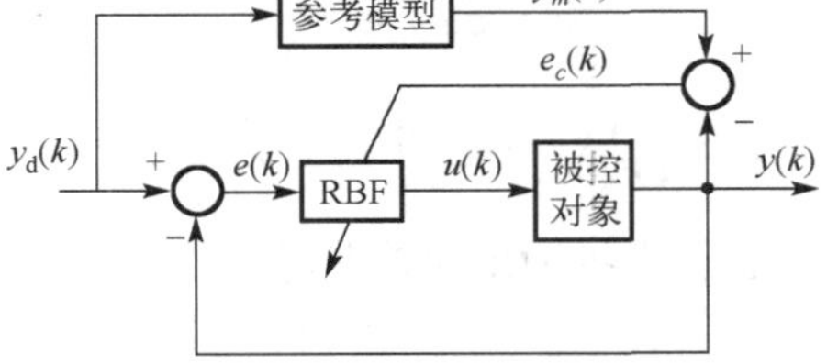

图 4.17　基于 RBF 神经网络的模型参考自适应控制系统

设理想跟踪指令为 $y_m(k)$，则定义跟踪误差为

$$e(k)=y_m(k)-y(k)$$

网络权值学习误差指标为

$$E(k)=\frac{1}{2}e(k)^2$$

控制输入为 RBF 网络的输出为

$$u(k)=h_1w_1+\cdots+h_jw_j+\cdots+h_mw_m$$

式中，m 为隐藏层的节点个数；w_j 为节点的权值；h_j 为高斯基函数的输出。

在 RBF 网络中，$\boldsymbol{x}=[x_1,\cdots,x_n]^{\mathrm{T}}$ 为网络输入，$\boldsymbol{h}=[h_1,\cdots,h_m]^{\mathrm{T}}$，$h_j$ 为高斯函数：

$$h_j=\exp\left(-\frac{\|\boldsymbol{x}-\boldsymbol{c}_j\|^2}{2\boldsymbol{b}_j^2}\right)$$

式中，$i=1,\cdots,n$，$j=1,\cdots,m$；$\boldsymbol{b}_j>0$，$\boldsymbol{c}_j=[c_{j1},\cdots,c_{ji},\cdots,c_{m}]$，$\boldsymbol{b}=[b_1,\cdots,b_n]^{\mathrm{T}}$。

设权值向量为

$$\boldsymbol{w}=[w_1,\cdots,w_m]^{\mathrm{T}}$$

由梯度下降法，网络的学习算法为

$$\Delta w_j(k)=-\eta\frac{\partial E(k)}{\partial w}=\eta e_c(k)\frac{\partial y(k)}{\partial u(k)}h_j$$

$$w_j(k)=w_j(k-1)+\Delta w_j(k)+\alpha\Delta w_j(k)$$

式中，η 为学习速率；α 为动量因子：$\eta\in[0,1],\alpha\in[0,1]$。

同理可得

$$\Delta b_j(k)=-\eta\frac{\partial E(k)}{\partial b_j}=\eta e_c(k)\frac{\partial y(k)}{\partial u(k)}\frac{\partial u(k)}{\partial b_j}$$

$$=\eta e_c(k)\frac{\partial y(k)}{\partial u(k)}w_jh_j\frac{\|\boldsymbol{x}-\boldsymbol{c}_{ij}\|^2}{b_j^3}$$

$$b_j(k)=b_j(k-1)+\eta\Delta b_j(k)+\alpha[b_j(k-1)-b_j(k-2)]$$

$$\Delta c_{ij}(k)=-\eta\frac{\partial E(k)}{\partial c_{ij}}=\eta e_c(k)\frac{\partial y(k)}{\partial u(k)}\frac{\partial u(k)}{\partial c_{ij}}$$

$$=\eta e_c(k)\frac{\partial y(k)}{\partial u(k)}w_jh_j\frac{x_i-c_{ij}}{b_j^2}$$

$$c_{ij}(k)=c_{ij}(k-1)+\eta\Delta c_{ij}(k)+\alpha[c_{ij}(k-1)-c_{ij}(k-2)]$$

式中，$\dfrac{\partial y(k)}{\partial u(k)}$ 为 Jacobian 阵，表征系统输出对控制输入的灵敏度。

第 5 章　强 化 学 习

5.1　强化学习概述

微课

人类在进行学习时是通过与环境交互实现的。孩子在成长时会通过观察环境作出不同的行为，每一行为都能得到父母的奖励或批评，孩子在得到父母的反馈后会明白何为对，何为错。强化学习亦是如此，学习者不会被告知应该采取什么动作，而是通过自己尝试发现什么动作能得到最大化收益。强化学习所解决的是序贯决策问题，它并不关心输入是什么，只关心在当前输入下应该采取何种动作才能实现最终目标，进而使整个任务序列达到最优解。

5.1.1　强化学习要素

强化学习系统有四个核心要素：状态、动作、奖励、策略。

状态(state)是环境中影响智能体学习的所有信息，这些信息均是有效的，对智能体进行后续决策产生影响的。

动作(action)是智能体在某个状态下采取的行为。该行为可能会导致环境发生变化。

奖励(reward)是智能体在执行完某个动作后，环境对智能体的反馈。这个反馈可能是正向的，也可能是负向的。正向的奖励会被智能体在之后的强化学习过程中更加重视并在相同或相似环境下采取该动作，负向奖励则结果相反。

策略(policy)是智能体从状态到动作的映射，它指导智能体在不同状态下执行何种动作。

以孩子学习为例，孩子在吃饭时，桌面上摆放着各种食物，如青菜、红烧肉等。每一道菜便是强化学习中的状态；孩子在吃饭时会选择自己喜爱的菜吃，这一选择的行为是强化学习中的动作；如果孩子只爱吃红烧肉或者只爱吃青菜会导致营养不良，会受到父母的训斥，相反，孩子在吃饭时将两道菜都吃完了，则会受到父母的表扬，这样的训斥和表扬可以对应强化学习中的奖励；最后，在每一次吃饭时面对不同的菜品(状态)，孩子的选择都不相同(动作)，这便是强化学习中的策略。

5.1.2　强化学习过程

强化学习在解决问题时的具体操作如图 5.1 所示。在给定某一个特定的环境下，智能通过选取不同的动作，能得到环境的奖励，智能体通过评估该动作得到的奖励，将有利于实现最终目标的动作保留下来，不利于实现最终目标的动作则舍之。这是强化学习的基本内容。

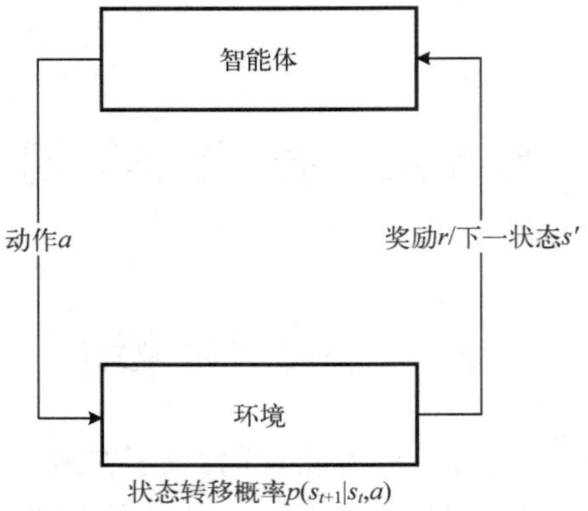

图 5.1　强化学习基本框架

5.1.3　强化学习的分类

根据不同的分类标准，强化学习可以分为以下几类。

(1) 根据强化学习是否依赖模型，可以分为基于模型的强化学习方法和无模型的强化学习方法。两者利用数据的方式不同。前者通过与环境交互得到数据并用于修改模型数据；而后者则是直接通过该数据修改自身行为。两者各有优缺点，基于模型的强化学习方法的效率要远比无模型的强化学习方法高，但是无模型的强化学习方法因其不需要建模而更具有通用性。

(2) 根据策略的更新和学习方法，可以分为基于值函数的强化学习方法、基于直接策略搜索的强化学习方法和 AC 方法。基于值函数的强化学习方法通过学习值函数，最终的策略与值函数挂钩。基于直接策略搜索的强化学习方法一般将策略参数化，学习实现目标的最优参数。AC 方法则是发挥前两者的优势。

随着强化学习的不断发展，还衍生出了其他不同种类的强化学习，如基于环境返回的奖励函数是否已知，可以分为正向强化学习和逆向强化学习。不同种类的强化学习都为强化学习的发展提供了不同的解决思路，为我们进行强化学习作出了卓越的贡献。

5.1.4　强化学习的局限与适用范围

强化学习十分依赖“状态”，没有状态，环境就无法评估动作选取的优劣，进而无法给出准确的奖励，学习框架无法实现闭环，强化学习也就无法成功。例如，现有机器学习中的另一重要方法为监督学习，监督学习无法解决序贯决策问题，其解决的是智能感知问题。监督学习通过学习大量数据，每一份数据都有其自己的标签，智能体通过比对标签与自己的输出来智能感知不同数据的特征，然后实现分类的作用。

在该环境下，因为无法定义状态空间，强化学习受限，所以强化学习只能解决序贯决策问题，而这便是强化学习的局限所在。

5.2　马尔可夫决策

图 5.2 介绍了强化学习中智能体与环境之间的交互，智能体得到环境的状态后，会采取

动作，并把这个动作返还给环境。环境得到智能体的动作后，会进入下一个状态，把下一个状态传给智能体。在强化学习中，智能体与环境就是这样进行交互的，这个交互过程可以通过马尔可夫决策过程(Markov decision process，MDP)来表示，因此马尔可夫决策过程是强化学习的基本框架。

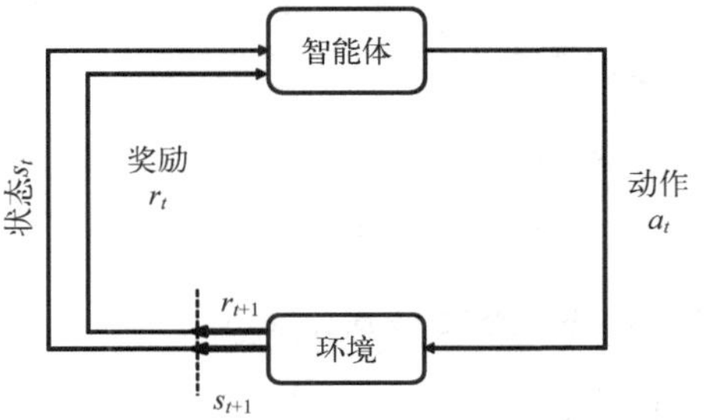

图 5.2　智能体与环境之间的交互

在介绍马尔可夫决策过程之前，先介绍它的简化版本：马尔可夫过程(Markov process，MP)和马尔可夫奖励过程(Markov reward process，MRP)。通过与这两种过程的比较，可以更容易理解马尔可夫决策过程。在马尔可夫决策过程中，它的环境是全部可观测的。很多时候，环境中有些量是不可观测的，这种部分可观测的问题也可以转换成马尔可夫决策过程的问题。

5.2.1　马尔可夫过程

在随机过程中，马尔可夫性质(Markov property)是指一个随机过程在给定现在状态及所有过去状态的情况下，其未来状态的条件概率分布仅依赖于当前状态。以离散随机过程为例，假设随机变量 $X_0, X_1, \cdots, X_T$ 构成一个随机过程。这些随机变量的所有可能取值的集合称为状态空间。如果 X_{t+1} 对于过去状态的条件概率分布仅是 X_t 的一个函数，则

$$p(X_{t+1} = x_{t+1} \mid X_{0:t} = x_{0:t}) = p(X_{t+1} = x_{t+1} \mid X_t = x_t) \tag{5.1}$$

式中，$X_{0:t}$ 表示变量集合 $X_0, X_1, \cdots, X_t$；$x_{0:t}$ 表示在状态空间中的状态序列 $x_0, x_1, \cdots, x_t$。

马尔可夫性质也可以描述为给定当前状态时，将来的状态与过去状态是条件独立的。如果某一个过程满足马尔可夫性质，那么未来的转移与过去是独立的，它只取决于现在。马尔可夫性质是所有马尔可夫过程的基础。

马尔可夫过程是一组具有马尔可夫性质的随机变量序列 $s_1, s_2, \cdots, s_t$，其中，下一个时刻的状态 s_{t+1} 只取决于当前状态 s_t。设状态的历史为 $h_t = \{s_1, s_2, \cdots, s_t\}$（$h_t$ 包含之前的所有状态），则马尔可夫过程满足条件：

$$p(s_{t+1} \mid s_t) = p(s_{t+1} \mid h_t) \tag{5.2}$$

从当前状态 s_t 转移到 s_{t+1}，相当于之前所有的状态转移到 s_{t+1}。

离散时间的马尔可夫过程也称为马尔可夫链(Markov chain)。马尔可夫链是最简单的马尔可夫过程，其状态是有限的。例如，图 5.3 中有 4 个状态，这 4 个状态在 s_1、s_2、s_3、s_4 之间互相转移。例如，从 s_1 开始，s_1 有 0.1 的概率继续存留在 s_1 状态，有 0.2 的概率转移到 s_2，有 0.7 的概率转移到 s_4。如果 s_4 是当前状态，它有 0.3 的概率转移到 s_2，有 0.2 的概率转移到 s_3，有 0.5 的概率留在当前状态。

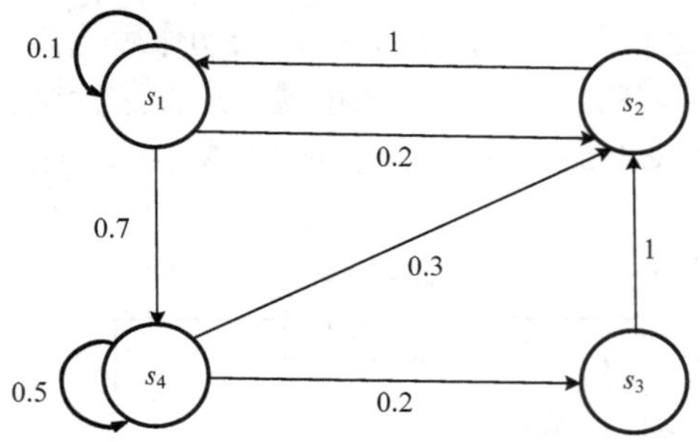

图 5.3　马尔可夫链示例

可以用状态转移矩阵 $\boldsymbol{P}$ 来描述状态转移 $p(s_{t+1}=s'\mid s_t=s)$：

$$\boldsymbol{P}=\begin{bmatrix} p(s_1\mid s_1) & p(s_2\mid s_1) & \cdots & p(s_N\mid s_1) \\ p(s_1\mid s_2) & p(s_2\mid s_2) & \cdots & p(s_N\mid s_2) \\ \vdots & \vdots & & \vdots \\ p(s_1\mid s_N) & p(s_2\mid s_N) & \cdots & p(s_N\mid s_N) \end{bmatrix} \tag{5.3}$$

状态转移矩阵类似于条件概率，它表示当已知当前状态 s_t 时，到达下面所有状态的概率。所以它的每一行描述的是从一个节点到达所有其他节点的概率。

图 5.4 为一个马尔可夫过程的例子，这里有七个状态。例如，从 s_1 开始，它有 0.4 的概率到 s_2，有 0.6 的概率留在当前的状态。s_2 有 0.4 的概率到 s_1，有 0.4 的概率到 s_3，另外有 0.2 的概率留在当前状态。所以给定状态转移的马尔可夫链后，可以对这个链进行采样，这样就会得到一串轨迹。例如，假设从状态 s_2 开始，可以得到以下轨迹：

$$s_2, s_3, s_4, s_5, s_6$$
$$s_2, s_3, s_2, s_1, s_1$$
$$s_2, s_3, s_4, s_4, s_5$$

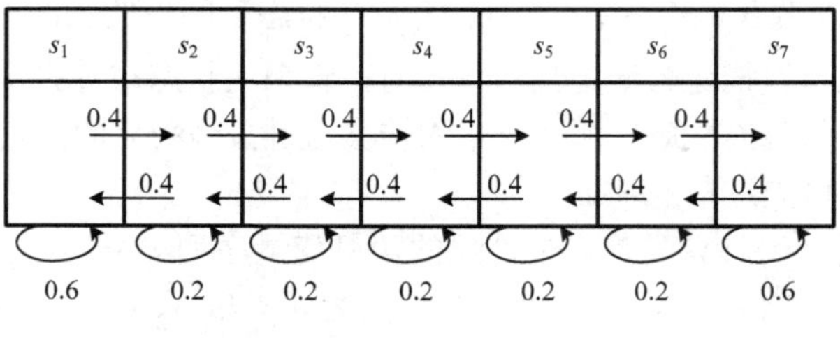

图 5.4　马尔可夫过程的例子

通过对状态的采样，可以生成很多这样的轨迹。

5.2.2　马尔可夫奖励过程

马尔可夫奖励过程(MRP)是马尔可夫链加上奖励函数。在马尔可夫奖励过程中，状态转移矩阵和状态都与马尔可夫链一样，只是多了奖励函数(reward function)。奖励函数 $\boldsymbol{R}$ 是一个期望，表示当到达某一个状态时，可以获得多大的奖励。这里，另外定义了折扣因子 γ。

如果状态数是有限的，那么 $\boldsymbol{R}$ 可以是一个向量。

这里进一步定义一些概念。范围(horizon)是指一个回合的长度(每个回合最大的时间步数)，它是由有限个步数决定的。回报(return)是指把奖励进行折扣后所获得的奖励，回报可以定义为奖励的逐步叠加，即

$$G_t = r_{t+1} + \gamma r_{t+2} + \gamma^2 r_{t+3} + \cdots + \gamma^{T-t-1} r_T \tag{5.4}$$

式中，T 为最终时刻；γ 为折扣因子。越往后得到的奖励，折扣越多。这说明，我们更希望得到现有的奖励，对未来的奖励要打折扣。当有了回报之后，就可以定义状态的价值，就是状态价值函数(state-value function)。对于马尔可夫奖励过程，状态价值函数被定义为回报的期望，即

$$V^t(s) = \mathbb{E}[G_t \mid s_t = s] = \mathbb{E}[r_{t+1} + \gamma r_{t+2} + \gamma^2 r_{t+3} + \cdots + \gamma^{T-t-1} r_T \mid s_t = s] \tag{5.5}$$

式中，G_t 为之前定义的折扣回报(discounted return)。对 G_t 取期望，就是从这个状态开始，可能获得多大的价值。所以期望也可以看成未来可能获得奖励的当前价值的表现，就是当进入某一个状态后，现在有多大的价值。

使用折扣因子的原因如下。第一，有些马尔可夫过程是带环的，它并不会终结，我们想避免无穷的奖励。第二，我们并不能建立完美的模拟环境的模型，对未来的评估不一定是准确的，我们不一定完全信任模型，因为这种不确定性，所以对未来的评估增加了一个折扣因子。我们想把这个不确定性表示出来，尽可能快地得到奖励，而不是在未来某一个点得到奖励。第三，如果奖励是有实际价值的，我们可能更希望立刻就得到奖励，而不是后面再得到奖励(现在的钱比以后的钱更有价值)。第四，我们也更想得到即时奖励。有些时候可以把折扣因子设为 0($\gamma=0$)，只关注当前的奖励。也可以把折扣因子设为 1($\gamma=1$)，对未来的奖励并没有打折扣，未来获得的奖励与当前获得的奖励是一样的。折扣因子可以作为强化学习智能体的一个超参数(hyperparameter)来进行调整，通过调整折扣因子，可以得到不同动作的智能体。

在马尔可夫奖励过程中，如何计算价值呢？如图 5.5 所示，马尔可夫奖励过程依旧是状态转移，其奖励函数可以定义为：智能体进入第一个状态 s_1 时会得到 5 的奖励，进入第七个状态 s_7 时会得到 10 的奖励，进入其他状态都没有奖励。用向量来表示奖励函数，即

$$\boldsymbol{R} = [5,0,0,0,0,0,10]$$

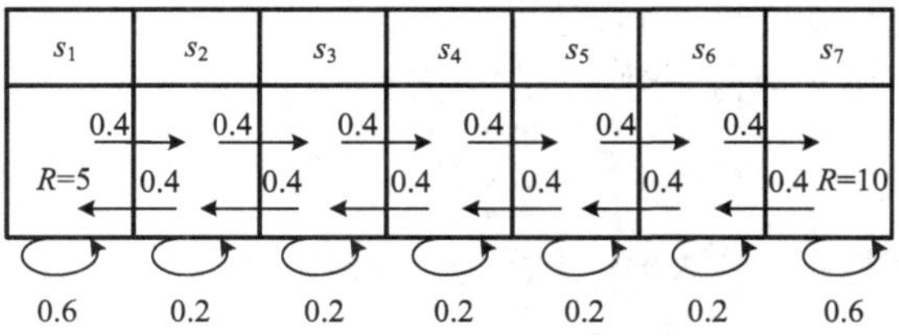

图 5.5　马尔可夫奖励过程的例子

对 4 步的回合($\gamma=0.5$)来采样回报 G：

$$s_4, s_5, s_6, s_7 \text{ 的回报 } 0 + 0.5\times 0 + 0.25\times 0 + 0.125\times 10 = 1.25$$

$$s_4,s_3,s_2,s_1 \text{的回报} 0+0.5\times 0+0.25\times 0+0.125\times 5=0.625$$

$$s_4,s_5,s_6,s_6 \text{的回报} 0+0.5\times 0+0.25\times 0+0.125\times 0=0$$

现在可以计算每一个轨迹得到的奖励，如对轨迹s_4,s_5,s_6,s_7的奖励进行计算，这里折扣因子是 0.5。在 s_4 的时候，奖励为 0。下一个状态 s_5 的时候，因为已经到了下一步，所以要把 s_5 进行折扣，s_5 的奖励也是 0。然后是 s_6，奖励也是 0，折扣因子应该是 0.25。到达 s_7 后，获得了一个奖励，但是因为状态 s_7 的奖励是未来才获得的奖励，所以要对它进行 3 次折扣。最终这个轨迹的回报就是 1.25。类似地，可以得到其他轨迹的回报。

可以将迭代的方法应用于状态非常多的马尔可夫奖励过程，如动态规划的方法、蒙特卡罗法(通过采样的方法计算)、时间差分(temporal-difference，TD)学习的方法(时间差分学习是动态规划和蒙特卡罗法的结合)。

5.2.3　马尔可夫决策过程

相对于马尔可夫奖励过程，马尔可夫决策过程多了决策(决策是指动作)，其他的定义与马尔可夫奖励过程是类似的。此外，状态转移也多了一个条件，变成了$p(s_{t+1}=s'\mid s_t=s,a_t=a)$。未来的状态不仅依赖于当前的状态，也依赖于在当前状态智能体采取的动作。马尔可夫决策过程满足条件：

$$p(s_{t+1}\mid s_t,a_t)=p(s_{t+1}\mid h_t,a_t) \tag{5.6}$$

对于奖励函数，它也多了一个当前的动作，变成$R(s_t=s,a_t=a)=\mathbb{E}[r_t\mid s_t=s,a_t=a]$。当前的状态以及采取的动作会决定智能体在当前可能得到的奖励是多少。

策略定义了在某一个状态应该采取什么样的动作。知道当前状态后，可以把当前状态代入策略函数来得到一个概率，即

$$\pi(a\mid s)=p(a_t=a\mid s_t=s) \tag{5.7}$$

概率代表在所有可能的动作里面怎样采取行动，例如，可能有 0.7 的概率往左走，有 0.3 的概率往右走，这是一个概率的表示。另外，策略也可能是确定的，它有可能直接输出一个值，或者直接告诉我们当前应该采取什么样的动作，而不是一个动作的概率。假设概率函数是平稳的，不同时间点，采取的动作其实都是在对策略函数进行采样。

已知马尔可夫决策过程和策略π，可以把马尔可夫决策过程转换成马尔可夫奖励过程。在马尔可夫决策过程里面，状态转移函数$p(s'\mid s,a)$基于它当前的状态以及它当前的动作。因为现在已知策略函数，也就是已知在每一个状态下，可能采取的动作的概率，所以就可以直接把动作进行加和，去掉a，这样就可以得到对于马尔可夫奖励过程的转移，这里就没有动作，即

$$p_\pi(s'\mid s)=\sum_{a\in A}\pi(a\mid s)p(s'\mid s,a) \tag{5.8}$$

对于奖励函数，也可以把动作去掉，这样就会得到类似于马尔可夫奖励过程的奖励函数，即

$$R_\pi(s)=\sum_{a\in A}\pi(a\mid s)R(s\mid a) \tag{5.9}$$

马尔可夫决策过程里面的状态转移与马尔可夫奖励过程以及马尔可夫过程的状态转移的差异如图 5.6 所示。马尔可夫过程/马尔可夫奖励过程的状态转移是直接决定的。例如，当前状态是s，那么直接通过转移概率决定下一个状态是什么。但对于马尔可夫决策过程，它

的中间多了一层动作 a，即智能体在当前状态的时候，首先要决定采取某一种动作，这样会到达某一个黑色的节点。到达这个黑色的节点后，因为有一定的不确定性，所以当智能体当前状态以及智能体当前采取的动作决定过后，智能体进入未来的状态其实也是一个概率分布。在当前状态与未来状态转移过程中多了一层决策性，这是马尔可夫决策过程与之前的马尔可夫过程/马尔可夫奖励过程很不同的一点。在马尔可夫决策过程中，动作是由智能体决定的，智能体会采取动作来决定未来的状态转移。

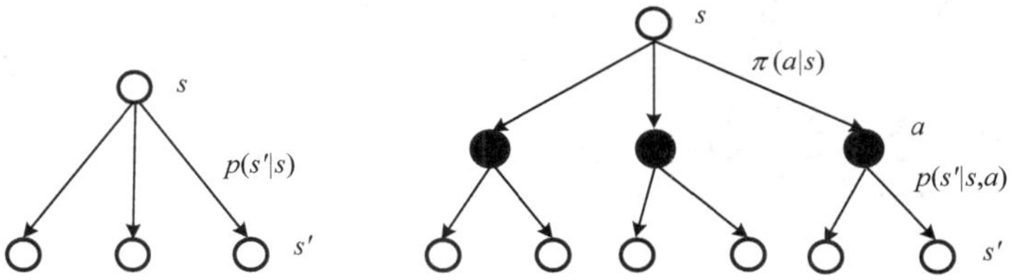

图 5.6 状态转移对比图

马尔可夫决策过程中的价值函数可定义为

$$V_\pi(s) = \mathbb{E}_\pi[G_t \mid s_t = s] \tag{5.10}$$

其中，期望值主要基于采取的策略。当策略决定后，通过对策略进行采样来得到一个期望，计算出它的价值函数。

这里另外引入了一个 Q 函数(Q-function)。Q 函数也称为动作价值函数。Q 函数定义的是在某一个状态采取某一个动作，它有可能得到的回报的一个期望，即

$$Q_\pi(s,a) = \mathbb{E}_\pi[G_t \mid s_t = s, a_t = a] \tag{5.11}$$

这里的期望其实也是基于策略函数的。所以需要对策略函数进行求和，然后得到它的价值。对 Q 函数中的动作进行求和，就可以得到价值函数：

$$V_\pi(s) = \sum_{a\in A} \pi(a \mid s) Q_\pi(s,a) \tag{5.12}$$

对 Q 函数的贝尔曼方程进行推导：

$$\begin{aligned} Q_\pi(s,a) &= \mathbb{E}_\pi[G_t \mid s_t = s, a_t = a] \\ &= \mathbb{E}_\pi[r_{t+1} + \gamma r_{t+2} + \gamma^2 r_{t+3} + \cdots \mid s_t = s, a_t = a] \\ &= \mathbb{E}_\pi[r_{t+1} \mid s_t = s, a_t = a] + \gamma \mathbb{E}[r_{t+2} + \gamma r_{t+3} + \cdots \mid s_t = s, a_t = a] \\ &= R_\pi(s,a) + \gamma \mathbb{E}_\pi[G_{t+1} \mid s_t = s, a_t = a] \\ &= R_\pi(s,a) + \gamma \mathbb{E}_\pi[V_\pi(s_{t+1}) \mid s_t = s, a_t = a] \\ &= R_\pi(s,a) + \gamma \sum_{s'\in S} p(s' \mid s,a) V_\pi(s') \end{aligned} \tag{5.13}$$

可以把状态价值函数和 Q 函数拆解成两个部分：即时奖励和后续状态的折扣价值(discounted value of successor state)。通过对状态价值函数进行分解，就可以得到一个贝尔曼期望方程(Bellman expectation equation)：

$$V_\pi(s) = \mathbb{E}_\pi[r_{t+1} + \gamma V_\pi(s_{t+1}) \mid s_t = s] \tag{5.14}$$

对于 Q 函数，也可以做类似的分解，得到 Q 函数的贝尔曼期望方程：

$$Q_\pi(s,a) = \mathbb{E}_\pi[r_{t+1} + \gamma Q_\pi(s_{t+1}, a_{t+1}) \mid s_t = s, a_t = a] \tag{5.15}$$

贝尔曼期望方程定义了当前状态与未来状态之间的关联。

图 5.7 和图 5.8 分别为状态价值函数和 Q 函数的具体计算过程。

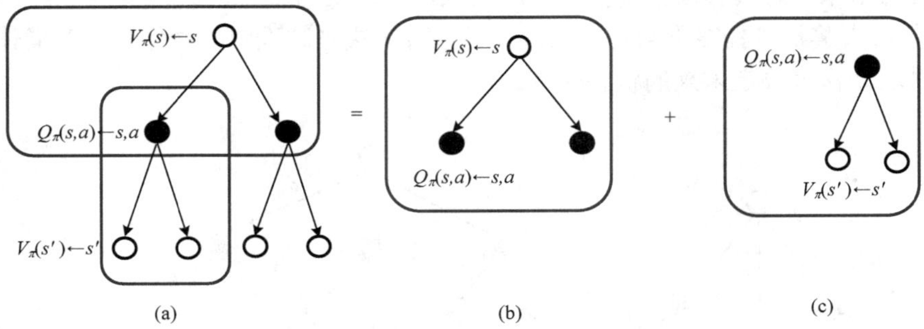

图 5.7　状态价值函数的计算分解

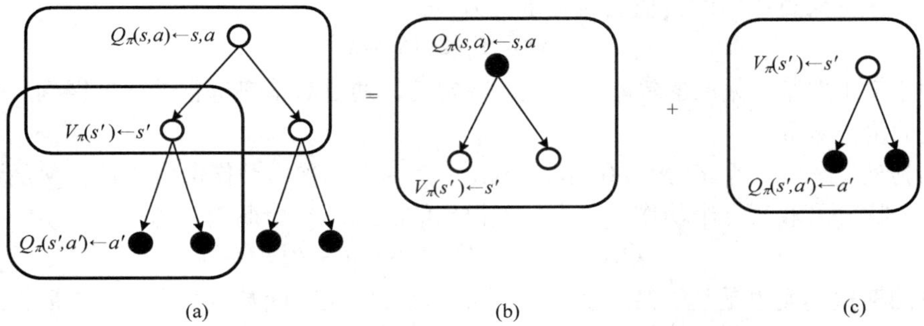

图 5.8　Q 函数的计算分解

进一步进行简单的分解：

$$V_\pi(s) = \sum_{a \in A} \pi(a \mid s) Q_\pi(s,a) \tag{5.16}$$

$$Q_\pi(s,a) = R(s,a) + \gamma \sum_{s' \in S} p(s' \mid s,a) V_\pi(s') \tag{5.17}$$

式(5.16)和式(5.17)代表状态价值函数与 Q 函数之间的关联。

把式(5.17)代入式(5.16)可得

$$V_\pi(s) = \sum_{a \in A} \pi(a \mid s) \left[R(s,a) + \gamma \sum_{s' \in S} p(s' \mid s,a) V_\pi(s') \right] \tag{5.18}$$

式(5.18)代表当前状态的价值与未来状态价值之间的关联。

把式(5.16)代入式(5.17)可得

$$Q_\pi(s,a) = R(s,a) + \gamma \sum_{s' \in S} p(s' \mid s,a) \sum_{a \in A} \pi(a' \mid s') Q_\pi(s',a') \tag{5.19}$$

该式代表当前时刻的 Q 函数与未来时刻的 Q 函数之间的关联。

计算状态值函数是为了算法以从数据中得到最优策略。每种策略对应着一个状态值函数，最优策略自然对应着最优状态值函数。

最优状态价值函数 $V^*(s)$ 为在所有策略中值最大的值函数，即 $V^*(s)=\max_{\pi} V_\pi(s)$，最优状态 Q 函数 $Q^*(s,a)$ 是所有策略中最大的 Q 函数，即 $Q^*(s,a)=\max_{\pi} Q_\pi(s,a)$。最优价值函数是指搜索一种策略 π 让每个状态的价值最大。V^* 就是到达每一个状态，值的最大化情况。在这种最大化情况下，得到的策略就是最佳策略，即

$$\pi^*(s)=\arg\max_{\pi} V_\pi(s) \tag{5.20}$$

最佳策略使得每个状态的价值函数都取得最大值。因此，如果可以得到一个最佳价值函数，就可以认为某个马尔可夫决策过程的环境可解。在这种情况下，最佳价值函数是一致的，环境中可达到的上限值是一致的，但这里可能有多个最佳策略，多个最佳策略可以取得相同的最佳价值。

当取得最佳价值函数后，可以通过对 Q 函数进行最大化来得到最佳策略：

$$\pi^*(a\,|\,s)=\begin{cases}1, & a=\arg\max_{a\in A} Q^*(s,a)\\ 0, & 其他\end{cases} \tag{5.21}$$

当 Q 函数收敛后，因为 Q 函数是关于状态与动作的函数，所以如果在某个状态采取某个动作，可以使得 Q 函数最大化，那么这个动作就是最佳的动作。如果能优化出一个 Q 函数 $Q^*(s,a)$，就可以直接在 Q 函数中取一个让 Q 函数值最大化的动作的值，提取出最佳策略。

5.3　动态规划法

动态规划(dynamic programming，DP)是一类优化方法，在给定一个用马尔可夫决策过程(MDP)描述的完备环境模型的情况下，其可以计算最优的策略。对于强化学习问题，传统的 DP 算法的作用有限。其原因有二：一是完备的环境模型只是一种假设；二是它的计算复杂度极高。但是，它依然是一个非常重要的理论。事实上所有的其他方法都是对 DP 的一种近似，只不过降低了计算复杂度以及减弱了对环境模型完备性的假设。

在本节中，假设环境是一个有限 MDP。也就是说，假设状态集合 S、动作集合 A 和收益集合 R 是有限的，并且整个系统的动态特性由对于任意 $s\in S$、$a\in A(s)$、$r\in R$ 和 $s'\in S^+$（S^+ 表示在分幕式任务下 S 加上一个终止状态)的四参数概率分布 $p(s',r\,|\,s,a)$ 给出。尽管 DP 的思想也可以用在具有连续状态和动作的问题上，但是只有在某些特殊情况下才会存在精确解。一种常见的近似方法是将连续的状态和动作量化为离散集合，然后使用有限状态下的 DP 算法。

在强化学习中，DP 的核心思想是使用价值函数来结构化地组织对最优策略的搜索。一旦得到了满足贝尔曼最优方程的价值函数 V^* 或 Q^*，得到最优策略就很容易了。对于任意 $s\in S$、$a\in A(s)$ 和 $s'\in S^+$，有

$$\begin{aligned}V^*(s)&=\max_a \mathbb{E}[r_{t+1}+\gamma V^*(s_{t+1})\,|\,s_t=s,a_t=a]\\&=\max_a \sum_{s',r} p(s',r\,|\,s,a)[r+\gamma V^*(s')]\end{aligned} \tag{5.22}$$

或

$$
\begin{aligned}
Q^*(s,a) &= \mathbb{E}[r_{t+1} + \gamma \max_{a'} Q^*(s_{t+1},a') \mid s_t = s, a_t = a] \\
&= \sum_{s',r} p(s',r \mid s,a)[r + \gamma \max_{a'} Q^*(s',a')]
\end{aligned} \tag{5.23}
$$

由上可见，通过将贝尔曼方程转化成近似逼近理想价值函数的递归更新公式，就得到了DP 算法。

5.3.1 策略评估

首先，思考对于任意一种策略π，如何计算其状态价值函数V_π，这在 DP 文献中称为策略评估。有时也称其为预测问题。对于任意$s \in S$：

$$
\begin{aligned}
V_\pi(s) &= \mathbb{E}_\pi[G_t \mid s_t = s] = \mathbb{E}_\pi[r_{t+1} + \gamma G_{t+1} \mid s_t = s] \\
&= \mathbb{E}_\pi[r_{t+1} + \gamma V_\pi(s_{t+1}) \mid s_t = s] \\
&= \sum_a \pi(a \mid s) \sum_{s',r} p(s',r \mid s,a)[r + \gamma V_\pi(s')]
\end{aligned} \tag{5.24}
$$

式中，$\pi(a \mid s)$是指处于环境状态s时，智能体在策略π下采取动作a的概率。期望的下标π表明期望的计算是以遵循策略π为条件的。只要$\gamma < 1$或者任何状态在π下都能保证最后终止，那么V_π唯一存在。

如果环境的动态特性完全已知，那么式(5.24)就是一个有着$|S|$个未知数$(V_\pi(s), s \in S)$以及$|S|$个等式的联立线性方程组。理论上，这个方程的解可以被直接解出，但是计算过程有些烦琐，所以使用迭代法来解决此问题。考虑一个近似的价值函数序列$v_0, v_1, v_2, \cdots$，从S^+映射到$\mathbf{R}$(实数集)。初始的近似值v_0可以任意选取(除了终止状态值必须为 0 外)。然后，下一轮迭代近似使用v_π的贝尔曼方程(式(5.24))进行更新，对于任意$s \in S$：

$$
\begin{aligned}
V_{k+1}(s) &= \mathbb{E}_\pi[r_{t+1} + \gamma V_k(s_{t+1}) \mid s_t = s] \\
&= \sum_a \pi(a \mid s) \sum_{s',r} p(s',r \mid s,a)[r + \gamma V_k(s')]
\end{aligned} \tag{5.25}
$$

显然，$V_k = V_\pi$是这个更新规则的一个不动点，因为V_π的贝尔曼方程已经保证了这种情况下的等式成立。事实上，在保证V_π存在的条件下，序列$\{V_k\}$在$k \to \infty$时将会收敛到V_π。这种算法称为迭代策略评估。

为了从V_k得到下一个近似V_{k+1}，迭代策略评估对于每个状态s采用相同的操作：根据给定的策略，得到所有可能的单步转移之后的即时收益和s的每个后继状态的旧的价值函数，利用这二者的期望值来更新s新的价值函数，这种方法称为期望更新。迭代策略评估的每一轮迭代都更新一次所有状态的价值函数，以产生新的近似价值函数V_{k+1}。期望更新可以有很多种不同的形式，具体取决于使用状态还是“状态-动作”二元组来进行更新，或者取决于后继状态的价值函数的具体组合方式。在 DP 中，这些方法都被称为期望更新，因为这些方法是基于所有可能后继状态的期望值，而不是仅仅基于后继状态的一个样本。可以通过上述公式了解更新过程的本质。

为了用顺序执行的计算机程序实现迭代策略评估(式(5.25))，需要使用两个数组：一个用于存储旧的价值函数$V_k(s)$；另一个用于存储新的价值函数$V_{k+1}(s)$。这样，在旧的价值函数不变的情况下，新的价值函数可以一个接一个地被计算出来。同样，也可以简单地使用一个数组来进行“就地”更新，即每次直接用新的价值函数替换旧的价值函数。在这种情况下，根据状态更新的顺序，式(5.25)的右端有时会使用新的价值函数，而不是旧的价值函数。这种就地更新的算法依然能够收敛到 V_π 。事实上，由于采用单数组的就地更新算法，一旦获得了新数据就可以马上使用，它反而比双数组的传统更新算法收敛得更快。一般来说，一次更新是对整个状态空间的一次遍历。对于就地更新的算法，遍历的顺序对收敛的速率有着很大的影响。

下面使用伪代码显示了一个迭代策略评估的完整就地更新的版本。请注意，它是如何处理程序终止的。从形式上来说，迭代策略评估只能在极限意义下收敛，但实际上它必须在此之前停止。伪代码在每次遍历之后会测试 $\max_{s\in S}\left|V_{k+1}(s)-V_k(s)\right|$ ，并在它足够小时停止迭代。

输入待评估的策略 π
算法参数：小阈值 $\theta>0$ ，用于确定估计量的精度
对于任意 $s\in S$ 循环：
　　$\Delta\leftarrow 0$
　　对每个 $s\in S$ 循环：
　　　　$v\leftarrow V(s)$
　　　　$V(s)\leftarrow\sum_a \pi(a|s)\sum_{s',r} p(s',r|s,a)[r+\gamma V(s')]$
　　　　$\Delta\leftarrow\max(\Delta,|v-V(s)|)$
　　直到 $\Delta<\theta$

如图 5.9 所示，在小网格世界中，智能体的策略函数直接给定了，它在每一个状态都是随机行走的，每个状态有四种可能的动作， $A=\{\text{up},\text{down},\text{right},\text{left}\}$ 。每个动作会导致状态转移，但当动作导致智能体移出网格时，状态保持不变。例如， $p(6,-1\,|\,5,\text{right})=1$ ， $p(7,-1\,|\,7,\text{right})=1$ 和对于任意 $r\in R$ ，都有 $p(10,r\,|\,5,\text{right})=0$ 。这是一个无折扣的分幕式任务。在到达终止状态之前，所有动作的收益均为−1。终止状态在图中以阴影显示(尽管图中显示了两个格子，但实际仅有一个终止状态)。对于所有的状态 s 、 s' 与动作 a ，期望的收益函数均为 $r(s,a,s')=-1$ 。

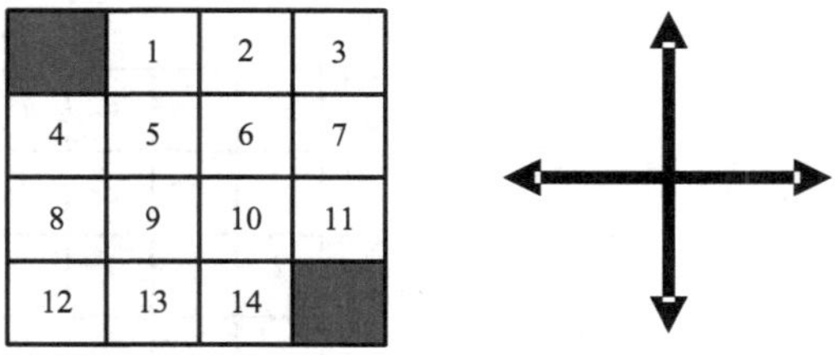

(a) 小网格世界　　(b) 动作集

图 5.9　小网格世界环境

假设智能体采取等概率随机策略(所有动作等可能执行)。图 5.10 显示了在迭代策略评估中价值函数序列 $\{v_k\}$ 的收敛情况。最终的近似估计实际上就是 v_π ，其值为每个状态到终止状态的步数的期望值，取负。左列是随机策略的状态价值函数的近似值序列(所有操作的可能性相同)。右列是与价值函数估计相对应的贪心策略序列(箭头所指是所有能达到最大值的操作，其数字四舍五入为两位有效数字)。最后的策略只能保证随机策略的改进，但在这种情况下，第三次迭代后，所有策略都是最优的。

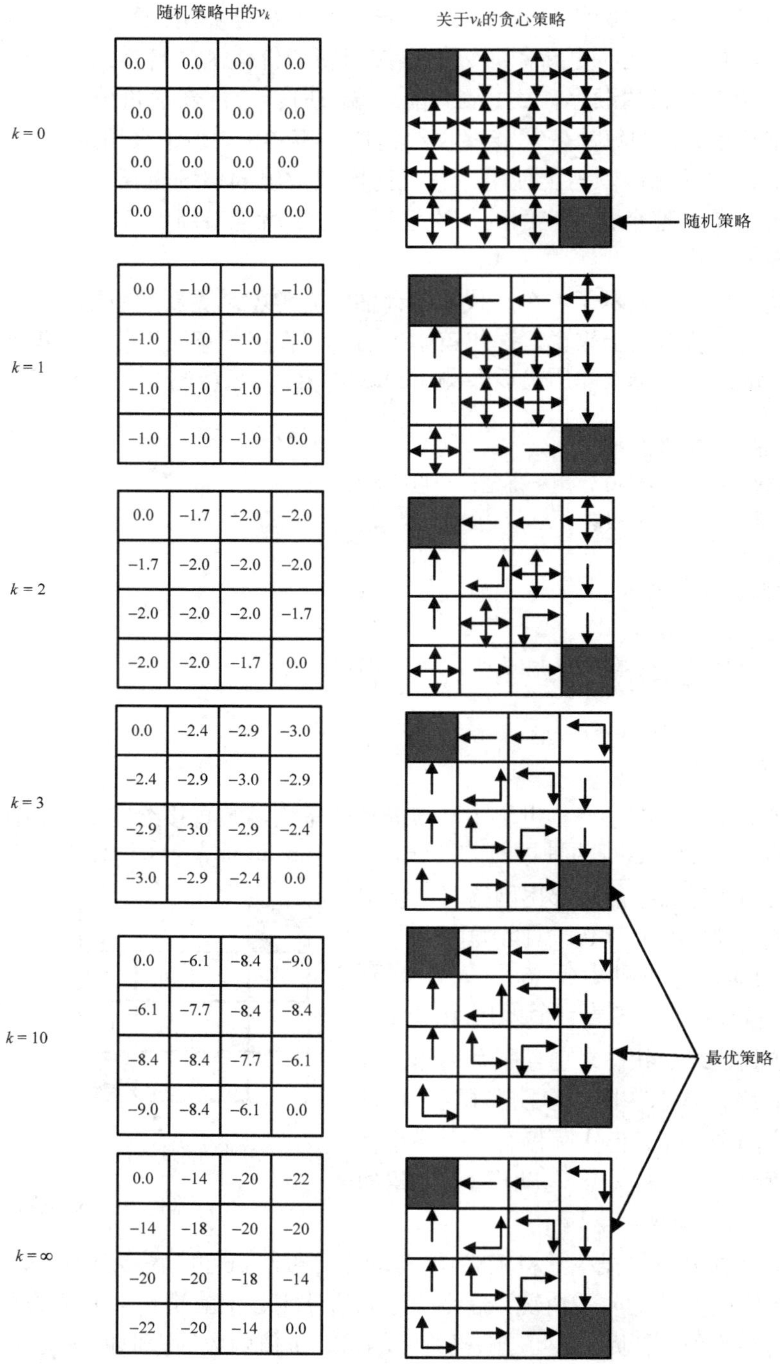

图 5.10　小型网格上迭代策略评估的收敛情况

再来看一个来自斯坦福大学网站中网页的例子，如图 5.10 所示，网格世界里面有很多格子，每个格子都代表一个状态。灰格除外的每个格子里还有一个箭头，这个箭头是指智能体在当前状态应该采取什么策略。如图 5.11 (a) 所示每个格子里面有一个初始值 0.00。这里采取随机的策略，不管智能体在哪一个状态，它往上、下、左、右的概率都是相同的。例如，在某个状态，智能体都有上、下、左、右各 0.25 的概率采取某一个动作，所以它的动作是完全随机的。在这样的环境里面，计算每一个状态的价值。这里也定义了奖励函数，可以看到，有些格子里面有一个 R 的值，如有些值是负的。如图 5.11(b)所示，有几个格子里面是–1.00 的奖励，只有一个 1.00 奖励的格子。在网格世界的中间位置，可以看到有一个 R 的值是 1.00。所以每个状态对应一个值，有一些状态没有任何值，它的奖励就为 0.00。

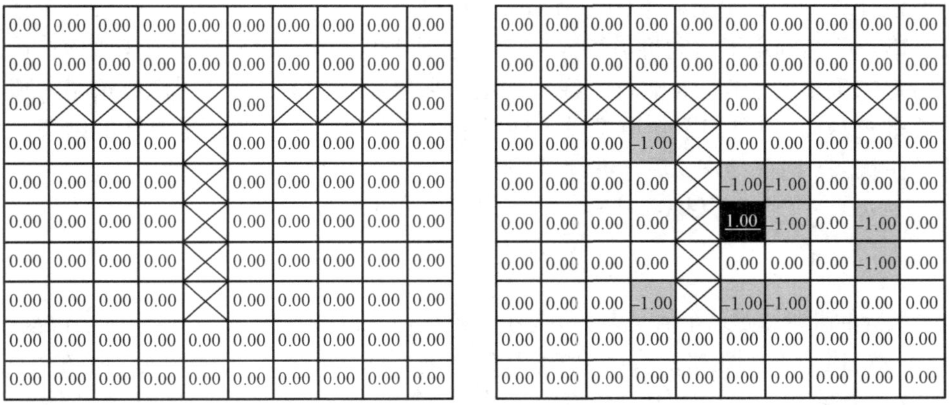

(a) 网格世界：初始化界面　　(b) 策略评估：第一次迭代

图 5.11　网格世界：动态规划示例

如 5.11(b)所示，开始策略评估，策略评估是一个不停迭代的过程。当初始化的时候，所有的 $V(s)$ 都是 0。现在迭代一次，迭代一次之后，有些状态的值已经产生了变化。如有些状态的 R 值为–1.00，迭代一次之后，它就会得到–1.00 的奖励。对于中间黑色的格子，因为它的奖励为正，所以它是值为 1.00 的状态。当迭代第一次的时候，某些状态已经有值的变化。

如图 5.12(a)所示，再迭代一次，之前有值的状态的周围状态也开始有值。因为周围状态与之前有值的状态是邻近的，所以这就相当于把周围的状态转移过来。如图 5.12(b)所示，逐步迭代，值是一直在变化的。

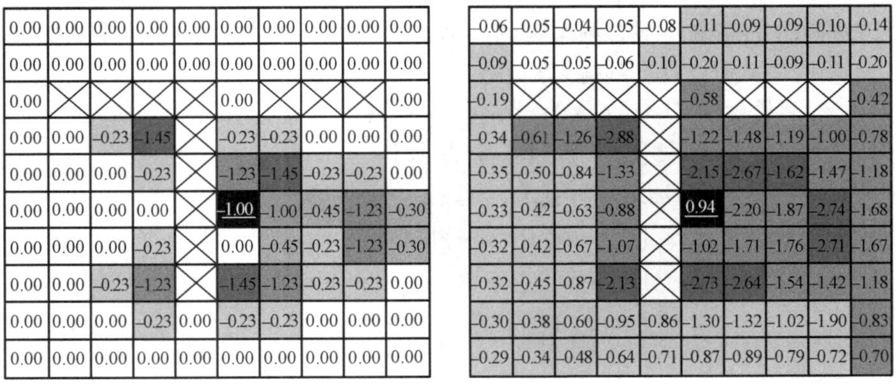

(a) 策略评估：第二次迭代　　(b) 策略评估：第三次迭代

图 5.12　网格世界：策略评估过程示例

当迭代了很多次之后，有些很远的状态的价值函数已经有值了，而且整个过程是一个呈逐渐扩散的过程，这其实也是策略评估的可视化。当每一步进行迭代的时候，远的状态就会得到一些值，值从已经有奖励的状态逐渐扩散。当执行很多次迭代之后，各个状态的值会逐渐稳定下来，最后值就会确定不变。收敛之后，每个状态的值就是它的状态价值。

5.3.2　策略改进

之所以计算一种给定策略下的价值函数，就是为了寻找更好的策略。假设对于任意一种确定的策略，已经确定了它的价值函数V_π。对于某个状态s，我们想知道是否应该选择一种不同于给定的策略的动作$a \neq \pi(s)$。我们知道，如果从状态s继续使用现有策略，那么最后的结果就是$V_\pi(s)$。但我们不知道换成一种新策略，会得到更好的还是更坏的结果。一种解决方法是在状态s选择动作a后，继续遵循现有的策略。这种方法的值为

$$\begin{aligned} Q_\pi(s,a) &= \mathbb{E}[r_{t+1} + \gamma V_\pi(s_{t+1}) \mid s_t = s, a_t = a] \\ &= \sum_{s',r} p(s',r \mid s,a)[r + \gamma V_\pi(s')] \end{aligned} \tag{5.26}$$

一个关键的准则就是这个值是大于还是小于$V_\pi(s)$。如果这个值更大，则说明在状态s选择一次动作a，然后继续使用策略π会比始终使用策略π更优。事实上，我们期望的是在每次遇到状态s的时候，选择动作a总可以达到更好的结果。这个时候，就认为这种新的策略总体来说更好。

上述情况是策略改进定理的一个特例。一般来说，如果π和π'是任意的两种确定的策略，对任意$s \in S$，有

$$Q_\pi(s,\pi'(s)) \geqslant V_\pi(s) \tag{5.27}$$

那么称策略π'相比于π一样好或者更好。也就是说，对任意状态$s \in S$，这样肯定能得到一样或更好的期望回报：

$$V_{\pi'}(s) \geqslant V_\pi(s) \tag{5.28}$$

并且，如果式(5.27)中的不等式在某个状态下是严格不等的，那么式(5.28)在这个状态下也会是严格不等的。考虑之前讨论的两种策略，一种是确定的策略π，另一种是改进的策略π'。除去$\pi'(s) = a \neq \pi(s)$以外，π与π'完全相同。显然式(5.27)在除去s以外的状态下都成立。所以，如果$Q_\pi(s,a) > V_\pi(s)$，那么改进后的策略相比于π确实会更优。

策略改进定理的想法是很容易理解的。从式(5.27)开始，用式(5.26)不断扩展公式左侧的Q_π，并不断应用式(5.27)直到得到$V_{\pi'}(s)$。

$$\begin{aligned} V_\pi(s) &\leqslant Q_\pi(s,\pi'(s)) = \mathbb{E}_{\pi'}[r_{t+1} + \gamma V_\pi(s_{t+1}) \mid s_t = s, a_t = \pi'(s)] \\ &= \mathbb{E}_{\pi'}[r_{t+1} + \gamma V_\pi(s_{t+1}) \mid s_t = s] \\ &\leqslant \mathbb{E}_{\pi'}[r_{t+1} + \gamma Q_\pi(s_{t+1},\pi'(s_{t+1})) \mid s_t = s] \\ &= \mathbb{E}_{\pi'}[r_{t+1} + \gamma \mathbb{E}_{\pi'}[r_{t+2} + \gamma V_\pi(s_{t+2}) \mid s_{t+1}] \mid s_t = s] \\ &= \mathbb{E}_{\pi'}[r_{t+1} + \gamma r_{t+2} + \gamma^2 V_\pi(s_{t+2}) \mid s_t = s] \\ &\leqslant \mathbb{E}_{\pi'}[r_{t+1} + \gamma r_{t+2} + \gamma^2 r_{t+3} + \gamma^3 V_\pi(s_{t+3}) \mid s_t = s] \\ &\;\;\vdots \\ &\leqslant \mathbb{E}_{\pi'}[r_{t+1} + \gamma r_{t+2} + \gamma^2 r_{t+3} + \gamma^3 r_{t+4} + \cdots \mid s_t = s] \\ &= V_{\pi'}(s) \end{aligned} \tag{5.29}$$

到目前为止，我们已经看到了，给定一种策略及其价值函数，可以很容易地评估一个状态中某个特定动作的改变会产生怎样的后果。可以很自然地延伸到所有的状态和所有可能的动作，即在每个状态下，根据$Q_\pi(s,a)$选择一个最优的。换言之，考虑一种新的贪心策略π'满足：

$$\begin{aligned}\pi'(s) &= \arg\max_a Q_\pi(s,a) = \arg\max_a \mathbb{E}[r_{t+1}+\gamma V_\pi(s_{t+1}) \mid s_t = s, a_t = a] \\ &= \arg\max_a \sum_{s',r} p(s',r \mid s,a)[r+\gamma V_\pi(s')]\end{aligned} \tag{5.30}$$

这里$\arg\max\limits_a$表示能够使得表达式的值最大化的a（如果相等，则任取一个）。这种贪心策略采取在短期内看上去最优的动作，即根据V_π向前单步搜索。这样构造出的贪心策略满足策略改进定理的条件，所以我们知道它和原策略相比一样好，甚至更好。这种根据原策略的价值函数执行贪心算法，来构造一种更好策略的过程，称为策略改进。

假设新的贪心策略π'和原有的策略π一样好，但不是更好，那么一定有$V_\pi = V_{\pi'}$，再通过式(5.9)可以得到，对任意$s \in S$，有

$$\begin{aligned}V_{\pi'}(s) &= \max_a \mathbb{E}[r_{t+1}+\gamma V_{\pi'}(s_{t+1}) \mid s_t = s, a_t = a] \\ &= \max_a \sum_{s',r} p(s',r \mid s,a)[r+\gamma V_{\pi'}(s')]\end{aligned} \tag{5.31}$$

但这和贝尔曼最优方程(5.22)完全相同，因此$V_{\pi'}$一定与V_*相同，而且π与π'必须均为最优策略。因此在除了原策略即为最优策略的情况下，策略改进一定会给出一个更优的结果。

到目前为止，考虑的都是一种特殊情况，即确定性策略。一般来说，一种随机策略π指定了在状态s采取a的概率$\pi(a \mid s)$。不会再对此做详细说明，但事实上本节的方法可以很容易地扩展到随机策略中。特别地，策略改进定理在随机策略的情况下也是成立的。另外，在类似式(5.30)的策略改进步骤中，如果出现了相等的情况，即有多个动作都可以得到最大值，那么在随机情况下不需要从中选取一个。相反，在新的贪心策略中，每一个最优的动作都能以一定概率被选中，只要满足所有其他非最优动作的概率和为零即可。

5.3.3 策略迭代与价值迭代

一旦一种策略π根据V_π产生了一种更好的策略π'，就可以通过计算$V_{\pi'}$来得到一种更优的策略π''。这样一种链式的方法可以得到一种不断改进的策略和价值函数的序列$\pi_0 \xrightarrow{E} V_{\pi_0} \xrightarrow{I} \pi_1 \xrightarrow{E} V_{\pi_1} \xrightarrow{I} \pi_2 \xrightarrow{E} \cdots \xrightarrow{I} \pi_* \xrightarrow{E} V_*$，这里$\xrightarrow{E}$表示策略评估，而$\xrightarrow{I}$表示策略改进。每一种策略都能保证比前一种更优(除非前一种已经是最优的)。由于一个有限 MDP 必然只有有限种策略，所以在有限次的迭代后，这种方法一定收敛到一种最优的策略与最优价值函数。

这种寻找最优策略的方法称为策略迭代，每一次策略评估都是一个迭代计算过程，需要基于前一种策略的价值函数开始计算。这通常会使得策略改进的收敛速度大大提高(很可能是因为从一种策略到另一种策略时，价值函数的改变比较小)。

令人惊讶的是，策略迭代在几次迭代中就能收敛。策略改进定理保证了每一种新策略都比原随机策略更优。但策略迭代算法的一个缺点是，每一次迭代都涉及了策略评估，这本身就是一个需要多次遍历状态集合的迭代过程。如果策略评估是迭代进行的，那么收敛到V_π理论上在极限处才成立。我们是否必须等到其完全收敛，还是可以提早结束？

事实上，有多种方式可以截断策略迭代中的策略评估步骤，并且不影响其收敛。一种重要的特殊情况是，在一次遍历后即刻停止策略评估(对每个状态进行一次更新)。该算法称为价值迭代。可以将此表示为结合了策略改进与截断策略评估的简单更新公式。对任意$s \in S$，有

$$\begin{aligned} V_{k+1}(s) &= \max_a \mathbb{E}[r_{t+1} + \gamma V_k(s_{t+1}) \mid s_t = s, a_t = a] \\ &= \max_a \sum_{s',r} p(s',r \mid s,a)[r + \gamma V_k(s')] \end{aligned} \tag{5.32}$$

可以证明，对任意V_0，在V_*存在的条件下，序列$\{V_k\}$都可以收敛到V_*。

另一种理解价值迭代的方法是借助贝尔曼最优方程(式(5.22))。值得注意的是，价值迭代仅仅是将贝尔曼最优方程变为一条更新规则。另外，除了从达到最大值的状态更新以外，价值迭代与策略评估的更新公式(式(5.25))几乎完全相同。

在每一次遍历中，价值迭代都有效结合了策略评估的遍历和策略改进的遍历。在每次策略改进遍历的迭代中间进行多次策略评估遍历，经常收敛得更快。一般来说，可以将截断策略迭代算法看作一系列的遍历序列，其中某些进行策略评估更新，而另一些则进行价值迭代更新。由于式(5.32)中 max 操作是这两种更新方式的唯一区别，这就意味着仅仅需要将 max 操作加入部分的策略评估遍历过程中即可。这些算法在带折扣的有限 MDP 中均会收敛到最优策略。

5.3.4 异步动态规划

DP 方法的一个主要缺点是，它们涉及对 MDP 的整个状态集的操作，也就是说，它们需要对整个状态集进行遍历。如果状态集很大，那么即使是单次遍历也会十分昂贵。例如，西洋双陆棋有10^{20}多个状态，即使每秒对 100 万个状态进行价值迭代更新，完成一次遍历仍需一千多年的时间。

异步 DP 算法是一类就地迭代的 DP 算法，其不以系统遍历状态集的形式来组织算法。这些算法使用任意可用的状态值，以任意顺序来更新状态值。在某些状态的值更新一次之前，另一些状态的值可能已经更新了好几次。然而，为了正确收敛，异步算法必须要不断地更新所有状态的值，在某个计算节点后，它不能忽略任何一个状态。在选择要更新的状态方面，异步 DP 算法具有极大的灵活性。

例如，异步价值迭代的其中一个版本就是用价值迭代更新式(5.32)，在每一步k上都只就地更新一个状态s_k的值。如果$0 \leqslant \gamma < 1$，则只要所有状态都在序列$\{s_k\}$中出现无数次，就能保证渐近收敛到V_*(这个序列甚至可以是随机的)。在非折扣分幕式情况下，有些特定顺序的更新序列可能不收敛，但这个情况相对容易避免。类似地，结合策略评估和价值迭代更新，产生一种异步截断的策略迭代也是有可能的，不同的更新方式可以在各无遍历的 DP 算法中灵活组合使用。

当然，避免遍历并不一定意味着可以减少计算量。这只意味着，一种算法在改变策略前，不需要陷入任何漫长而无望的遍历。可以试着通过选择一些特定状态来更新，从而加快算法的速度。也可以试着调整更新的顺序，使得价值信息能更有效地在状态间传播。对于一些状态，可能不需要像其他状态那样频繁地更新其价值函数。如果它们与最优行为无关，我们甚至可以完全跳过一些状态。

异步算法还使计算和实时交互的结合变得更加容易。为了解决给定的 MDP 问题，可以在一个智能体(实际在 MDP)中进行真实交互的同时，执行迭代 DP 算法。这个智能体

的经历用于确定 DP 算法要更新哪个状态。与此同时，DP 算法的最新值和策略信息可以指导智能体的决策。例如，可以在智能体访问状态时将其更新。这使得将 DP 算法的更新聚焦到部分与智能体最相关的状态集成为可能。这种聚焦是强化学习中不断重复的主题。

5.4 蒙特卡罗法

如图 5.13 所示，5.3 节提到的动态规划法不是解决马尔可夫决策问题的唯一方法，在面对无模型的马尔可夫决策问题时，用动态规划法进行求解往往差强人意。因此对于这类问题，无模型的强化学习方法应运而生，其中蒙特卡罗法和时间差分法尤为著名，本节将对蒙特卡罗法进行详细的阐述，在 5.5 节中将详细阐述时间差分法。

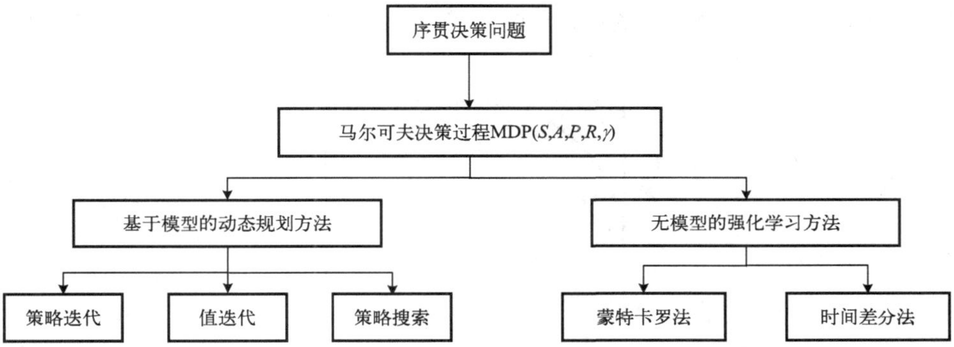

图 5.13 强化学习方法分类

5.4.1 蒙特卡罗概率统计

“蒙特卡罗”这个名字出自摩纳哥的蒙特卡罗赌场，这是一类通过概率求解问题的方法，在求解一类很难从正面求解的问题时，蒙特卡罗法通过随机采样来计算概率，随机抽取的样本数越大，越逼近需要求解的概率，问题迎刃而解。

下面举一个例子来进行讲解。众所周知，π是一个无理数，从古至今，想要求解这个数的数学家不计其数。不论是阿基米德还是我国的祖冲之，都对π的求解贡献颇多。但是求解的精度都不高，因此，通过随机采样的方法进行求解看起来是一个不错的选择。

图 5.14 是一个半径为 1 的圆，通过下式能得到圆的面积是

$$S = \pi \cdot R^2 = \pi \cdot 1^2 = \pi$$

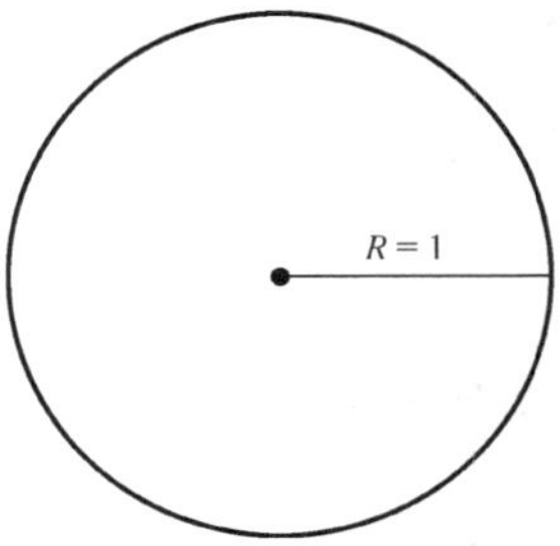

图 5.14 半径为 1 的圆

此时，在圆外画一个外切的正方形，如图 5.15 所示。

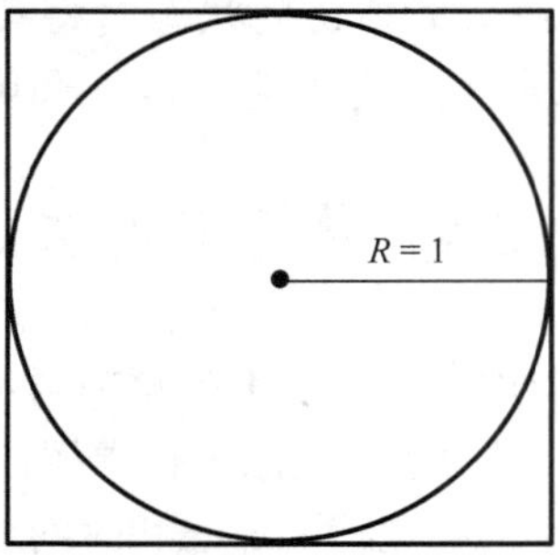

图 5.15　外切的正方形

通过公式可以得知这个外切的正方形的面积为 4。此时让计算机在这个正方形内随机采样，如图 5.16 所示。

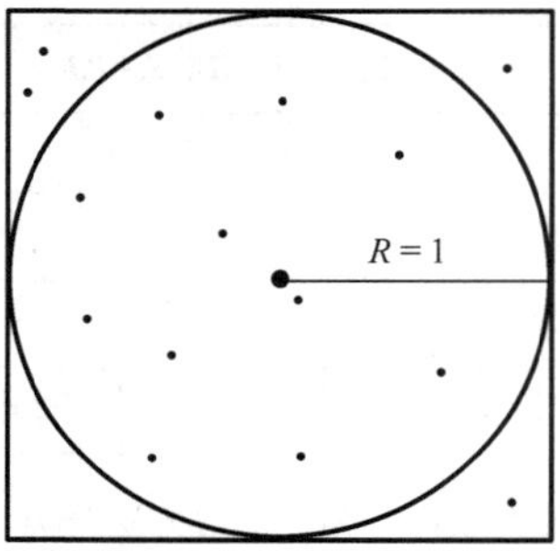

图 5.16　随机采样

通过随机采样计算在圆内点的数量与正方形内的数量就可以求解概率，而这个概率通过公式能求得为 $P = \pi / 4$。

在 Python 中进行随机采样，并不断提升采样的数量，具体代码如下：

```
import random
N=[10, 100, 1000, 10000, 100000, 1000000]    # 随机采样数
for n in N:
    m=0                                       # 圆内的点数
    for i in range(n):
        x=random.uniform(-1, 1)
        y=random.uniform(-1, 1)
        r=(x**2+y**2)**0.5                    # 统计距离
        if r<=1:
            m+=1
    print(n,'个点下求解π为', 4*m/n)
```

通过运行处的结果(图 5.17)可以看到，当数据不断趋向于正无穷时，π 的值不断趋向于正确的值。

```
10 个点下求解π为 2.8
100 个点下求解π为 3.28
1000 个点下求解π为 3.08
10000 个点下求解π为 3.1088
100000 个点下求解π为 3.1504
1000000 个点下求解π为 3.142832

Process finished with exit code 0
```

图 5.17　Python 求解π的值

通过上面的示例可以看到，直接求解 π 十分困难，通过蒙特卡罗法来求解 π 却轻而易举，且随着采样规模的不断增大，求得的精度也在不断提高，这就是统计学上的蒙特卡罗法在求解问题时的主要思路。

5.4.2　“经验”与“平均”

在 5.3 节中知道，动态规划法在求解值函数时为

$$v_\pi(s)=\sum_{a\in A}\pi(a\mid s)\left[R_s^a+\gamma\sum_{s'\in S}P_{ss'}^a v_\pi(s')\right]$$

式中，$P_{ss'}^a$ 用到了模型的数据，但是在无模型的强化学习问题中，这个值是未知的，因此，利用动态规划法来推出此类问题的求解范式是行不通的，必须采用其他方法进行求解。首先回到值函数起始的公式：

$$v_\pi(s)=\mathbb{E}_\pi[G_t\mid S_t=s]=\mathbb{E}_\pi\left(\sum_{k=0}^{\infty}\gamma^k R_{t+k+1}\mid S_t=s\right)$$

$$q_\pi(s)=\mathbb{E}_\pi\left(\sum_{k=0}^{\infty}\gamma^k R_{t+k+1}\mid S_t=s,A_t=a\right)$$

状态值函数 v_π 和行为值函数 q_π 在本质上都是求解返回值的期望。在求解无模型的期望时，在 5.4.1 节我们知道，在正面求解问题遇阻时，可以采取蒙特卡罗法，也就是随机采样的方法来解决。而蒙特卡罗法在求解两个值函数的期望时是通过经验和平均来解决的。

什么是“经验”？

当评估智能体当前的策略π时，可以在当前策略的基础上进行多次尝试，直到该幕(episode)终止，统计在该状态 s 时的累计折扣回报：

$$G_t(s)=R_{t+1}+\gamma R_{t+2}+\cdots+\gamma^{T-1}R_T$$

式中，γ 为折扣因子；R_{t+m} 为对应在状态 $S_t=t+m$ 下的回报值。

但是上式只是一轮(一个 episode)的折扣回报值。“经验”是指在当前策略下进行多次试验(尝试多个 episode)后得到的多组回报值，如图 5.18 所示。

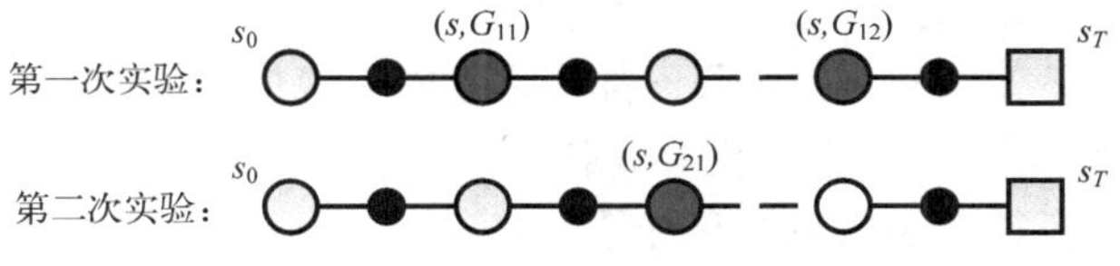

图 5.18　蒙特卡罗法中的“经验”

在了解了“经验”后，什么是“平均”呢？

平均即求解在状态 s 处的值函数的均值，因为问题建立在无模型的环境下，蒙特卡罗法是利用经验平均来估计值函数，而能否得到正确的值函数，则取决于经验。因此，如何获得充足的经验是无模型强化学习的核心所在。

5.4.3 蒙特卡罗控制

用蒙特卡罗法来解决控制问题可以参考策略迭代的思路。在策略迭代中，同时维护一个近似的策略和近似的值函数。值函数会不断迭代使其更加精确地近似对应当前策略的真实值函数，而当前的策略也会根据当前的值函数不断调优，如图 5.19 所示。

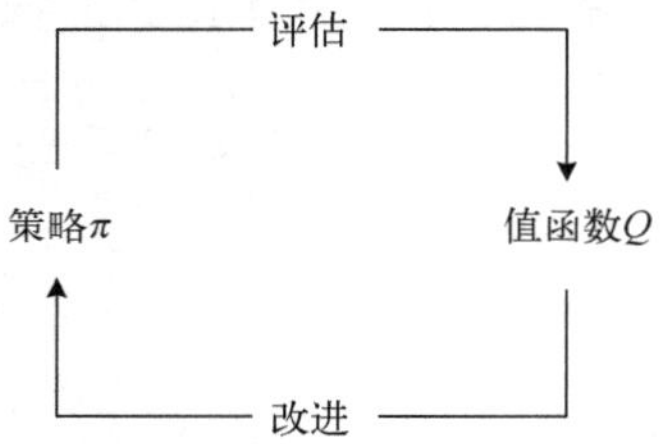

图 5.19　策略迭代的思路

这种方法从任意的策略 π_0 开始交替进行完整的策略评估和策略改进，最终得到最优的策略和动作价值函数：

$$\pi_0 \xrightarrow{\text{E}} q_{\pi_0} \xrightarrow{\text{I}} \pi_1 \xrightarrow{\text{E}} q_{\pi_1} \xrightarrow{\text{I}} \pi_2 \xrightarrow{\text{E}} \cdots \xrightarrow{\text{I}} \pi_* \xrightarrow{\text{E}} q_*$$

其中，$\xrightarrow{\text{E}}$ 表示策略评估；$\xrightarrow{\text{I}}$ 表示策略改进。策略评估完全按照前面所述的方法进行。经历了很多轮后，近似的动作值函数会渐近地趋向真实的动作价值函数。

策略改进的方法是在当前价值函数上贪婪地选择动作。由于有动作值函数，所以完全不需要使用任何的模型信息。对于任意的一个动作价值函数 q，对应的贪婪策略为：对于任意一个状态 $s \in S$，必定选择对应动作价值函数最大的动作：

$$\pi(s) = \arg\max_a q(s,a)$$

策略改进可以通过将 q_{π_k} 对应的贪婪策略作为 π_{k+1} 来进行。这样的 π_k 和 π_{k+1} 满足策略改进定理，因为对所有的状态 $s \in S$：

$$\begin{aligned} q_{\pi_k}(s,\pi_{k+1}(s)) &= q_{\pi_k}(s, \operatorname{argmax}_a q_{\pi_k}(s,a)) \\ &= \max_a q_{\pi_k}(s,a) \\ &\geqslant q_{\pi_k}(s,\pi_k(s)) \\ &\geqslant v_{\pi_k}(s) \end{aligned}$$

这个定理保证 π_{k+1} 一定比 π_k 更优，除非 π_k 已经是最优策略，这种情况下两者均为最优策略。这个过程反过来保证了整个流程一定收敛到最优的策略和最优的价值函数。这样，在只能得到若干幕采样序列而不知道环境动态知识时，蒙特卡罗法就可以用来寻找最优策略。

在动态规划法中，为了保证值函数的收敛性，算法会逐个扫描状态空间中的状态。但是在蒙特卡罗法中，为了保证值函数收敛，建立两个假设：

(1) 策略估计过程需要无限个 episode 才会收敛到折扣回报值的期望。

(2) 保证每个状态都能被访问到，也就是探索性初始化(exploring starts)。

在实际的算法中必须保证这两个假设都消除才能实现值函数的收敛。第一个假设比较容易去除，总共有两种方法。第一种方法在每次策略评估中对 q_{π_k} 做出尽量好的逼近 q_{π_k}。但是这种方法也只是在足够多的 episode 下去逼近收敛值，所以不论问题的大小，这种方法的计算度很大，效率大打折扣。第二种方法是通过值迭代(value iteration)来解决。这种方法非常的极端，因为在策略估计之后只进行了一次迭代就转向策略改进，效率虽然提高了不少，但是精度也随之下降了。

而对于第二个探索性初始化假设，目前仅有一种解决范式——智能体持续不断地选择各个可能选取的动作。因此根据实际行动策略和评估策略是否相同，可以分为同轨(on-policy)策略和离轨(off-policy)策略。在 5.4.4 节将重点讲解这两种方法。

5.4.4　非探索性初始化假设的蒙特卡罗控制

在 5.4.3 节我们知道消除探索性初始化这一假设的方法有同轨策略法和离轨策略法。这两种方法是根据实际行动策略和评估策略是否相同来进行区分的，其中同轨策略法是指实际行动的策略与需要评估和改进的策略是相同的。离轨策略则相反，两者不是同一种策略。

1. 同轨策略

在同轨策略中，选取的策略往往都是软性(soft)的，即对于所有的状态 $s \in S$ 和动作 $a \in \mathcal{A}(s)$，都满足：

$$\pi(a \mid s) > 0$$

换言之，软性策略是指在任意状态下，采用动作集中每个动作的概率都大于零。举一个比较典型的软性策略的例子 ε-贪婪(ε-greedy)策略：

$$\pi(a \mid s) \leftarrow \begin{cases} 1-\varepsilon+\dfrac{\varepsilon}{|A(s)|}, & a = \arg\max\limits_{a} Q(s,a) \\ \dfrac{\varepsilon}{|A(s)|}, & a \neq \arg\max\limits_{a} Q(s,a) \end{cases}$$

这是一种软性的贪婪策略，是指在大部分情况下采取最贪婪(动作值函数最高)的动作，但同时以一个较小的 ε 概率随机选择一个动作。这对除了贪婪动作以外的动作非常友好，都有 $\dfrac{\varepsilon}{|A(s)|}$ 的概率被选中，贪婪动作的概率为 $1-\varepsilon+\dfrac{\varepsilon}{|A(s)|}$。

整个同轨策略的伪代码如图 5.20 所示。

```
On-policy first-visit MC control (for ε-soft policies), estimates π ≈ π*

Algorithm parameter: small ε > 0
Initialize:
    π ← an arbitrary ε-soft policy
    Q(s, a) ∈ ℝ (arbitrarily), for all s ∈ 𝒮, a ∈ 𝒜(s)
    Returns(s, a) ← empty list, for all s ∈ 𝒮, a ∈ 𝒜(s)

Repeat forever (for each episode):
    Generate an episode following π: S0, A0, R1, ..., S(T-1), A(T-1), RT
    G ← 0
    Loop for each step of episode, t = T-1, T-2, ..., 0:
        G ← G + R(t+1)
        Unless the pair St, At appears in S0, A0, S1, A1 ..., S(t-1), A(t-1):
            Append G to Returns(St, At)
            Q(St, At) ← average(Returns(St, At))
            A* ← argmax_a Q(St, a)                    (with ties broken arbitrarily)
            For all a ∈ 𝒜(St):
                π(a|St) ← { 1 - ε + ε/|𝒜(St)|   if a = A*
                          { ε/|𝒜(St)|           if a ≠ A*
```

图 5.20　同轨 ε-greedy 策略伪代码

同轨策略在一定程度上消除了探索性初始化的假设，使得策略在保证探索性的前提下十分贪婪，最后能得到最好的策略。

2. 离轨策略

所有的学习控制方法都面临一个困境：它们希望学到的动作可以使随后的智能体行为是最优的，但是为了搜索所有的动作(以保证找到最优动作)，它们需要采取非最优的行动。如何在遵循试探策略采取行动的同时学习到最优策略呢？在前面提到的同轨策略实际上是一种妥协——它并不学习最优策略的动作值，而是学习一个接近最优而且仍能进行试探的策略的动作值。一种更加直接的方法是采用两种策略：一种用来学习并最终成为最优策略，另一种更加有试探性，用来产生智能体的行动样本。用来学习并改进的策略称为目标策略，用于生成行动样本的策略称为行动策略。在这种情况下，认为学习所用的数据“离开”了待学习的目标策略，因此整个过程称为离轨策略学习。

离轨策略的目标策略 π 和行动策略 μ 需要满足一定条件。这个条件就是覆盖假设，即行动策略 μ 产生的行为覆盖目标策略 π 产生的行为。换言之，满足 $\pi(a|s)>0$ 的任何策略均满足 $\mu(a|s)>0$。因此，在这个假设下可以保证不同状态下的 π 所做出的 μ 一定是随机的。

那么离轨策略是如何实现第二个假设的消除的呢？这就要引进一个概念——重要度采样，如图 5.21 所示。

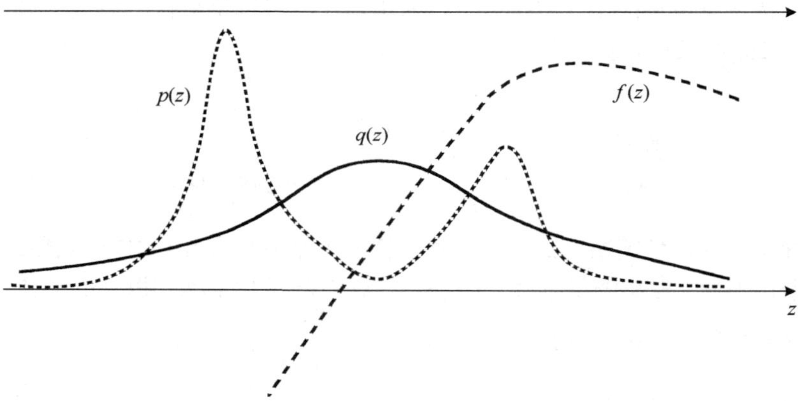

图 5.21　重要度采样

这是一种已知某种样本分布 $q(z)$ 的条件下，估算另一种复杂分布 $p(z)$ 期望值的范式。如下式所示：

$$E[f]=\int f(z)p(z)\mathrm{d}z$$

通过这个范式可以简化复杂分布 $p(z)$ 的求解。通过这种方法求解虽然能求得正确的期望值，但是方差得不到控制，很容易出现方差趋向于无穷大的情况。这时可以采取加权重要度的方法来进行解决。

在离轨策略中，行动策略 μ 是用来产生实际行动的策略，它的轨迹概率分布可以看作重要度采样中的 $q(z)$，这是一种复杂的分布，需要求其期望值，这个时候就可考虑目标策略 π，它是重要度采样中的 $q(z)$，然后对行动策略中累计函数回报值乘以重要度采样比即可实现行动策略 μ 对目标策略 π 的评估。

在目标策略 π 中，某次选取动作的概率为

$$\Pr(A_t, S_{t+1}, \cdots, S_r) = \prod_{k=t}^{T-1} \pi(A_k \mid S_k) p(S_{k+1} \mid S_k, A_k)$$

对应行动策略 μ 下的选取动作的概率为

$$\Pr(A_t, S_{t+1}, \cdots, S_r) = \prod_{k=t}^{T-1} \mu(A_k \mid S_k) p(S_{k+1} \mid S_k, A_k)$$

此时对应的重要度采样比为

$$\rho_t^T = \frac{\prod_{k=t}^{T-1} \pi(A_k \mid S_k) p(S_{k+1} \mid S_k, A_k)}{\prod_{k=t}^{T-1} \mu(A_k \mid S_k) p(S_{k+1} \mid S_k, A_k)} = \prod_{k=t}^{T-1} \frac{\pi(A_k \mid S_k)}{\mu(A_k \mid S_k)}$$

式中，p 为状态转移概率。观察上式可知，重要度采样比只与行动策略和目标策略两个序列有关。

最后根据重要度采样比调整回报值并对结果进行平均就可以实现目标策略的预测工作：

$$V(s) = \frac{\sum_{t \in \mathcal{T}(s)} \rho_t^{T(t)} G_t}{|\mathcal{T}(s)|}$$

式中，$T(t)$ 为访问状态 s 到试验终止的时刻；$\mathcal{T}(s)$ 为所有状态 s 发生的时刻合集；G_t 为 t 到 $T(t)$ 内的回报值。

这是一种直接平均来实现重要度采样的方法，称为普通重要度采样。还存在一种加权平均的重要度采样的方法，通过这种方差解决了方差过大的问题。它的计算方式如下：

$$V(s) = \frac{\sum_{t \in \mathcal{T}(s)} \rho_t^{T(t)} G_t}{\sum_{t \in \mathcal{T}(s)} \rho_t^{T(t)}}$$

两种采样方法的差别主要体现在普通重要度采样的估计是无偏的，而加权重要度采样的估计是有偏的(偏差值会逐渐收敛到零)。除此之外，普通重要度采样的方差一般是无界的，因为重要度采样比的方差是无界的。而在加权估计中任何回报的最大权值都是 1。通过加权平均的方法，即使重要度采样比的方差是无穷的，方差仍能收敛到零。在实际应用时，为了降低出现误差的概率，往往采用加权重要度采样的方法，因为它的方差经常很小。

加权平均求的是什么？求的是回报值的加权平均，这便是增量式求均值的方法。假设有一个回报序列 $G_1, G_2, \cdots, G_{n-1}$，它们都从相同的状态开始，且每一个回报都对应一个随机权重 W_i (如 $W_i = V(s)$)。我们希望得到如下的估计，并且在获得了一个额外的回报值 G_n 时能保持更新：

$$V_n = \frac{\sum_{k=1}^{n-1} W_k G_k}{\sum_{k=1}^{n-1} W_k}, \quad n \geqslant 2$$

为了能不断跟踪V_n的变化，必须为每一个状态维护前n个回报对应的权值的累加和C_n。V_n的更新方法是

$$V_{n+1} = V_n + \frac{W_n}{C_n}(G_n - V_n), \quad n \geqslant 1$$

$$C_{n+1} = C_n + W_{n+1}$$

其中，$C_n \neq 0$。在此之后就可以开展离轨策略的蒙特卡罗控制。

对应的离轨策略蒙特卡罗控制伪代码如图 5.22 所示。

```
Off-policy MC control, for estimating π ≈ π*

Initialize, for all s ∈ S, a ∈ A(s):
    Q(s,a) ∈ ℝ (arbitrarily)
    C(s,a) ← 0
    π(s) ← argmax_a Q(s,a)   (with ties broken consistently)
Loop forever (for each episode):
    b ← any soft policy
    Generate an episode using b: S_0, A_0, R_1, ..., S_{T-1}, A_{T-1}, R_T
    G ← 0
    W ← 1
    Loop for each step of episode, t = T-1, T-2, ..., 0:
        G ← γG + R_{t+1}
        C(S_t, A_t) ← C(S_t, A_t) + W
        Q(S_t, A_t) ← Q(S_t, A_t) + W/C(S_t, A_t) [G - Q(S_t, A_t)]
        π(S_t) ← argmax_a Q(S_t, a)   (with ties broken consistently)
        If A_t ≠ π(S_t) then exit For loop
        W ← W 1/b(A_t|S_t)
```

图 5.22　离轨策略蒙特卡罗控制伪代码

观察伪代码可知，为了保证目标策略π能收敛到一种最优的策略，对每一个“状态-动作”二元组都需要取无穷多次回报，这可以通过软性策略b来保证，b是一种行动策略，它可以是任何策略。实际表明，即使动作是根据不同的软性策略b选择的，而且这种策略可能会在幕之间甚至一幕里发生变化，策略仍能在所有遇到的状态下收敛到最优。

5.5　时间差分法

5.4 节详细地阐述了无模型强化学习方法中的蒙特卡罗法，在求解此类问题时，还有另一类通用的方法——时间差分(TD)法。

时间差分法是强化学习中最核心的方法。它使用了自举的思想，这与动态规划法相似；除此之外，当遇到无模型的问题时，它也可以像蒙特卡罗法一样解决问题。相较于这几种方法，时间差分法的主要不同之处在于值函数的估计。

5.5.1　时间差分法的值函数

在动态规划(DP)法中，值函数的计算公式为

$$V(S_t) \leftarrow \mathbb{E}_\pi[R_{t+1} + \gamma V(S_{t+1})] = \sum_a \pi(a \mid S_t) \sum_{s',r} p(s',r \mid S_t,a)[r + \gamma V(s')]$$

该值函数的计算运用自举的方法，意指当前的值函数的计算运用到了后续状态的值函数 $V(s')$，但是此处后续的值函数计算是建立在模型 $p(s',r \mid S_t,a)$ 的基础上的，所以对于无模型的值函数计算方法，便可以采用蒙特卡罗法的值函数进行计算：

$$V(S_t) \leftarrow V(S_t) + \alpha[G_t - V(S_t)]$$

式中，G_t 为时刻 t 对应的回报值；α 为学习率。因为蒙特卡罗法是利用经验平均估计状态值函数，经验也就意味着需要至少进行一次迭代直至终止才可以得出，因此这种方法学习速度较慢，效率低下。而时间差分法只需要等到下一时刻 $t+1$ 即可。因为在下一时刻，时间差分法可以使用反馈的回报值 R_{t+1} 和估计值 $V(S_{t+1})$ 来实时更新值函数：

$$V(S_t) \leftarrow V(S_t) + \alpha[R_{t+1} + \gamma V(S_{t+1}) - V(S_t)]$$

式中，$R_{t+1} + \gamma V(S_{t+1})$ 称为 TD 目标；$\delta_t = R_{t+1} + \gamma V(S_{t+1}) - V(S_t)$ 称为 TD 偏差；α 为学习率；γ 为折扣因子。

相比于蒙特卡罗法中更新 G_t，时间差分法更新的为 $R_{t+1} + \gamma V(S_{t+1})$，即 TD 目标，这种 TD 法称为单步 TD 法(TD(0))，单步 TD 法的伪代码如图 5.23 所示。

表格型 TD(0) 算法，用于估计 v_π

输入： 待评估的策略 π
算法参数： 步长 $\alpha \in (0,1]$
对于所有 $s \in \mathcal{S}^+$，任意初始化 $V(s)$，其中 $V(\text{终止状态}) = 0$
对每幕循环：
　　初始化 S
　　对幕中的每一步循环：
　　　　$A \leftarrow$ 策略 π 在状态 S 下做出的决策动作
　　　　执行动作 A，观察到 R，S'
　　　　$V(S) \leftarrow V(S) + \alpha[R + \gamma V(S') - V(S)]$
　　　　$S \leftarrow S'$
　　直到 S 为终止状态

图 5.23　单步 TD 法的伪代码

5.5.2　时间差分法的优点

观察图 5.24 可知，蒙特卡罗(MC)法使用的是值函数的原始定义，该方法利用累计回报值来估计值函数；动态规划(DP)法和时间差分(TD)法都利用了自举的方法，即一部预测法估计当前状态的值函数，这两者的差别体现在模型上，DP 是通过模型计算的，而 TD 建立在无模型的基础上，通过试验的方式来计算。

MC：利用采样平均回报逼近期望

$$\begin{aligned} v_\pi(s) &= \mathbb{E}_\pi[G_t \mid S_t = s] \\ &= \mathbb{E}_\pi\left[\sum_{k=0}^{\infty}\gamma^k R_{t+k+1} \mid S_t = s\right] \\ &= \mathbb{E}_\pi\left[R_{t+1} + \gamma\sum_{k=0}^{\infty}\gamma^k R_{t+k+2} \mid S_t = s\right] \\ &= \mathbb{E}_\pi[R_{t+1} + \gamma V_\pi(s_{t+1}) \mid S_t = s] \end{aligned}$$

TD：联合了MC和DP，采用期望值并利用真值的当前估计值$V(S_{t+1})$

DP：期望值由模型来提供，但是利用真值的当前估计值$V(S_{t+1})$

图 5.24　三大方法的比较

因此，时间差分法的优点便凸显出来了，相较于动态规划法，时间差分法不用局限于模型求解值函数；相较于蒙特卡罗法，它不用局限在必须完成一轮的条件下，大大提升了效率。而且现在的应用场景往往轮数很多，这也就意味着蒙特卡罗法在计算时更是大打折扣，但是时间差分法不会受到这个影响。

除此之外，时间差分法和蒙特卡罗法虽然都能收敛到正确的值，但是时间差分法比一般的蒙特卡罗法收敛得更快，这也就意味着时间差分法的学习效率更高，学得更快。并且蒙特卡罗法的值函数为$G_t = R_{t+1} + \gamma R_{t+2} + \cdots + \gamma_\pi^{T-1} R_T$，这是从定义式入手的求解，因此蒙特卡罗法是无偏估计，且整个过程经历了多个状态和动作，方差是无界的。相反，时间差分法求解的值为 TD 目标$R_{t+1} + \gamma V_\pi(S_{t+1})$，这是一种有偏估计，且时间差分法只用到了下一时刻的状态和动作，因此方差比蒙特卡罗法的方差要小很多。

5.5.3　时间差分控制

和蒙特卡罗法相似，时间差分法也可以根据实际行动的策略与目标改进的策略的异同，分为同轨策略的 Sarsa 方法、离轨策略的 Q 学习方法及期望 Sarsa 方法。接下来详细阐述这两种方法。

1. 同轨策略的 Sarsa 方法

首先，仍然按照广义策略迭代的范式，只是采用时间差分法进行求解。Sarsa (state-action-reward-state-action) 是一种学习马尔可夫决策过程的算法，state-action- reward-state-action 这个名称清楚地反映了其学习更新值函数依赖的 5 个值，分别是当前状态S_1，当前状态选中的动作A_1，收到的回报值R，S_1状态下执行A_1后取得的状态S_2及S_2状态下将会执行的动作A_2。这 5 个值的首字母串起来可以得出一个词 Sarsa。具体的序列如图 5.25 所示。

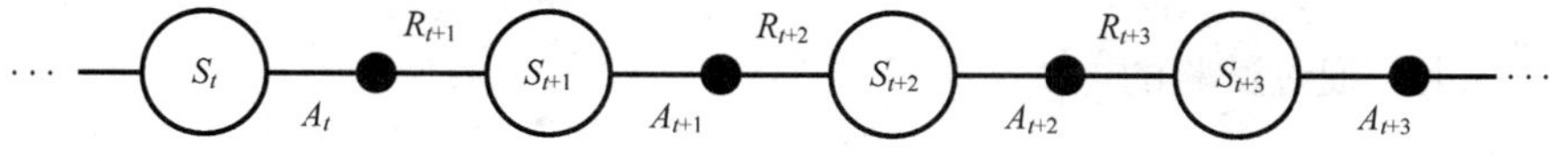

图 5.25　马尔可夫决策过程序列

Sarsa 方法的最核心算法：

$$Q(S_t, A_t) \leftarrow Q(S_t, A_t) + \alpha[r_t + \gamma Q(S_{t+1}, A_{t+1}) - Q(S_t, A_t)]$$

式中，α 为学习率；γ 为折扣因子；$Q(S_0, A_0)$ 为初始条件，因为 Sarsa 方法在本质上属于迭代算法，所以在初始条件时定义一个无限低的初始值来鼓励探索，然后每个时刻 t 下更新迭代 Q 值。随着 Q 值的迭代智能体在不同状态 S_t 下会选取对应的动作 A_t。

观察公式可以得知，这个公式和时间差分法的值函数很相似，这是因为在广义的时间差分法中 $V(S_t)$ 代表整个状态的值函数，而在 Sarsa 方法中，这个值被一个二元组(状态-动作)的值替代了。每当状态更新一次后，如果这不是终止的状态，这个 Q 值便会更新一次；反之，如果这是一次终止的状态，那么 $Q(S_{t+1}, A_{t+1})$ 则会被定义为 0。

Sarsa 方法所设计的同轨策略控制方法和其他的同轨策略控制方法是一样的，都是估算行动策略 π 的动作值函数 q_π 的值，然后根据不同贪婪策略改进 π，具体算法的伪代码如图 5.26 所示。

Sarsa（同轨策略下的 TD 控制）算法，用于估计 $Q \approx q_*$

算法参数：步长 $\alpha \in (0,1]$，很小的 $\varepsilon, \varepsilon > 0$
对所有 $s \in S^+, a \in A(s)$，任意初始化 $Q(s,a)$，其中 $Q(终止状态,\cdot) = 0$
对每幕循环：
　　初始化 S
　　使用从 Q 得到的策略（例如 ε-贪心），在 S 处选择 A
　　　　对幕中的每一步循环：
　　　　执行动作 A，观察到 R，S'
　　　　使用从 Q 得到的策略（例如 ε-贪心），在 S' 处选择 A'
　　　　$Q(S,A) \leftarrow Q(S,A) + \alpha[R + \gamma Q(S',A') - Q(S,A)]$
　　　　$S \leftarrow S'$；$A \leftarrow A'$；
　　直到 S 是终止状态

图 5.26　Sarsa 算法的伪代码

通过观察伪代码可知，判断 Sarsa 方法是否收敛其实是判断 Q 值是否收敛。在伪代码中采取了ε-贪心策略来迭代 Q 值，只要所有的状态-动作二元组能被无限次的访问到，且满足 $\varepsilon = 1/t$ 能在极限情况下收敛，那么 Q 值就能收敛，意味着通过 Sarsa 方法求解最优策略和动作的方法是成功的。

事实上，时间差分法和蒙特卡罗法在同轨策略控制上十分相似，只是在值函数的更新上有所不同。

2. 离轨策略的 Q 学习方法

离轨策略由于实际行动的策略和目标改进的策略是不同的，因此在值函数的求解上会做出一些改进，具体如下：

$$Q(S_t, A_t) \leftarrow Q(S_t, A_t) + \alpha[R_{t+1} + \gamma \max_a Q(S_{t+1}, a) - Q(S_t, A_t)]$$

其中，动作值函数 Q 把最优动作值函数 q_* 近似为学习目标，而这与实际行动的策略是无关的。对比 Sarsa 方法，由于 Sarsa 方法需要知道下一时刻的动作 A_{t+1}，因此 Sarsa 方法与行动策略是息息相关的。因为不用考虑行动策略，算法得到大大的简化，效率提高。除此之外，因为直接近似了最优动作值函数，所以只要所有的状态-动作二元组不断更新，Q 值就能保证收敛到 q_*。因此就能保证算法收敛，Q 学习方法的伪代码如图 5.27 所示。

Q 学习（离轨策略下的时序差分控制）算法，用于预测最优策略

算法参数：步长 $\alpha \in (0,1]$，很小的 $\varepsilon, \varepsilon > 0$
对所有 $s \in \mathcal{S}^+, a \in \mathcal{A}(s)$，任意初始化 $Q(s,a)$，其中 $Q(终止状态,\cdot) = 0$
对每幕：
　初始化 S
　对幕中的每一步循环：
　　使用从 Q 得到的策略（例如 ε-贪心），在 S 处选择 A
　　执行 A，观察到 R，S'
　　$Q(S,A) \leftarrow Q(S,A) + \alpha\left[R + \gamma \max_a Q(S',a) - Q(S,A)\right]$
　　$S \leftarrow S'$
　直到 S 是终止状态

图 5.27　Q 学习方法的伪代码

3. *期望 Sarsa 方法*

在前面讲解了同轨策略的 Sarsa 方法和离轨策略的 Q 学习方法，两种方法各有优点，试想一下，是否可以改进其中一种方法，使得其兼并两者的优点呢？期望 Sarsa 方法应运而生。

$$
\begin{aligned}
Q(S_t,A_t) &\leftarrow Q(S_t,A_t) + \alpha[R_{t+1} + \gamma \mathbb{E}[Q(S_{t+1},A_{t+1}) \mid S_{t+1}] - Q(S_t,A_t)] \\
&\leftarrow Q(S_t,A_t) + \alpha\left[R_{t+1} + \gamma \sum \pi(a \mid S_{t+1}) Q(S_{t+1},a) - Q(S_t,A_t)\right]
\end{aligned}
$$

式中，α 为学习率；γ 为折扣因子；$Q(S_t,A_t)$ 为动作值函数。

上式把状态-动作二元组最大值换算成取其期望，因此称为期望 Sarsa 方法。此方法比 Sarsa 方法更为复杂，但是因其遵循 Q 学习的模式，不用再考虑由于随机选择下一时刻动作而产生的方差，方差得到大大的减小。现构建一个在悬崖边行走的场景，并运用三种算法。

在不同的学习率 α 下，期望 Sarsa 方法和 Sarsa 方法在学习效果上都比 Q 学习方法好，且期望 Sarsa 方法比 Sarsa 方法有显著优势。除此之外，Sarsa 方法只在学习率 α 值小的情况下有较好的表现。

在悬崖边行走这个场景中，期望 Sarsa 方法其实是一种同轨策略的方法。但是在一般情况下，期望 Sarsa 方法被视为一种离轨策略方法，因为它的行动策略和目标策略可以不同。这个时候它和 Q 学习方法相同，但是比 Q 学习方法更好的点在于期望 Sarsa 方法学习效率更高。因此，虽然增加了计算量，期望 Sarsa 方法是集两者之大成的算法，对于不同的场景，期望 Sarsa 方法的应用范围更加广阔，甚至更优于这两种方法。

4. *双学习方法*

在之前学习的时间差分控制的各种方法中都运用到了最大化目标策略的思想。在 Sarsa 方法中，目标策略通常是 ε-greedy 算法，此算法估计最大化的动作值函数的值；在 Q 学习方法中，目标策略也有最大化的操作。但是，这样的最大化操作容易产生一个非常显著的正偏差——最大化偏差(maximization bias)。偏差是怎么产生的呢？假设在一个状态 s 下可以选取多个动作 a，每个动作的真实动作值 $q(s,a)$ 均为 0，但是目标策略下评估的动作值 $Q(s,a)$ 是不确定的，它可以大于 0，也可以等于 0，或小于 0。因此，在对两个策略网络取最大化操作的时候，q 的最大值为 0，但是 Q 的最大值是一个正数，而这便是正偏差的由来。这个偏差的存在，大大影响了时间差分控制的学习效率。

有没有方法能消除最大化偏差带来的影响呢？双学习(double learning)方法应运而生。双学习方法认为最大化偏差的根源是真实动作值和估计动作值采用相同的学习样本(episode 序列合集)，为了解决这个问题，可以将学习样本分为两部分来进行求解，并分别对这两组学习样本估计 $Q_1(a)$ 和 $Q_2(a)$，采用其中一个估计 $Q_1(a)$ 以确定最优动作 $A^* = \arg\max_a Q_1(a)$，另一个估计 $Q_2(a)$ 用来估计这个最优动作 A^* 的动作值函数 $Q_2(A^*) = Q_2\left[\arg\max_a Q_1(a)\right]$，这个估计是无偏估计，并且可以交换上述的 $Q_1(a)$ 和 $Q_2(a)$ 求解另一组无偏估计 $Q_1(A^*) = Q_1\left[\arg\max_a Q_2(a)\right]$。要注意的是，对于每个学习样本只需要一个估计值，上述两个无偏估计取其一即可。双学习很好地解决了最大化偏差带来的影响，但是因为学习样本一分为二，整个学习过程需要两倍的内存，但是计算量没有增加。这便是双学习的总体思想。

双 Q 学习方法很好地发挥了双学习的思想，动作值函数的更新也因此有所改变，如下式所示：

$$Q_1(S_t,A_t) \leftarrow Q_1(S_t,A_t) + \alpha[R_{t+1} + \gamma Q_2(S_{t+1}, \text{argmax}\, Q_1(S_{t+1},a)) - Q_1(S_t,A_t)]$$

值得注意的是，由于双学习产生两个无偏估计，在双 Q 学习方法中，$Q_1(s,a)$ 和 $Q_2(s,a)$ 都是以随机的概率更新一个，另一个保持不变。双 Q 学习方法的伪代码如图 5.28 所示。

双 Q 学习，用于估计 $Q_1 \approx Q_2 \approx q_*$

算法参数： 步长 $\alpha \in (0,1]$，很小的 $\varepsilon, \varepsilon > 0$

对所有 $s \in \mathcal{S}^+, a \in \mathcal{A}(s)$，**初始化** $Q_1(s,a)$ **和** $Q_2(s,a)$，**其中** Q(**终止状态**$,\cdot) = 0$

对每幕循环：

　初始化 S

　对幕中的每一步循环：

　　基于 $Q_1 + Q_2$，**使用** ε-**贪心策略在** S **中选择** A

　　执行动作 A，**观察到** R，S'

　　以 0.5 的概率执行：

　　　$Q_1(S,A) \leftarrow Q_1(S,A) + \alpha\Big(R + \gamma Q_2(S', \text{argmax}_a Q_1(S',a)) - Q_1(S,A)\Big)$

　　或者执行：

　　　$Q_2(S,A) \leftarrow Q_2(S,A) + \alpha\Big(R + \gamma Q_1(S', \text{argmax}_a Q_2(S',a)) - Q_2(S,A)\Big)$

　　$S \leftarrow S'$

　直到 S **是终止状态**

图 5.28　双 Q 学习方法的伪代码

5. TD(λ) *方法*

除了 Sarsa 方法和 Q 学习方法，还有一种方法——TD(λ)也运用广泛。在这一节中详细讲解 TD(λ)方法。

在 5.5.1 节中讲到了时间差分法最基础的单步 TD 方法(TD(0))，此方法就是 TD(λ)方法

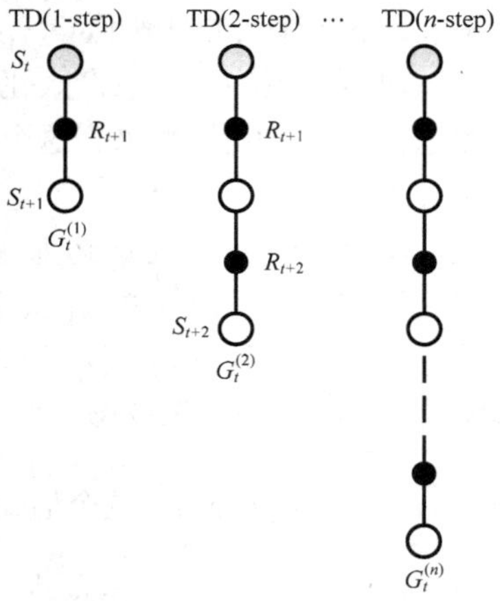

图 5.29　n 步预测值函数

中 $\lambda=0$ 的一种特殊情况。在单步 TD 方法中，只利用了下一时刻的状态来更新值函数，也就是 $G_t^{(1)}=R_{t+1}+\gamma V(S_{t+1})$，但是如果采用再下一时刻的状态来更新，更新的目标就变为 $G_t^{(2)}=R_{t+1}+\gamma R_{t+2}+\gamma^2 V(S_{t+1})$，此时总共采用了两步值函数，以此类推，当采用了 n 步来求解时，目标为

$$G_t^{(n)}=R_{t+1}+\gamma R_{t+2}+\cdots+\gamma^{n-1}R_{t+n}+\gamma^n V(S_{t+n})$$

观察图 5.29 可知，在估计值函数的时候，有 n 种估计方法，那么哪种方法学习效率最好呢？

仅仅通过肉眼观察是无法得知的，这个时候可以在每个估计上加权求和。对于估计 $G_t^{(n)}$，乘以加权因子 $(1-\lambda)\lambda^{n-1}$，此时：

$$\begin{aligned}G_t^{\lambda}&=(1-\lambda)G_t^{(1)}+(1-\lambda)\lambda G_t^{(2)}+\cdots+(1-\lambda)\lambda^{n-1}G_t^{(n)}\\&\approx[(1-\lambda)+(1-\lambda)\lambda+\cdots+(1-\lambda)\lambda^{n-1}]V(S_t)\\&=V(S_t)\end{aligned}$$

而这种通过 G_t^{λ} 来更新目标值函数的方法就是 TD(λ) 方法。现在主要从两种视角来更好地理解 TD(λ) 方法，分别为前向视角和后向视角。

如图 5.30 所示，在前向视角中，对处于任何时刻的状态 S_t 下，G_t^{λ} 都是根据将来状态的值函数来更新的，而这也正是 G_t^{λ} 的定义 $G_t^{(n)}=R_{t+1}+\gamma R_{t+2}+\cdots+\gamma^{n-1}R_{t+n}+\gamma^n V(S_{t+n})$。

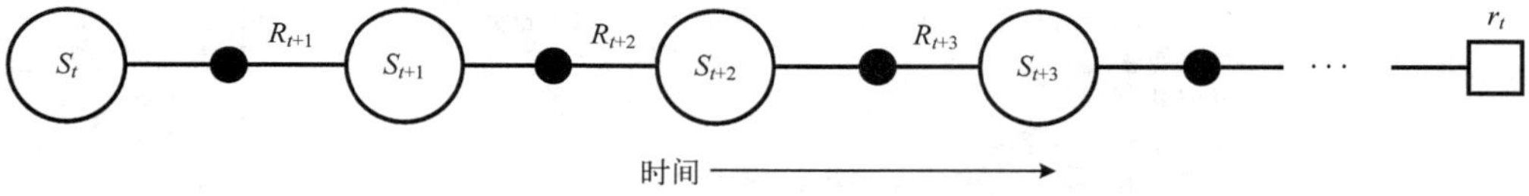

图 5.30　TD(λ) 方法的前向视角

前向视角下的 TD(λ) 方法和蒙特卡罗法有些类似，也就是说，至少需要经过一轮试验结束才能更新值函数，那么有没有方法能解决这样的问题以提高效率呢？后向视角应运而生。

如图 5.31 所示，这是 TD(λ) 方法的后向视角，在获得当前状态的回报值和下一状态的值函数后，后向 TD(λ) 方法会访问之前的各个状态并进行更新，此时过往每个状态值函数更新的大小与距离当前状态的步数有关。假设当前状态为 S_t，TD 偏差为 δ_t，那么状态 S_{t-1} 处的值函数更新应该乘以一个衰减因子 $\gamma\lambda$，状态 S_{t-2} 处的值函数更新应该乘以 $(\gamma\lambda)^2$，以此类推。具体更新流程如下。

(1) 计算当前状态 S_t 的 TD 偏差：$\delta_t = R_{t+1} + \gamma V(S_{t+1}) - V(S_t)$。

(2) 更新适合度轨迹：$E_t(s) = \begin{cases} \gamma\lambda E_{t-1}, & s \neq S_t \\ \gamma\lambda E_{t-1} + 1, & s = S_t \end{cases}$。

(3) 对于状态空间的每个状态 s 更新值函数：$V(s) \leftarrow V(s) + \alpha\delta_t E_t(s)$。

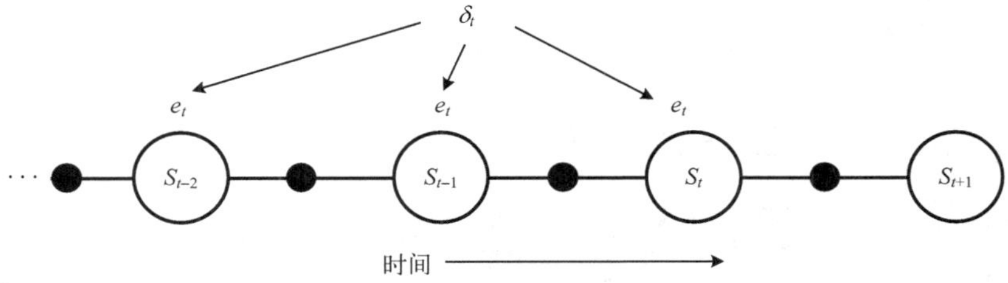

图 5.31　TD(λ) 方法的后向视角

通过两个视角的学习不难发现两者之间的异同。

(1) 前向方法需要至少经历一次试验才能计算；后向方法是一种增量式方法，每一步都在更新值函数。

(2) 前向方法在更新值函数时只更新当前状态的值函数，此状态之前的值函数是不变的；后向方法实时更新此状态及以前的值函数。

(3) 当一轮试验结束后，前向方法和后向方法每个状态更新总量是相等的，都是 G_t^λ。

为什么前向方法和后向方法是等价的呢？从公式上入手进行分析。

当 $\lambda = 0$ 时，只有当前状态更新，即单步 TD 方法。

当 $\lambda = 1$ 时，状态值函数总的更新与蒙特卡罗法的更新量相同：

$$\begin{aligned}
\delta_t + \gamma\delta_{t+1} + \gamma^2\delta_{t+2} + \cdots + \gamma^{T-1-t}\delta_{T-1} = & R_{t+1} + \gamma V(S_{t+1}) - V(S_t) \\
& + \gamma R_{t+2} + \gamma^2 V(S_{t+2}) - \gamma V(S_{t+1}) \\
& + \gamma^2 R_{t+3} + \gamma^3 V(S_{t+3}) - \gamma^2 V(S_{t+2}) \\
& \vdots \\
& + \gamma^{T-1-t} R_T + \gamma^{T-t} V(S_T) - \gamma^{T-1-t} V(S_{T-1})
\end{aligned}$$

当 λ 为其余任意数时：

$$\begin{aligned}
G_t^\lambda - V(S_t) = & -V(S_t) + (1-\lambda)\lambda^0[R_{t+1} + \gamma V(S_{t+1})] \\
& + (1-\lambda)\lambda^1[R_{t+1} + \gamma R_{t+2} + \gamma^2 V(S_{t+2})] \\
& + (1-\lambda)\lambda^2[R_{t+1} + \gamma R_{t+2} + \gamma^2 R_{t+3} + \gamma^3 V(S_{t+2})] + \cdots \\
= & -V(S_t) + (\gamma\lambda)^0[R_{t+1} + \gamma V(S_{t+1}) - \gamma\lambda V(S_{t+1})] \\
& + (\gamma\lambda)^1[R_{t+2} + \gamma V(S_{t+2}) - \gamma\lambda V(S_{t+2})] \\
& + (\gamma\lambda)^2[R_{t+3} + \gamma V(S_{t+3}) - \gamma\lambda V(S_{t+3})] + \cdots \\
= & (\gamma\lambda)^0[R_{t+1} + \gamma V(S_{t+1}) - V(S_t)]
\end{aligned}$$

$$
\begin{aligned}
&+(\gamma\lambda)^1[R_{t+2}+\gamma V(S_{t+2})-V(S_{t+1})] \\
&+(\gamma\lambda)^2[R_{t+3}+\gamma V(S_{t+3})-V(S_{t+2})]+\cdots \\
&=\delta_t+\gamma\lambda\delta_{t+1}+(\gamma\lambda)^2\delta_{t+2}+\cdots
\end{aligned}
$$

由此可以得出，前向方法和后向方法是等价的。

$$
\begin{aligned}
\nabla J(\theta)=\nabla v_\pi(s_0)&=\sum_s\left[\sum_{k=0}^{\infty}\Pr(s_0\to s,k,\pi)\right]\sum_a\nabla\pi(a\,|\,s)q_\pi(s,a) \\
&=\sum_s\eta(s)\sum_a\nabla\pi(a\,|\,s)q_\pi(s,a) \\
&=\sum_{s'}\eta(s')\sum_s\frac{\eta(s)}{\sum_{s'}\eta(s')}\sum_a\nabla\pi(a\,|\,s)q_\pi(s,a) \\
&=\sum_{s'}\eta(s')\sum_s\mu(s)\sum_a\nabla\pi(a\,|\,s)q_\pi(s,a) \\
&\propto\sum_s\mu(s)\sum_a\nabla\pi(a\,|\,s)q_\pi(s,a)
\end{aligned}
$$

由此可以得出，前向方法和后向方法是等价的。

5.6 策 略 梯 度

前面所阐述的方法都是基于值函数的方法，当值函数最优时，策略是最优的，此时的最优策略是贪婪策略，即在状态为 s 时，对应最大行为值函数的动作，这是一个状态空间到动作空间的映射，该映射就是最优策略 $\pi_\theta(s)$：利用参数化的线性函数或非线性函数(如神经网络)表示策略，寻找最优参数，使强化学习的目标——累积奖励的期望取得最大值。

策略参数化相对于 ε-贪心动作选择法除了有实践上的优势外，还有重要的理论优势。对于连续的策略参数化，选择动作的概率作为被优化的参数的函数会平滑变化，但是 ε-贪心算法不同，只要估计的动作价值函数的变化导致了最大动作价值对应的动作发生变化，则选择某个动作的概率就可能会突然变化很大，即使估计的动作价值函数发生了任意小的变化，很大程度上，基于策略梯度的方法也能够比基于动作价值函数的方法有更强的收敛保证。

在分幕式和持续性的两种不同的情况下，它们的性能指标 $J(\boldsymbol{\theta})$ 的定义不同，因此一定程度上不得不分开处理。虽然如此，我们将统一介绍两种情况，给出一些记号，使得主要的理论结果可以用同一组公式表示。

在这一节，考虑分幕式情况，将性能指标定义为幕初始状态的价值。可以在不丧失任何泛化性的情况下进行一些符号的简化，假设每幕都从某个(非随机的)状态 s 开始，则将性能指标定义为

$$
J(\boldsymbol{\theta})\doteq v_{\pi_\theta}(s_0)
$$

式中，v_{π_θ} 为在策略 π_θ 下的真实价值函数，策略由参数 $\boldsymbol{\theta}$ 决定。从这里开始，在后面的讨论

中假设分幕式情况下没有折扣因子，即 $\gamma=1$，尽管为了完整性，在算法描述中包括了带折扣的情况。

在函数逼近的情况下，若要通过调整策略参数来保证性能得到改善是一件很有挑战性的事情。主要问题是性能既依赖于动作的选择，也依赖于动作选择时所处状态的分布，而它们都会受策略参数的影响。给定一个状态，策略参数对动作选择及收益的影响可以根据参数比较直观地计算出来。因为状态分布和环境有关，所以策略对状态分布的影响一般很难确切知道。而性能指标对模型参数的梯度却依赖于这种未知影响，那么如何估计这个梯度呢？

幸运的是，策略梯度定理为这个问题提供了很好的理论解答，它提供了一个性能指标相对于策略参数的解析表达式，其中没有涉及对状态分布的求导。在分幕式情况下，策略梯度定理表达式如下：

$$\nabla J(\boldsymbol{\theta}) \propto \sum_{s} \mu(s) \sum_{a} q_{\pi}(s,a)\, \nabla \pi(a \mid s,\boldsymbol{\theta})$$

其中，这个梯度是关于参数向量 $\boldsymbol{\theta}$ 每个元素的偏导组成的列向量，π 为参数向量 $\boldsymbol{\theta}$ 对应的策略。符号 $\propto$ 表示“正比于”。在分幕式情况下，这个比例常量是幕的平均长度；在持续性的情况下，这个常量是 1，这种情况下应该是等式。这里的分布 μ 是在策略 π 下的同轨策略分布。

只需要基本的微积分知识和重排公式中的各项，就能根据一些基本原理来证明策略梯度定理。为了使符号简单，在所有公式中隐去了 π 对 $\boldsymbol{\theta}$ 的依赖，同样也隐去了梯度对 $\boldsymbol{\theta}$ 的依赖。首先注意，状态价值函数的梯度可以写为动作价值函数的形式：

$$\begin{aligned}
\nabla v_{\pi}(s) &= \left[\nabla \sum_{a} \pi(a \mid s) q_{\pi}(s,a)\right], \quad \text{对所有} s \in \mathcal{S} \\
&= \sum_{a} [\nabla \pi(a \mid s) q_{\pi}(s,a) + \pi(a \mid s) \nabla q_{\pi}(s,a)] \\
&= \sum_{a} \left[\nabla \pi(a \mid s) q_{\pi}(s,a) + \pi(a \mid s) \nabla \sum_{s',r} p(s',r \mid s,a)\big(r + v_{\pi}(s')\big)\right] \\
&= \sum_{a} \left[\nabla \pi(a \mid s) q_{\pi}(s,a) + \pi(a \mid s) \sum_{s'} p(s' \mid s,a) \nabla v_{\pi}(s')\right] \\
&= \sum_{a} \left[\nabla \pi(a \mid s) q_{\pi}(s,a) + \pi(a \mid s) \sum_{s'} p(s' \mid s,a)\right] \\
&= \sum_{\alpha'} \left[\nabla \pi(a' \mid s') q_{\pi}(s',a') + \pi(a' \mid s') \sum_{s^{\infty}} p(s'' \mid s',a') \nabla v_{\pi}(s'')\right] \\
&= \sum_{x \in \mathcal{S}} \sum_{k=0}^{\infty} \Pr(s \to x,k,\pi) \sum_{a} \nabla \pi(a \mid x) q_{\pi}(x,a)
\end{aligned}$$

在重新展开后，其中 $\Pr(s \to x,k,\pi)$ 是在策略 π 下，状态 s 在 k 步内转移到状态 x 的概率，可以得到

$$
\begin{aligned}
\nabla J(\theta)=\nabla v_\pi(s_0) &= \sum_s \left(\sum_{k=0}^{\infty} \Pr(s_0 \to s,k,\pi) \right) \sum_a \nabla \pi(a\,|\,s) q_\pi(s,a) \\
&= \sum_s \eta(s) \sum_a \nabla \pi(a\,|\,s) q_\pi(s,a) \\
&= \sum_{s'} \eta(s') \sum_s \frac{\eta(s)}{\sum_{s'} \eta(s')} \sum_a \nabla \pi(a\,|\,s) q_\pi(s,a) \\
&= \sum_{s'} \eta(s') \sum_s \mu(s) \sum_a \nabla \pi(a\,|\,s) q_\pi(s,a) \\
&\propto \sum_s \mu(s) \sum_a \nabla \pi(a\,|\,s) q_\pi(s,a)
\end{aligned}
$$

5.7　海洋机器人中的强化学习

以机器人找金币为例子，构建其 MDP 框架。

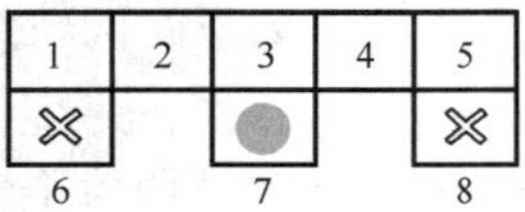

图 5.32　海洋机器人路径规划

图 5.32 所示为水下机器人寻找水下矿产的路径规划。该网格世界一共 8 个状态，其中状态 6 和状态 8 是水下强流干扰不可航行区域，状态 7 是矿产区域。机器人的初始位置为网格世界中的任意一个状态，机器人从初始状态出发寻找矿产，机器人每探索一次，进入不可航行区域或找到矿产，本次探索结束。

如果采用蒙特卡罗法来解决该问题，基本思想是利用经验平均代替随机变量的期望。因此，利用蒙特卡罗法评估策略应该包括两个过程：模拟和平均。模拟就是产生采样数据，平均则是根据数据得到值函数。下面以利用蒙特卡罗法估计随机策略的值函数为例做详细说明。

代码在 Python 语言下实现，具体代码如下：

```
def gen_random_sample(self, num):
    state_sample=[]
    action_sample=[]
    reward_sample=[]
    for i in range(num):
        s_tmp=[]
        a_tmp=[]
        r_tmp=[]
        # 随机初始化每回合的初始状态
        s=self.states[int(random.random()*len(self.states))]
        t=False

        # 产生一个状态序列
        while False==t:
            a=self.actions[int(random.random()*len(self.states))]
            t, s1, r=self.transform(s,a)
            s_tmp.append(s)
```

```
            r_tmp.append(r)
            a_tmp.append(a)
            s = s1

        # 保存该样本的多个状态序列
        state_sample.append(s_tmp)
        reward_sample.append(r_tmp)
        action_sample.append(a_tmp)
    return  state_sample, action_sample,  reward_sample

def mc(gamma, state_sample, action_sample, reward_sample):
    vfunc=dict()
    nfunc=dict()
    for s in states:
        vfunc[s]=0.0
        nfunc[s]=0.0
    for iter1 in range(len(state_sample)):
        G=0.0
        for step in range(len(state_sample[iter1])-1, -1, -1):
            G*=gamma
            G+=reward_sample[iter1][step]
        for step in range(len(state_sample[iter1])):
            s=state_sample[iter1][step]
            vfunc[s]+=G
            nfunc[s]+=1.0
            G-=reward_sample[iter1][step]
            G/=gamma
    for s in states:
        if nfunc[s]>0.000001:
            vfunc[s]/=nfunc[s]
    print('mc')
    print(vfunc)
```

时间差分法和蒙特卡罗法都是无模型的方法，因此在策略评估时都需要随机模拟。和 5.4 节介绍的蒙特卡罗法一样，对时间差分的介绍也从策略评估开始，在 Python 语言下实现，具体代码如下：

```
import sys
import gym
import random
random.seed(0)
import time
import matplotlib.pyplot as plt
```

```
grid=gym.make('GridWorld-v0')
#grid=env.env                          # 创建网格世界
states=grid.env.getStates()            # 获得网格世界的状态空间
actions=grid.env.getAction()           # 获得网格世界的动作空间
gamma=grid.env.getGamma()              # 获得折扣因子
# 计算当前策略和最优策略之间的差
best=dict()#储存最优行为值函数
def read_best():
    f=open("best_qfunc")
    for line in f:
        line=line.strip()
        if len(line)==0: continue
        eles=line.split(":")
        best[eles[0]]=float(eles[1])
# 计算值函数的误差
def compute_error(qfunc):
    sum1=0.0
    for key in qfunc:
        error=qfunc[key]-best[key]
        sum1+=error *error
    return sum1

# 贪婪策略
def greedy(qfunc, state):
    amax=0
    key="%d_%s" % (state, actions[0])
    qmax=qfunc[key]
    for i in range(len(actions)): # 扫描动作空间得到最大动作值函数
        key="%d_%s" % (state, actions[i])
        q=qfunc[key]
        if qmax<q:
            qmax=q
            amax=i
    return actions[amax]

# epsilon 贪婪策略
def epsilon_greedy(qfunc, state, epsilon):
    amax=0
    key="%d_%s"%(state, actions[0])
    qmax=qfunc[key]
    for i in range(len(actions)): # 扫描动作空间得到最大动作值函数
        key="%d_%s"%(state, actions[i])
        q=qfunc[key]
```

```
        if qmax<q:
            qmax=q
            amax=i
    # 概率部分
    pro=[0.0 for i in range(len(actions))]
    pro[amax]+=1-epsilon
    for i in range(len(actions)):
        pro[i]+=epsilon/len(actions)
    # 选择动作
    r=random.random()
    s=0.0
    for i in range(len(actions)):
        s+=pro[i]
        ifs>=r: return actions[i]
    return actions[len(actions)-1]

def qlearning(num_iter1, alpha, epsilon):
    x=[]
    y=[]
    qfunc=dict()  # 行为值函数为字典
    # 初始化行为值函数为 0
    for s in states:
        for a in actions:
            key="%d_%s"%(s,a)
            qfunc[key]=0.0
    for iter1 in range(num_iter1):
        x.append(iter1)
        y.append(compute_error(qfunc))

        # 初始化初始状态
        s=grid.reset()
        a=actions[int(random.random()*len(actions))]
        t=False
        count=0
        while False==t and count <100:
            key="%d_%s"%(s, a)
            # 与环境进行一次交互，从环境中得到新的状态及回报
            s1, r, t1, i =grid.step(a)
            key1=""
            # s1 处的最大动作
            a1=greedy(qfunc, s1)
            key1="%d_%s"%(s1, a1)
            # 利用 qlearning 方法更新值函数
```

```
        qfunc[key]=qfunc[key]+alpha*(r+gamma*qfunc[key1]-qfunc[key])
        # 转到下一个状态
        s=s1;
        a=epsilon_greedy(qfunc, s1, epsilon)
        count+=1
plt.plot(x,y,"-.,",label="q alpha=%2.1f epsilon=%2.1f"%(alpha,epsilon))
return qfunc
```

第 6 章　深 度 学 习

6.1　深度前馈网络

深度前馈网络（deep feedforward network），也称为前馈神经网络（feedforward neural network）或者多层感知机（MLP），是典型的深度学习模型。第 4 章介绍的 BP 网络就是一种典型的前馈神经网络。这些网络被称为神经网络是因为它们或多或少地受到神经科学的启发。网络中的每个隐藏层通常都是向量值。这些隐藏层的维数决定了模型的宽度（width）。向量的每个元素都可以视为起到类似一个神经元的作用。除了将层想象成向量到向量的单个函数，也可以把层想象成由许多并行操作的单元（unit）组成，每个单元表示一个向量到标量的函数。每个单元在某种意义上类似一个神经元，它接收的输入来源于许多其他单元，并计算它自己的激活值。使用多层向量值表示的想法来源于神经科学。用于计算这些表示的函数 $f^{(i)}(\boldsymbol{x})$ 的选择，也或多或少地受到神经科学观测的指引，这些观测是关于生物神经元计算功能的。然而，现代的神经网络研究更多的是受到来自许多数学和工程学科的指引，并且神经网络的目标并不是完美地给大脑建模。最好将前馈神经网络看作为了实现统计泛化而设计出的函数近似机，它偶尔从我们了解的大脑中提取灵感，但并不是大脑功能的模型。

一种理解前馈神经网络的方式是从线性模型开始，并考虑如何克服它的局限性。线性模型，如逻辑回归和线性回归，是非常吸引人的，因为无论是通过闭解形式还是使用凸优化，它们都能高效且可靠地拟合。线性模型也有明显的缺陷，那就是该模型的能力被局限在线性函数里，所以它无法理解任何两个输入变量间的相互作用。

为了扩展线性模型来表示 $\boldsymbol{x}$ 的非线性函数，可以不把线性模型用于 $\boldsymbol{x}$ 本身，而是用于一个变换后的输入 $\phi(\boldsymbol{x})$ 上，这里 ϕ 是一个非线性变换。同样，可以使用核技巧，来得到一个基于隐含地使用 ϕ 映射的非线性学习算法。可以认为 ϕ 提供了一组描述 $\boldsymbol{x}$ 的特征，或者认为它提供了 $\boldsymbol{x}$ 的一种新的表示。

剩下的问题就是如何选择映射 ϕ 。

(1) 使用一个通用的 ϕ，如无限维的 ϕ，它隐含地用在基于 RBF 核的核机器上。如果 $\phi(\boldsymbol{x})$ 具有足够高的维数，总是有足够的能力来拟合训练集，但是对于测试集的泛化往往不佳。非常通用的特征映射通常只基于局部光滑的原则，并且没有将足够的先验信息进行编码来解决高级问题。

(2) 手动地设计 ϕ 。在深度学习出现以前，这一直是主流的方法。这种方法对于每个单独的任务都需要人们数十年的努力，从业者各自擅长特定的领域（如语音识别或计算机视觉），并且不同领域之间很难迁移（transfer）。

(3) 深度学习的策略是去学习 ϕ 。在这种方法中，有一个模型 $y = f(\boldsymbol{x};\boldsymbol{\theta},\boldsymbol{w}) = \phi(\boldsymbol{x};\boldsymbol{\theta})^{\mathrm{T}}\boldsymbol{w}$ 。现在有两种参数：用于从一大类函数中学习 ϕ 的参数 $\boldsymbol{\theta}$ ，以及用于将 $\phi(\boldsymbol{x})$ 映射到所需的输出

的参数 $\boldsymbol{w}$ 。这是深度前馈网络的一个例子，其中 ϕ 定义了一个隐藏层。这是三种方法中唯一一种放弃了训练问题的凸性的，但是利大于弊。在这种方法中，将表示参数化为 $\phi(\boldsymbol{x};\boldsymbol{\theta})$ ，并且使用优化算法来寻找，使它能够得到一种好的表示。这种方法也可以通过变得高度通用以获得第一种方法的优点——只需使用一个非常广泛的函数族 $\phi(\boldsymbol{x};\boldsymbol{\theta})$ 。这种方法也可以获得第二种方法的优点。人类专家可以将他们的知识编码进网络来帮助泛化，只需要设计他们期望能够表现优异的函数族 $\phi(\boldsymbol{x};\boldsymbol{\theta})$ 即可。这种方法的优点是人类设计者只需要寻找正确的函数族，而不需要寻找精确的函数。

这种通过学习特征来改善模型的一般化原则不仅仅适用于前馈神经网络，它是深度学习中反复出现的主题，还适用于全书描述的所有种类的模型。前馈神经网络是这个原则的应用，它学习从 $\boldsymbol{x}$ 到 $\boldsymbol{y}$ 的确定性映射并且没有反馈连接。后面出现的其他模型会把这些原则应用到学习随机映射、学习带有反馈的函数以及学习单个向量的概率分布等方面。

6.2 基于梯度的学习

设计和训练神经网络与使用梯度下降训练其他任何机器学习模型并没有太大不同。

到目前为止，线性模型和神经网络的最大区别在于，神经网络的非线性导致大多数我们感兴趣的代价函数都变得非凸。这意味着神经网络的训练通常使用迭代的、基于梯度的优化，仅仅使得代价函数达到一个非常小的值；而不是像用于训练线性回归模型的线性方程求解器，或者用于训练逻辑回归或 SVM 的凸优化算法那样保证全局收敛。凸优化从任何一种初始参数出发都会收敛（理论上如此——在实践中也很鲁棒但可能会遇到数值问题）。用于非凸损失函数的随机梯度下降没有这种收敛性保证，并且对参数的初始值很敏感。对于前馈神经网络，将所有的权重值初始化为小随机数是很重要的。偏置可以初始化为零或者小的正值。一些特别的算法是对梯度下降思想的改进和提纯，这些内容归属于数值计算中的基于梯度的优化方法。

当然也可以用梯度下降来训练诸如线性回归和支持向量机之类的模型，并且事实上，当训练集相当大时，这是很常用的。从这点来看，训练神经网络和训练其他任何模型并没有太大区别。计算梯度对于神经网络会略微复杂一些，但仍然可以很高效而精确地实现。

和其他的机器学习模型一样，为了使用基于梯度的学习方法，必须选择一个代价函数，并且必须选择如何表示模型的输出。现在，重温这些设计上的考虑，并且特别强调神经网络的情景。

6.2.1 代价函数

深度神经网络设计中的一个重要方面是代价函数的选择。幸运的是，神经网络的代价函数或多或少是和其他的参数模型（如线性模型）的代价函数相同的。

在大多数情况下，参数模型定义了一个分布 $p(\boldsymbol{y}\mid\boldsymbol{x};\boldsymbol{\theta})$ 并且简单地使用最大似然原理。这意味着使用训练数据和模型预测间的交叉熵作为代价函数。

有时，使用一种更简单的方法，不是预测 $\boldsymbol{y}$ 的完整概率分布，而是仅仅预测在给定 $\boldsymbol{x}$ 的条件下 $\boldsymbol{y}$ 的某种统计量。某些专门的损失函数允许训练这些估计量的预测器。

用于训练神经网络的代价函数，通常在基本代价函数的基础上结合一个正则项。正则化项是对代价函数的一个惩罚，这是一种表达对函数的偏好的方法，它是比增减假设空间的成员函数更一般的控制模型容量的方法。用于线性模型的权重衰减方法也直接适用于深度神经网络，而且是最流行的正则化策略之一。在此之外，还存在着许多用于神经网络的更高级的正则化策略。

6.2.2 使用最大似然学习条件分布

大多数现代的神经网络使用最大似然来训练。这意味着代价函数就是负的对数似然，它与训练数据和模型分布间的交叉熵等价。这个代价函数表示为

$$J(\boldsymbol{\theta}) = -\mathbb{E}_{\boldsymbol{x},\boldsymbol{y}\sim\hat{p}_{\text{data}}}[\log p_{\text{model}}(\boldsymbol{y}\mid\boldsymbol{x})]$$

代价函数的具体形式随着模型而改变，取决于 $\log p_{\text{model}}$ 的具体形式。上述方程的展开形式通常会有一些项不依赖于模型的参数，可以舍去。使用最大似然来导出代价函数的方法的一个优势是，它减轻了为每个模型设计代价函数的负担。明确一个模型 $p(\boldsymbol{y}\mid\boldsymbol{x})$ 则自动地确定了一个代价函数 $\log p(\boldsymbol{y}\mid\boldsymbol{x})$ 。

贯穿神经网络设计的一个反复出现的主题是代价函数的梯度必须足够大和具有足够的预测性，来为学习算法提供一种好的指引。饱和(变得非常平)的函数破坏了这一目标，因为它们把梯度变得非常小。这在很多情况下都会发生，因为用于产生隐藏单元或者输出单元的输出的激活函数会饱和。负的对数似然帮助我们在很多模型中避免这个问题。很多输出单元都会包含一个指标函数，这在它的变量取绝对值非常大的负值时会造成饱和。负对数似然代价函数中的对数函数消除了某些输出单元中的指数效果。

用于实现最大似然估计的交叉熵代价函数有一个不同寻常的特性，那就是当它被应用于实践中经常遇到的模型时，它通常没有最小值。对于离散型输出变量，大多数模型以一种特殊的形式来参数化，即它们不能表示概率 0 和 1，但是可以无限接近。逻辑回归是其中一个例子。对于实值的输出变量，如果模型可以控制输出分布的密度(如通过学习高斯输出分布的方差参数)，那么它可能对正确的训练集输出赋予极其高的密度，这将导致交叉熵趋向负无穷。当交叉熵趋向负无穷时，模型会获得无限制的收益，这将会导致一些学习问题。而接下来要提到的正则化技术则提供了一些不同的方法来修正学习问题，使得模型不会通过这种方式来获得无限制的收益。

6.2.3 输出单元

代价函数的选择与输出单元的选择紧密相关。大多数时候，简单地使用数据分布和模型分布间的交叉熵。输出的表示方式决定了交叉熵函数的形式。

任何可用作输出的神经网络单元，也可以用作隐藏单元。这里，着重讨论将这些单元用作模型输出时的情况，不过原则上，它们也可以在内部使用。

1. 用于高斯输出分布的线性单元

一种简单的输出单元是基于仿射变换的输出单元，仿射变换不具有非线性。这些单元往往直接称为线性单元。

给定特征 $\boldsymbol{h}$，线性输出单元层产生一个向量 $\hat{\boldsymbol{y}}=\boldsymbol{w}^{\mathrm{T}}\boldsymbol{h}+\boldsymbol{b}$。

线性输出层经常用来产生条件高斯分布的均值：

$$p(\boldsymbol{y}\mid\boldsymbol{x})=\mathcal{N}(\boldsymbol{y};\hat{\boldsymbol{y}},\boldsymbol{I})$$

最大化其对数似然此时等价于最小化均方误差。

最大似然框架也使得学习高斯分布的协方差矩阵更加容易，或更容易地使高斯分布的协方差矩阵作为输入的函数。然而，对于所有输入，协方差矩阵都必须被限定成一个正定矩阵。线性输出层很难满足这种限定，所以通常使用其他的输出单元来对协方差参数化。

因为线性模型不会饱和，所以它们易于采用基于梯度的优化算法，甚至可以使用其他多种优化算法。

2. 用于伯努利输出分布的 sigmoid 单元

许多任务需要预测二值型变量 $\boldsymbol{y}$ 的值。具有两个类的分类问题可以归结为这种形式。

此时最大似然的方法是定义 $\boldsymbol{y}$ 在 $\boldsymbol{x}$ 条件下的伯努利(Bernoulli)分布。

Bernoulli 分布仅需单个参数来定义。神经网络只需要预测 $P(y=1\mid\boldsymbol{x})$ 即可。为了使这个数是有效的概率，它必须处在区间[0,1]中。

为满足该约束条件，需要一些细致的设计工作。假设我们打算使用线性单元，并且通过阈值来限制它成为一个有效的概率：

$$P(y=1\mid\boldsymbol{x})=\max\{0,\min\{1,\boldsymbol{w}^{\mathrm{T}}\boldsymbol{h}+\boldsymbol{b}\}\}$$

这的确定义了一个有效的条件概率分布，但无法使用梯度下降来高效地训练它。当 $\boldsymbol{w}^{\mathrm{T}}\boldsymbol{h}+b$ 处于单位区间外时，模型的输出对其参数的梯度都将为 $\mathbf{0}$。梯度为 $\mathbf{0}$ 通常是有问题的，因为学习算法对于改善相应的参数不再具有指导意义。

相反，最好是使用一种新的方法来保证无论何时模型给出了错误的答案时，总能有一个较大的梯度。这种方法是基于使用 sigmoid 输出单元结合最大似然来实现的。

sigmoid 输出单元定义为

$$\hat{y}=\sigma(\boldsymbol{w}^{\mathrm{T}}\boldsymbol{h}+\boldsymbol{b})$$

这里 σ 指 sigmoid 函数。

可以认为 sigmoid 输出单元具有两个部分：首先，它使用线性层来计算 $z=\boldsymbol{w}^{\mathrm{T}}\boldsymbol{h}+b$。接着，它使用 sigmoid 激活函数将 z 转化成概率。

暂时忽略对于 $\boldsymbol{x}$ 的依赖性，只讨论如何用 z 来定义 y 的概率分布。sigmoid 可以通过构造一个非归一化(和不为 1)的概率分布 $\tilde{P}(y)$ 来得到。可以随后将其除以一个合适的常数来得到有效的概率分布。如果假定非归一化的对数概率对 y 和 z 是线性的，可以对它取指数来得到非归一化的概率。然后对它归一化，可以发现这服从 Bernoulli 分布，该分布受 z 的 sigmoid 变换控制：

$$\begin{cases} \log \tilde{P}(y) = yz \\ \tilde{P}(y) = \exp(yz) \\ P(y) = \dfrac{\exp(yz)}{\sum\limits_{y'=0}^{1} \exp(y'z)} \\ P(y) = \sigma((2y-1)z) \end{cases} \tag{6.1}$$

基于指数和归一化的概率分布在统计建模的文献中很常见。用于定义这种二值型变量分布的变量 z 称为分对数(logit)。

这种在对数空间里预测概率的方法可以很自然地使用最大似然学习。因为用于最大似然的代价函数是 $-\log P(y|\boldsymbol{x})$，代价函数中的 log 抵消了 sigmoid 中的 exp。如果没有这种效果，sigmoid 的饱和性会阻止基于梯度的学习做出好的改进。使用最大似然来学习一个由 sigmoid 参数化的 Bernoulli 分布，它的损失函数为

$$J(\boldsymbol{\theta}) = -\log P(y|\ \boldsymbol{x}) = -\log \sigma[(2y-1)z] = \zeta[(1-2y)z]$$

通过将损失函数写成 softplus 函数的形式，可以看到它仅仅在 $(1-2y)z$ 取绝对值非常大的负值时才会饱和。因此饱和只会出现在模型已经得到正确答案时——当 $y=1$ 且 z 取非常大的正值时，或者 $y=0$ 且 z 取非常小的负值时。当 z 的符号错误时，softplus 函数的变量 $(1-2y)z$ 可以简化为 $|z|$。当 $|z|$ 变得很大并且 z 的符号错误时，softplus 函数渐近地趋向于它的变量 $|z|$。对 z 求导则渐近地趋向于 sign(z)，所以，对于极限情况下极度不正确的 z，softplus 函数完全不会收缩梯度。这个性质很有用，因为它意味着基于梯度的学习可以很快地改正错误的 z。

当使用其他的损失函数，如均方误差之类的，损失函数会在 $\sigma(z)$ 饱和时饱和。sigmoid 激活函数在 z 取非常小的负值时会饱和到 0，当 z 取非常大的正值时会饱和到 1。这种情况一旦发生，梯度会变得非常小以至于不能用来学习，无论此时模型给出的是正确还是错误的答案。因此，最大似然几乎总是训练 sigmoid 输出单元的优选方法。

理论上，sigmoid 的对数总是确定和有限的，因为 sigmoid 的返回值总是被限制在开区间(0,1)上，而不是使用整个闭区间[0,1]的有效概率。在软件实现时，为了避免数值问题，最好将负的对数似然写作 z 的函数，而不是 $\hat{y}=\sigma(z)$ 的函数。如果 sigmoid 激活函数下溢到零，那么之后对 $\hat{y}$ 取对数会得到负无穷。

3. 用于 Multinouli 输出分布的 softmax 单元

任何时候，当要表示一个具有 n 个可能取值的离散型随机变量的分布时，可以使用 softmax 函数。它可以看作 sigmoid 函数的扩展，其中 sigmoid 函数用来表示二值型变量的分布。

softmax 函数最常用作分类器的输出，来表示 n 个不同类上的概率分布。比较少见的是，softmax 函数可以在模型内部使用，例如，在某个内部变量的 n 个不同选项中进行选择。

在二值型变量的情况下，计算一个单独的数：

$$\hat{y} = P(y=1|\boldsymbol{x})$$

因为这个数需要处在 0 和 1 之间，并且要让这个数的对数可以很好地用于对数似然的基于梯度的优化，选择预测另外一个数 $z = \log \hat{P}(y=1 \mid \boldsymbol{x})$ 。对其指数化和归一化，就得到了一个由 sigmoid 函数控制的 Bernoulli 分布。

为了推广到具有 n 个值的离散型变量的情况，现在需要创造一个向量 $\hat{\boldsymbol{y}}$ ，它的每个元素是 $\hat{y}_i = P(y=i \mid \boldsymbol{x})$ 。不仅要求每个 $\hat{y}_i$ 元素介于 0 和 1 之间，还要使得整个向量的和为 1，使得它表示一个有效的概率分布。用于 Bernoulli 分布的方法同样可以推广到 Multinoulli 分布。首先，线性层预测了未归一化的对数概率：

$$z_i = \boldsymbol{W}^{\mathrm{T}} \boldsymbol{h} + b$$

其中，$z_i = \log \hat{P}(y=i \mid \boldsymbol{x})$ 。softmax 函数可以对 z 指数化和归一化来获得需要的 $\hat{y}$ 。最终，softmax 函数的形式为

$$\mathrm{softmax}(\boldsymbol{z})_i = \frac{\exp(z_i)}{\sum_j \exp(z_j)}$$

和 logistic sigmoid 函数一样，当使用最大化对数似然训练 softmax 来输出目标值 y 时，使用指数函数工作得非常好。这种情况下，若要最大化 $\log P(y=i;\boldsymbol{z}) = \log(\mathrm{softmax}(\boldsymbol{z})_i)$ 。将 softmax 定义成指数的形式是很自然的，因为对数似然中的 log 可以抵消 softmax 中的 exp：

$$\log(\mathrm{softmax}(\boldsymbol{z})_i) = z_i - \log \sum_j \exp(z_j)$$

像 sigmoid 函数一样，softmax 激活函数可能会饱和。sigmoid 函数具有单个输出，当它的输入极端负或者极端正时，函数会饱和。对于 softmax 的情况，它有多个输出值。当输入值之间的差异变得极端时，这些输出值可能饱和。当 softmax 饱和时，基于 softmax 的许多代价函数也饱和，除非它们能够转化饱和的激活函数。

softmax 函数的变量 $\boldsymbol{z}$ 可以通过两种方式产生。最常见的是简单地使神经网络较早的层输出 $\boldsymbol{z}$ 的每个元素，就像先前描述的使用线性层 $\boldsymbol{z} = \boldsymbol{w}^{\mathrm{T}} \boldsymbol{h} + b$ 。虽然很直观，但这种方法是对分布的过度参数化。n 个输出总和必须为 1 的约束意味着只有 $n-1$ 个参数是必要的；第 n 个概率值可以通过 1 减去前面 $n-1$ 个概率值来获得。因此，可以强制要求 z 的一个元素是固定的。例如，可以要求 $z_n = 0$ 。事实上，这正是 sigmoid 单元所做的。定义 $P(y=1 \mid \boldsymbol{x}) = \sigma(z)$ 等价于用二维的 $\boldsymbol{z}$ 以及 $z_1 = 0$ 来定义 $P(y=1 \mid \boldsymbol{x}) = \mathrm{softmax}(\boldsymbol{z})_1$ 。无论是 $n-1$ 个变量还是 n 个变量的方法，都描述了相同的概率分布，但会产生不同的学习机制。在实践中，无论是过度参数化的版本还是限制的版本都很少有差别，并且实现过度参数化的版本更为简单。

从神经科学的角度来看，有趣的是认为 softmax 是一种在参与其中的单元之间形成竞争的方式：softmax 输出总是和为 1，所以一个单元的值增加必然对应着其他单元值的减少。这与被认为存在于皮质中相邻神经元间的侧抑制类似。在极端情况下，它变成了赢者通吃(winner-take-all)的形式(其中一个输出接近 1，其他的接近 0)。

softmax 的名称可能会让人产生困惑。这个函数更接近 argmax 函数而不是 max 函数。argmax 函数的结果表示为一个 one-hot 向量(只有一个元素为 1，其余元素都为 0 的向量)，

不是连续和可微的。因此 softmax 函数提供了 argmax 的“软化”版本。max 函数相应的软化版本是 $\mathrm{softmax}(\boldsymbol{z}^{\mathrm{T}})\boldsymbol{z}$ 。最好是把 softmax 函数称为 softargmax，但当前名称已经是一种根深蒂固的习惯了。

6.3 正 则 化

机器学习中的一个核心问题是设计不仅在训练数据上表现好，并且能在新输入上泛化好的算法。在机器学习中，许多策略显式地被设计来减少测试误差(可能会以增大训练误差为代价)。这些策略统称为正则化。我们将在后面看到，深度学习工作者可以使用许多不同形式的正则化策略。事实上，开发更有效的正则化策略已成为本领域的主要研究工作之一。

将正则化定义为“对学习算法的修改——旨在减少泛化误差而不是训练误差”。目前，有许多正则化策略。有些策略向机器学习模型添加限制参数值的额外约束。有些策略向目标函数增加额外项来对参数值进行软约束。如果我们细心选择，这些额外的约束和惩罚可以改善模型在测试集上的表现。有时候，这些约束和惩罚被设计为编码特定类型的先验知识；其他时候，这些约束和惩罚被设计为偏好简单模型，以便提高泛化能力。有时候，惩罚和约束对于确定欠定的问题是必要的。其他形式的正则化，如被称为集成的方法，则结合多个假说来解释训练数据。

在深度学习的背景下，大多数正则化策略都会对估计进行正则化。估计的正则化以偏差的增加换取方差的减少。一种有效的正则化是有利的“交易”，也就是能显著减少方差而不过度增加偏差。

在讨论泛化和过拟合时，主要侧重模型族训练的 3 种情形：①不包括真实的数据生成过程——对应欠拟合和含有偏差的情况；②匹配真实数据生成过程；③除了包括真实的数据生成过程，还包括许多其他可能的生成过程——方差(而不是偏差)主导的过拟合。正则化的目标是使模型从第三种情况转化为第二种情况。

在实践中，过于复杂的模型族不一定包括目标函数或真实数据生成过程，甚至也不包括近似过程。我们几乎从未知晓真实数据的生成过程，所以永远不知道被估计的模型族是否包括生成过程。然而，深度学习算法的大多数应用都是针对这样的情况，其中真实数据的生成过程几乎肯定在模型族之外。深度学习算法通常应用于极为复杂的领域，如图像、音频序列和文本，本质上，这些领域的真实生成过程涉及模拟整个宇宙。从某种程度上说，我们总是持方枘(数据生成过程)而欲内圆凿(模型族)。

这意味着控制模型的复杂度不是找到合适规模的模型(带有正确的参数个数)这样一件简单的事情。相反，可能会发现，或者说在实际的深度学习场景中几乎总是会发现，最好的拟合模型(在最小化泛化误差的意义上)是一个适当正则化的大型模型。

现在讨论几种策略，以创建这些正则化的大型深度模型。

6.3.1 参数范数惩罚

正则化在深度学习出现前就已经使用了数十年。线性模型，如线性回归和逻辑回归可以使用简单、直接、有效的正则化策略。

许多正则化方法通过对目标函数 J 添加一个参数范数惩罚 $\Omega(\boldsymbol{\theta})$，限制模型(如神经网络、线性回归或逻辑回归)的学习能力。将正则化后的目标函数记为 $\tilde{J}$：

$$\tilde{J}(\boldsymbol{\theta};\boldsymbol{X},\boldsymbol{y})=J(\boldsymbol{\theta};\boldsymbol{X},\boldsymbol{y})+\alpha\Omega(\boldsymbol{\theta})$$

式中，$\alpha\in[0,\infty)$ 是权衡范数惩罚项 Ω 和标准目标函数 $J(\boldsymbol{X};\boldsymbol{\theta})$ 相对贡献的超参数。将 α 设为 0 表示没有正则化。α 越大，对应正则化惩罚越大。

当训练算法最小化正则化后的目标函数 $\tilde{J}$ 时，它会降低原始目标 J 关于训练数据的误差并同时减小在某些衡量标准下参数 $\boldsymbol{\theta}$ (或参数子集)的规模。选择不同的参数范数 Ω 会偏好不同的解。

在探究不同范数的正则化表现之前，需要说明一下，在神经网络中，参数包括每一层仿射变换的权重和偏置，通常只对权重做惩罚而不对偏置做正则惩罚。精确拟合偏置所需的数据通常比拟合权重少得多。每个权重会指定两个变量如何相互作用。需要在各种条件下观察这两个变量才能良好地拟合权重。而每个偏置仅控制一个单变量。这意味着，不对其进行正则化也不会导致太大的方差。另外，正则化偏置参数可能会导致明显的欠拟合。因此，使用向量 $\boldsymbol{w}$ 表示所有应受范数惩罚影响的权重，而向量 $\boldsymbol{\theta}$ 表示所有参数(包括 $\boldsymbol{w}$ 和无须正则化的参数)。

在神经网络的情况下，有时希望对网络的每一层使用单独的惩罚，并分配不同的 α 系数。寻找合适的多个超参数的代价很大，因此为了减小搜索空间，在所有层使用相同的权重衰减。

6.3.2　L^2 参数正则化

之前出现的权重衰减，是最简单而又最常见的参数范数惩罚，即通常称为权重衰减的 L^2 参数范数惩罚。这个正则化策略通过向目标函数添加一个正则项 $\Omega(\boldsymbol{\theta})=1/2\|\boldsymbol{w}\|_2^2$，使权重更加接近原点。在其他学术圈，$L^2$ 也称为岭回归或 Tikhonov 正则。

可以通过研究正则化后目标函数的梯度，洞察一些权重衰减的正则化表现。

为了简单起见，假定其中没有偏置参数，因此 $\boldsymbol{\theta}$ 就是 $\boldsymbol{w}$。这样一个模型具有以下总的目标函数：

$$\tilde{J}(\boldsymbol{w};\boldsymbol{X},\boldsymbol{y})=\frac{\alpha}{2}\boldsymbol{w}^{\mathrm{T}}\boldsymbol{w}+J(\boldsymbol{w};\boldsymbol{X},\boldsymbol{y})$$

与之对应的梯度为

$$\nabla_w\tilde{J}(\boldsymbol{w};\boldsymbol{X},\boldsymbol{y})=\alpha\boldsymbol{w}+\nabla_w J(\boldsymbol{w};\boldsymbol{X},\boldsymbol{y})$$

使用单步梯度下降更新权重，即执行以下更新：

$$\boldsymbol{w}\leftarrow\boldsymbol{w}-\epsilon(\alpha\boldsymbol{w}+\nabla_w J(\boldsymbol{w};\boldsymbol{X},\boldsymbol{y}))$$

换种写法就是

$$\boldsymbol{w}\leftarrow(1-\epsilon\alpha)\boldsymbol{w}-\epsilon\nabla_w J(\boldsymbol{w};\boldsymbol{X},\boldsymbol{y})$$

可以看到，加入权重衰减后会引起学习规则的修改，即在每步执行通常的梯度更新之前先收缩权重向量(将权重向量乘以一个常数因子)。这是单个步骤发生的变化。但是，在训练的整个过程会发生什么呢？

进一步简化分析，令 $\boldsymbol{w}^*$ 为未正则化的目标函数取得最小训练误差时的权重向量，即 $\boldsymbol{w}^*=\arg\min_w J(\boldsymbol{w})$，并在 $\boldsymbol{w}^*$ 的邻域对目标函数做二次近似。如果目标函数确实是二次的(如以均方误差拟合线性回归模型的情况），则该近似是完美的。近似的 $\hat{J}(\boldsymbol{\theta})$ 如下：

$$\hat{J}(\boldsymbol{\theta}) = J(\boldsymbol{w}^*) + \frac{1}{2}(\boldsymbol{w}-\boldsymbol{w}^*)^{\mathrm{T}}\boldsymbol{H}(\boldsymbol{w}-\boldsymbol{w}^*)$$

式中，$\boldsymbol{H}$ 是 J 在 $\boldsymbol{w}^*$ 处计算的 Hessian 矩阵（关于 $\boldsymbol{w}$）。因为 $\boldsymbol{w}^*$ 被定义为最优，即梯度消失为 0，所以该二次近似中没有一阶项。同样地，因为 $\boldsymbol{w}^*$ 是 J 的一个最优点，可以得出 $\boldsymbol{H}$ 是半正定的结论。

当 $\hat{J}$ 取得最小时，其梯度为

$$\nabla_w \hat{J}(\boldsymbol{w}) = \boldsymbol{H}(\boldsymbol{w}-\boldsymbol{w}^*) = 0$$

为了研究权重衰减带来的影响，在上式中添加权重衰减的梯度。现在探讨最小化正则化后的 $\hat{J}$。使用变量 $\tilde{\boldsymbol{w}}$ 表示此时的最优点：

$$\alpha\tilde{\boldsymbol{w}} + \boldsymbol{H}(\tilde{\boldsymbol{w}}-\boldsymbol{w}^*) = 0$$

$$(\boldsymbol{H}+\alpha\boldsymbol{I})\tilde{\boldsymbol{w}} = \boldsymbol{H}\boldsymbol{w}^*$$

$$\tilde{\boldsymbol{w}} = (\boldsymbol{H}+\alpha\boldsymbol{I})^{-1}\boldsymbol{H}\boldsymbol{w}^*$$

$$\begin{aligned}\tilde{\boldsymbol{w}} &= (\boldsymbol{Q}\boldsymbol{\Lambda}\boldsymbol{Q}^{\mathrm{T}}+\alpha\boldsymbol{I})^{-1}\boldsymbol{Q}\boldsymbol{\Lambda}\boldsymbol{Q}^{\mathrm{T}}\boldsymbol{w}^* \\ &= [\boldsymbol{Q}(\boldsymbol{\Lambda}+\alpha\boldsymbol{I})\boldsymbol{Q}^{\mathrm{T}}]^{-1}\boldsymbol{Q}\boldsymbol{\Lambda}\boldsymbol{Q}^{\mathrm{T}}\boldsymbol{w}^* \\ &= \boldsymbol{Q}(\boldsymbol{\Lambda}+\alpha\boldsymbol{I})^{-1}\boldsymbol{Q}\boldsymbol{\Lambda}\boldsymbol{Q}^{\mathrm{T}}\boldsymbol{w}^*\end{aligned}$$

可以看到，权重衰减的效果是沿着由 $\boldsymbol{H}$ 的特征向量所定义的轴缩放 $\boldsymbol{w}^*$。具体来说，根据 $\lambda_i/(\lambda_i+\alpha)$ 因子缩放与 $\boldsymbol{H}$ 第 i 个特征向量对齐的 $\boldsymbol{w}^*$ 的分量。沿着 $\boldsymbol{H}$ 特征值较大的方向（如 $\lambda_i \gg \alpha$）正则化的影响较小。而 $\lambda_i \ll \alpha$ 的分量将会收缩到几乎为零。

如图 6.1 所示，实线椭圆表示没有正则化目标的等值线。虚线圆圈表示 L^2 正则化项的等值线。在 $\tilde{\boldsymbol{w}}$ 点，这两个竞争目标达到平衡。目标函数 J 的 Hessian 矩阵的第一维特征值很小。当从 $\boldsymbol{w}^*$ 水平移动时，目标函数不会增加得太多。因为目标函数对这个方向没有强烈的偏好，所以正则化项对该轴具有强烈的影响。正则化项将 w_1 拉向零。而目标函数对沿着第二维远离 $\boldsymbol{w}^*$ 的移动非常敏感。对应的特征值较大，表示高曲率。因此，权重衰减对 w_2 的位置影响相对较小。

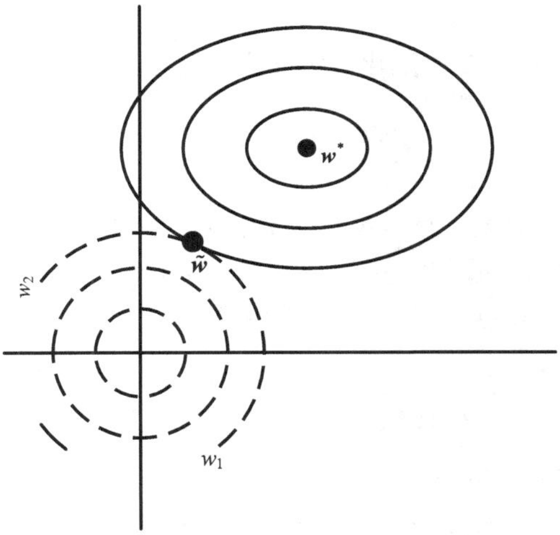

图 6.1　L^2（或权重衰减）正则化对最佳 $\boldsymbol{w}$ 值的影响

只有在显著减小目标函数方向上的参数会保留得相对完好。在非目标函数减小的方向(对应 Hessian 矩阵较小的特征值)上改变参数，不会显著增加梯度。这种不重要方向对应的分量会在训练过程中因正则化而衰减掉。

目前为止，讨论了权重衰减对优化一个抽象通用的二次代价函数的影响。这些影响具体是怎么和机器学习关联的呢？可以研究线性回归，它的真实代价函数是二次的，因此可以使用相同的方法进行分析。再次应用分析，在这种情况下会得到相同的结果，但这次使用训练数据的术语表述。线性回归的代价函数是平方误差之和：

$$(\boldsymbol{X}\boldsymbol{w}-\boldsymbol{y})^{\mathrm{T}}(\boldsymbol{X}\boldsymbol{w}-\boldsymbol{y})$$

添加 L^2 正则项后，目标函数变为

$$(\boldsymbol{X}\boldsymbol{w}-\boldsymbol{y})^{\mathrm{T}}(\boldsymbol{X}\boldsymbol{w}-\boldsymbol{y})+\frac{1}{2}\alpha\boldsymbol{w}^{\mathrm{T}}\boldsymbol{w}$$

这将普通方程的解从

$$\boldsymbol{w}=(\boldsymbol{X}^{\mathrm{T}}\boldsymbol{X})^{-1}\boldsymbol{X}^{\mathrm{T}}\boldsymbol{y}$$

变为

$$(\boldsymbol{X}^{\mathrm{T}}\boldsymbol{X}+\alpha\boldsymbol{I})^{-1}$$

上式中的矩阵 $\boldsymbol{X}^{\mathrm{T}}\boldsymbol{X}$ 与协方差矩阵 $\frac{1}{m}\boldsymbol{X}^{\mathrm{T}}\boldsymbol{X}$ 成正比。L^2 正则项将这个矩阵替换为 $(\boldsymbol{X}^{\mathrm{T}}\boldsymbol{X}+\alpha\boldsymbol{I})^{-1}$，这个新矩阵与原矩阵是一样的，不同的仅仅是在对角加了 α 。这个矩阵的对角项对应每个输入特征的方差。可以看到，L^2 正则项能让学习算法“感知”到具有较高方差的输入 $\boldsymbol{x}$ ，因此与输出目标的协方差较小(相对增加方差)的特征的权重将会收缩。

6.3.3　L^1 参数正则化

L^2 权重衰减是权重衰减最常见的形式，还可以使用其他的方法限制模型参数的规模。一个选择是使用 L^1 正则化。

形式地，对模型参数 $\boldsymbol{w}$ 的 L^1 正则化被定义为

$$\Omega(\boldsymbol{\theta})=\|\boldsymbol{w}\|_1=\sum_i|w_i|$$

即各个参数的绝对值之和。接着，将讨论 L^1 正则化对简单线性回归模型的影响，与分析 L^2 正则化时一样不考虑偏置参数。我们尤其感兴趣的是找出 L^1 和 L^2 正则化之间的差异。与 L^2 权重衰减类似，也可以通过缩放惩罚项 Ω 的正超参数 α 来控制 L^1 权重衰减的强度。因此，正则化的目标函数 $\tilde{J}(\boldsymbol{w};\boldsymbol{X},\boldsymbol{y})$ 如下：

$$\tilde{J}(\boldsymbol{w};\boldsymbol{X},\boldsymbol{y})=\alpha\|\boldsymbol{w}\|_1+J(\boldsymbol{w};\boldsymbol{X},\boldsymbol{y})$$

对应的梯度(实际上是次梯度)：

$$\nabla_{\boldsymbol{w}}\tilde{J}(\boldsymbol{w};\boldsymbol{X},\boldsymbol{y})=\alpha\operatorname{sign}(\boldsymbol{w})+\nabla_{\boldsymbol{w}}J(\boldsymbol{w};\boldsymbol{X},\boldsymbol{y})$$

其中，sign($\boldsymbol{w}$) 只是简单地取 $\boldsymbol{w}$ 各个元素的正负号。观察上式，发现 L^1 的正则化效果与 L^2 的正则化大不一样。具体来说，可以看到正则化对梯度的影响不再是线性地缩放每个 w_i；而是添加了一项与 $\text{sign}(w_i)$ 同号的常数。使用这种形式的梯度之后，不一定能得到 $J(\boldsymbol{w};\boldsymbol{X},\boldsymbol{y})$ 二次近似的直接算术解（L^2 正则化时可以）。

简单线性模型具有二次代价函数，可以通过泰勒级数表示。或者可以设想，这是逼近更复杂模型的代价函数的截断泰勒级数。在这个设定下，梯度由下式给出：

$$\nabla_w \hat{J}(\boldsymbol{w}) = \boldsymbol{H}(\boldsymbol{w}-\boldsymbol{w}^*)$$

同样，$\boldsymbol{H}$ 是 J 在 $\boldsymbol{w}^*$ 处的 Hessian 矩阵（关于 $\boldsymbol{w}$）。

由于 L^1 惩罚项在完全一般化的 Hessian 矩阵的情况下，无法直接得到清晰的代数表达式，因此将进一步简化假设 Hessian 矩阵是对角的矩阵，即 $\boldsymbol{H}=\text{diag}([H_{1,1},\cdots,H_{n,n}])$，其中，每个 $H_{i,i}>0$。如果线性回归问题中的数据已被预处理（如可以使用 PCA），去除了输入特征之间的相关性，那么这一假设成立。

可以将 L^1 正则化目标函数的二次近似分解成关于参数的求和：

$$\tilde{J}(\boldsymbol{w};\boldsymbol{X},\boldsymbol{y}) = J(\boldsymbol{w}^*;\boldsymbol{X},\boldsymbol{y}) + \sum_i \left[\frac{1}{2}H_{i,i}(w_i - w_i^*)^2 + \alpha\,|w_i|\right]$$

如下列形式的解析解（对每一维 i）可以最小化这个近似代价函数：

$$w_i = \text{sign}(w_i^*)\max\left\{|w_i^*| - \frac{\alpha}{H_{i,i}}, 0\right\}$$

对每个 i，考虑 $w_i^*>0$ 的情形，会有两种可能的结果：

(1) $w_i^* \leqslant \dfrac{\alpha}{H_{i,i}}$ 的情况。正则化后目标中的 w_i 最优值是 $w_i=0$。这是因为在方向 i 上 $J(\boldsymbol{w};\boldsymbol{X},\boldsymbol{y})$ 对 $\hat{J}(\boldsymbol{w};\boldsymbol{X},\boldsymbol{y})$ 的贡献被抵消，L^1 正则化项将 w_i 推至 0。

(2) $w_i^* > \dfrac{\alpha}{H_{i,i}}$ 的情况。在这种情况下，正则化不会将 w_i 的最优值推至 0，而仅仅在那个方向上移动 $\dfrac{\alpha}{H_{i,i}}$ 的距离。

$w_i^*<0$ 的情况与之类似，但是 L^1 惩罚项使 w_i 更接近 0（增加 $\dfrac{\alpha}{H_{i,i}}$）或者为 0。

相比 L^2 正则化，L^1 正则化会产生更稀疏的解。此处稀疏性指的是最优值中的一些参数为 0。和 L^2 正则化相比，L^1 正则化的稀疏性具有本质的不同。

由 L^1 正则化导出的稀疏性质已经被广泛地用于特征选择（feature selection）机制。特征选择从可用的特征子集选择出有意义的特征，化简机器学习问题。著名的 LASSO（least absolute shrinkage and selection operator）（Tibshirani, 1996）模型将 L^1 惩罚和线性模型结合，并使用最小二乘代价函数。L^1 惩罚使部分子集的权重为零，表明相应的特征可以被忽略。

6.3.4 作为约束的范数惩罚

考虑经过参数范数正则化的代价函数：

$$\tilde{J}(\boldsymbol{\theta};\boldsymbol{X},\boldsymbol{y})=J(\boldsymbol{\theta};\boldsymbol{X},\boldsymbol{y})+\alpha\Omega(\boldsymbol{\theta})$$

通过约束优化，可以构造一个广义 Lagrange 函数来最小化带约束的函数，即在原始目标函数上添加一系列惩罚项。每个惩罚项是一个被称为 Karush-Kuhn-Tucker 乘子的系数以及一个表示约束是否满足的函数之间的乘积。如果想约束 $\Omega(\boldsymbol{\theta})$ 小于某个常数 k，可以构建广义 Lagrange 函数：

$$\mathcal{L}(\boldsymbol{\theta},\alpha;\boldsymbol{X},\boldsymbol{y})=J(\boldsymbol{\theta};\boldsymbol{X},\boldsymbol{y})+\alpha(\Omega(\boldsymbol{\theta})-k)$$

这个约束问题的解由下式给出：

$$\boldsymbol{\theta}^*=\arg\min\max_{\alpha,\alpha\geqslant 0}\mathcal{L}(\boldsymbol{\theta},\alpha)$$

通过约束优化，解决这个问题需要对 $\boldsymbol{\theta}$ 和 α 都做出调整。利用线性最小二乘的优化方法可以给出一个带 L^2 约束的线性回归实例。还有许多不同的优化方法，有些可能会使用梯度下降而其他可能会使用梯度为 0 的解析解，但在所有过程中，α 在 $\Omega(\boldsymbol{\theta})>k$ 时，必须增加，在 $\Omega(\boldsymbol{\theta})<k$ 时必须减小。所有正值的 α 都鼓励 $\Omega(\boldsymbol{\theta})$ 收缩。最优值 α^* 也将鼓励 $\Omega(\boldsymbol{\theta})$ 收缩，但不会强到使得 $\Omega(\boldsymbol{\theta})<k$ 。

为了洞察约束的影响，可以固定 α^* ，把这个问题看成只跟 $\boldsymbol{\theta}$ 有关的函数：

$$\boldsymbol{\theta}^*=\arg\min_{\boldsymbol{\theta}}\mathcal{L}(\boldsymbol{\theta},\alpha^*)=\arg\min_{\boldsymbol{\theta}}J(\boldsymbol{\theta};\boldsymbol{X},\boldsymbol{y})+\alpha^*\Omega(\boldsymbol{\theta})$$

这和最小化 $\tilde{J}$ 的正则化训练问题是完全一样的。因此，可以把参数范数惩罚看作对权重强加的约束。如果 Ω 是 L^2 范数，那么权重就被约束在一个 L^1 球中。如果 Ω 是 L^1 范数，那么权重就被约束在一个 L^1 范数限制的区域中。通常不知道权重衰减系数 α^* 约束的区域大小，因为 α^* 的值不直接告诉 k 的值。原则上可以解得 k ，但 k 和 α^* 之间的关系取决于 J 的形式。虽然不知道约束区域的确切大小，但可以通过增加或者减小 α 来大致扩大或收缩约束区域。较大的 α ，将得到一个较小的约束区域。较小的 α ，将得到一个较大的约束区域。

有时候，我们希望使用显式的限制，而不是惩罚。可以修改下降算法(如随机梯度下降算法)，使其先计算 $\tilde{J}_w$ 的下降步，然后将 $\boldsymbol{\theta}$ 投影到满足 $\Omega(\boldsymbol{\theta})<k$ 的最近点。如果知道什么样的 k 是合适的，而不想花时间寻找对应于此 k 处的 α 值，这会非常有用。

另一个使用显式约束和重投影而不是使用惩罚强加约束的原因是惩罚可能会导致目标函数非凸而使算法陷入局部极小(对应于小的 $\boldsymbol{\theta}$)。当训练神经网络时，这通常表现为训练带有几个“死亡单元”的神经网络。这些单元不会对网络学到的函数有太大影响，因为进入或离开它们的权重都非常小。当使用权重范数的惩罚训练时，即使可以通过增加权重以显著减少 J ，这些配置也可能是局部最优的。因为重投影实现的显式约束不鼓励权重接近原点，所以在这些情况下效果更好。通过重投影实现的显式约束只在权重变大并试图离开限制区域时发生作用。

最后，因为重投影的显式约束还对优化过程增加了一定的稳定性，所以这是另一个好处。当使用较高的学习率时，很可能进入正反馈，即大的权重诱导大梯度，然后使得权重获得较大更新。如果这些更新持续增加权重的大小，$\boldsymbol{\theta}$ 就会迅速增大，直到离原点很远而发生溢出。重投影的显式约束可以防止这种反馈环引起权重无限制地持续增加。Hinton et al. (2012) 建议结合使用约束和高学习速率，这样能更快地探索参数空间，并保持一定的稳定性。

6.3.5 正则化和欠约束问题

在某些情况下，为了正确定义机器学习问题，正则化是必要的。机器学习中许多线性模型，包括线性回归和 PCA，都依赖于对矩阵 $\boldsymbol{X}^{\mathrm{T}}\boldsymbol{X}$ 求逆。只要 $\boldsymbol{X}^{\mathrm{T}}\boldsymbol{X}$ 是奇异的，这些方法就会失效。当数据生成分布在一些方向上确实没有差异时，或因为例子较少(即相对输入特征的维数来说)而在一些方向上没有观察到方差时，这个矩阵就是奇异的。在这种情况下，正则化的许多形式对应求逆 $\boldsymbol{X}^{\mathrm{T}}\boldsymbol{X}+\alpha\boldsymbol{I}$ 。这个正则化矩阵可以保证是可逆的。

相关矩阵可逆时，这些线性问题有闭式解。没有闭式解的问题也可能是欠定的。一个例子是应用于线性可分问题的逻辑回归。如果权重向量 $\boldsymbol{w}$ 能够实现完美分类，那么 $2\boldsymbol{w}$ 也会以更高似然实现完美分类。类似随机梯度下降的迭代优化算法将持续增加 $\boldsymbol{w}$ 的大小，理论上永远不会停止。在实践中，数值实现的梯度下降最终会导致数值溢出的超大权重，此时的行为将取决于程序员如何处理这些不是真正数字的值。

大多数形式的正则化能够保证应用于欠定问题的迭代方法收敛。例如，当似然的斜率等于权重衰减的系数时，权重衰减将阻止梯度下降继续增加权重的大小。

使用正则化解决欠定问题的想法不局限于机器学习。同样的想法在几个基本线性代数问题中也非常有用。

6.3.6 数据集增强

让机器学习模型泛化得更好的最好办法是使用更多的数据进行训练。当然，在实践中，我们拥有的数据量是很有限的。解决这个问题的一种方法是创建假数据并添加到训练集中。对于一些机器学习任务，创建新的假数据相当简单。

对分类来说，这种方法是最简单的。分类器需要一个复杂的高维输入 $\boldsymbol{x}$ ，并用单个类别标识 y 概括。这意味着分类面临的一个主要任务是要对各种各样的变换保持不变。可以轻易地通过转换训练集中的 $\boldsymbol{x}$ 来生成新的 $(\boldsymbol{x}, y)$ 对。

这种方法对于其他许多任务来说并不那么容易。例如，除非已经解决了密度估计问题，否则在密度估计任务中生成新的假数据是很困难的。

数据集增强对一个具体的分类问题来说是特别有效的方法：图像识别。图像是高维的并包括各种巨大的变化因素，其中有许多可以轻易地模拟。即使模型已使用卷积和池化技术对部分平移保持不变，沿训练图像每个方向平移几个像素的操作通常可以大大改善泛化。许多其他操作，如旋转图像或缩放图像，也已被证明非常有效。

但是需要小心，不能使用会改变类别的转换。例如，光学字符识别任务需要认识到“b”和“d”以及“6”和“9”的区别，所以对这些任务来说，水平翻转和旋转 180°并不是合适的数据集增强方式。

能保持希望的分类不变，但不容易执行的转换也是存在的。例如，平面外绕轴转动难以通过简单的几何运算在输入像素上实现。

在神经网络的输入层注入噪声也可以看作数据增强的一种方式。对于许多分类甚至一些回归任务而言，即使小的随机噪声被加到输入，任务仍应该是能够被解决的。然而，神经网络被证明对噪声不是非常健壮。改善神经网络健壮性的方法之一是简单地将随机噪声添加到输入再进行训练。输入噪声注入是一些无监督学习算法的一部分，如去噪自编码器(Vincent et al., 2008)。向隐藏单元施加噪声也是可行的，这可以看作在多个抽象层上进行数据集增强。Poole et al. (2014)表明，噪声的幅度被细心调整后，该方法是非常高效的。

在比较机器学习基准测试的结果时，考虑其采取的数据集增强是很重要的。通常情况下，人工设计的数据集增强方案可以大大减小机器学习技术的泛化误差。将一种机器学习算法的性能与另一种进行对比时，对照实验是必要的。在比较机器学习算法 A 和机器学习算法 B 时，应该确保这两种算法使用同一人工设计的数据集增强方案。假设机器学习算法 A 在没有数据集增强时表现不佳，而机器学习算法 B 结合大量人工转换的数据后表现良好。在这样的情况下，很可能是合成转化引起了性能改进，而不是机器学习算法 B 比机器学习算法 A 更好。有时候，确定实验是否已经适当控制需要主观判断。例如，向输入注入噪声的机器学习算法是执行数据集增强的一种形式。通常，普适操作(如向输入添加高斯噪声)被认为是机器学习算法的一部分，而特定于一个应用领域(如随机地裁剪图像)的操作被认为是独立的预处理步骤。

6.3.7　噪声鲁棒性

6.3.6 节已经提出将噪声作用于输入，作为数据集增强策略。对于某些模型而言，向输入添加方差极小的噪声等价于对权重施加范数惩罚(Bishop, 1995)。在一般情况下，注入噪声远比简单地收缩参数强大，特别是噪声被添加到隐藏单元时会更加强大。向隐藏单元添加噪声是值得单独讨论的重要话题；在 6.3.11 节所述的 Dropout 算法是这种做法的主要发展方向。

另一种正则化模型是将噪声加入权重，这项技术主要用于循环神经网络(Jim et al., 1996)。这可以解释为关于权重的贝叶斯推断的随机实现。贝叶斯学习过程将权重视为不确定的，并且可以通过概率分布表示这种不确定性。向权重添加噪声是反映这种不确定性的一种实用的随机方法。

在某些假设下，施加于权重的噪声可以解释为与更传统的正则化形式。

鼓励要学习的函数保持稳定。研究回归的情形，也就是训练将一组特征 $\boldsymbol{x}$ 映射成一个标量的函数 $\hat{y}(\boldsymbol{x})$ ，并使用最小二乘代价函数衡量模型预测值 $\hat{y}(\boldsymbol{x})$ 与真实值 y 的误差：

$$J = \mathbb{E}_{p(\boldsymbol{x},y)}[(\hat{y}(\boldsymbol{x}) - y)^2]$$

训练集包含 m 对标注样例 $\{(\boldsymbol{x}^{(1)}, y^{(1)}), \cdots, (\boldsymbol{x}^{(m)}, y^{(m)})\}$ 。

现在假设对每个输入表示，网络权重添加随机扰动 $\epsilon_w \sim \mathcal{N}(\epsilon; 0, \eta \boldsymbol{I})$ 。将扰动模型记为 $\hat{y}_{\epsilon_w}(\boldsymbol{x})$ 。尽管有噪声注入，仍然希望减少网络输出误差的平方。因此目标函数变为

$$\begin{aligned}\tilde{J}_W &= \mathbb{E}_{p(\boldsymbol{x},y,\epsilon \boldsymbol{w})}[(\hat{y}_{\epsilon \boldsymbol{w}}(\boldsymbol{x}) - y)^2] \\ &= \mathbb{E}_{p(\boldsymbol{x},y,\epsilon \boldsymbol{w})}[\hat{y}_{\epsilon \boldsymbol{w}}^2(\boldsymbol{x}) - 2y\hat{y}_{\epsilon \boldsymbol{w}}(\boldsymbol{x}) + y^2]\end{aligned}$$

对于小的 η ，最小化带权重噪声（方差为 $\eta \boldsymbol{I}$ ）的 J 等同于最小化附加正则化项 $\eta \mathbb{E}_{p(\boldsymbol{x},y)}[\| \nabla_W \hat{y}(\boldsymbol{x}) \|^2]$ 的 J 。这种形式的正则化鼓励参数进入权重小扰动对输出影响相对较小的参数空间区域。换句话说，它推动模型进入对权重小的变化相对不敏感的区域，找到的点不只是极小点，而是由平坦区域所包围的极小点。在简化的线性回归中(如 $\hat{y}(\boldsymbol{x}) = \boldsymbol{w}^{\mathrm{T}} \boldsymbol{x} + b$)，正则项退化为 $\eta \mathbb{E}_{p(\boldsymbol{x})}[\| \boldsymbol{x} \|^2]$ ，这与函数的参数无关，因此不会对 $\tilde{J}_W$ 关于模型参数的梯度有

影响。

大多数数据集的 y 标签都有一定错误。错误的 y 不利于最大化 $\log p(y \mid \boldsymbol{x})$。避免这种情况的一种方法是显式地对标签上的噪声进行建模。例如，可以假设，对于一些小常数 ϵ，训练集标记 y 是正确的概率是 $1-\epsilon$，(以 ϵ 的概率)任何其他可能的标签也可能是正确的。这个假设很容易就能与代价函数结合，而不用显式地抽取噪声样本。例如，标签平滑(label smoothing)通过把确切分类目标从 0 和 1 替换成 $\frac{\epsilon}{k-1}$ 和 $1-\epsilon$，正则化具有 k 个输出的 softmax 函数的模型。标准交叉熵损失可以用在这些非确切目标的输出上。使用 softmax 函数和明确目标的最大似然学习可能永远不会收敛——softmax 函数永远无法真正预测 0 概率或 1 概率，因此它会继续学习越来越大的权重，使预测更极端。使用如权重衰减等其他正则化策略能够防止这种情况。标签平滑的优势是能够防止模型追求确切概率而不影响模型学习正确分类。这种策略自 20 世纪 80 年代就已经被使用，并在现代神经网络继续保持显著特色(Szegedy et al., 2015)。

6.3.8 半监督学习

在半监督学习的框架下，$P(\boldsymbol{x})$ 产生的未标记样本和 $P(\boldsymbol{x},\boldsymbol{y})$ 中的标记样本都用于估计 $P(\boldsymbol{y} \mid \boldsymbol{x})$ 或者根据 $\boldsymbol{x}$ 预测 $\boldsymbol{y}$。

在深度学习的背景下，半监督学习通常指的是学习一个表示 $\boldsymbol{h}=f(\boldsymbol{x})$。学习表示的目的是使相同类中的样本有类似的表示。无监督学习可以为如何在表示空间聚集样本提供有用线索。在输入空间紧密聚集的样本应该被映射到类似的表示。在许多情况下，新空间上的线性分类器可以达到较好的泛化(Belkin et al., 2002)。这种方法的一个经典变种是使用主成分分析作为分类前(在投影后的数据上分类)的预处理步骤。

可以构建这样一个模型，其中生成模型 $P(\boldsymbol{x})$ 或 $P(\boldsymbol{x},\boldsymbol{y})$ 与判别模型 $P(\boldsymbol{y} \mid \boldsymbol{x})$ 共享参数，而不用分离无监督和监督部分。权衡监督模型准则 $(-\log P(\boldsymbol{y} \mid \boldsymbol{x}))$ 和无监督或生成模型准则(如 $-\log P(\boldsymbol{x})$ 或 $-\log P(\boldsymbol{x},\boldsymbol{y})$)。生成模型准则表达了对监督学习问题解的特殊形式的先验知识 (Lasserre et al., 2006)，即 $P(\boldsymbol{x})$ 的结构通过某种共享参数的方式连接到 $P(\boldsymbol{y} \mid \boldsymbol{x})$。通过控制在总准则中的生成准则，可以获得比纯生成或纯判别训练准则更好的权衡(Lasserre et al., 2006;Vincent et al., 2008)。

Salakhutdinov et al. (2014)描述了一种学习回归核机器中核函数的方法，其中建模 $P(\boldsymbol{x})$ 时使用的未标记样本大大提高了 $P(\boldsymbol{y} \mid \boldsymbol{x})$ 的效果。

6.3.9 提前终止

当训练有足够的表示能力甚至会过拟合的大模型时，经常观察到，训练误差会随着时间的推移逐渐降低但验证集的误差会再次上升。

这意味着只要返回使验证集误差最低的参数设置，就可以获得验证集误差更低的模型(并且因此有希望获得更好的测试误差)。在每次验证集误差有所改善后，存储模型参数的副本。当训练算法终止时，返回这些参数而不是最新的参数。当验证集上的误差在事先指定的循环次数内没有进一步改善时，算法就会终止。

这种策略称为提前终止。这可能是深度学习中最常用的正则化形式。它的流行主要是因为有效性和简单性。

我们可以认为提前终止是非常高效的超参数选择算法。按照这种观点，训练步数仅是另一个超参数。在提前终止的情况下，通过控制拟合训练集的步数来控制模型的有效容量。大多数超参数的选择必须使用高代价的猜测和检查过程，需要在训练开始时猜测一个超参数，然后运行几个步骤检查它的训练效果。“训练时间”是唯一只要进行一次训练就能尝试很多值的超参数。通过提前终止自动选择超参数的唯一显著的代价是训练期间要定期评估验证集。在理想情况下，这可以并行在与主训练过程分离的机器上，或独立的 CPU，或独立的 GPU 上完成。如果没有这些额外的资源，可以使用比训练集小的验证集或较不频繁的评估验证集来减小评估代价，较粗略地估算取得最佳的训练时间。

另一个提前终止的额外代价是需要保持最佳的参数副本。这种代价一般是可忽略的，因为可以将它储存在较慢较大的存储器上(例如，在 GPU 内存中训练，但将最佳参数存储在主存储器或磁盘驱动器上)。由于最佳参数的写入很少发生而且从不在训练过程中读取，这些偶发的慢写入对总训练时间的影响不大。

提前终止是一种非常不显眼的正则化形式，它几乎不需要改变基本训练过程、目标函数或一组允许的参数值。这意味着，无须破坏学习动态就能很容易地使用提前终止。相对于权重衰减，必须小心，不能使用太多的权重衰减，以防网络陷入不良局部极小点(对应于病态的小权重)。

提前终止可单独使用或与其他的正则化策略结合使用。即使为鼓励更好泛化，使用正则化策略改进目标函数，极少数情况下在训练目标的局部极小点达到泛化最优解。

提前终止需要验证集，这意味着某些训练数据不能被馈送到模型。为了更好地利用这一额外的数据，可以在完成提前终止的首次训练之后，进行额外的训练。在第二轮，即额外的训练步骤中，所有的训练数据都包括在内。有两种基本的策略都可以用于第二轮训练过程。

一种策略是再次初始化模型，然后使用所有数据再次训练。在这个第二轮训练过程中，使用第一轮提前终止训练确定的最佳步数。此过程有一些细微之处。例如，我们没有办法知道重新训练时，对参数进行相同次数的更新和对数据集进行相同次数的遍历哪一个更好。由于训练集变大了，在第二轮训练时，每一次遍历数据集将会更多次地更新参数。

另一种策略是保持从第一轮训练获得的参数，然后使用全部的数据继续训练。在这个阶段，已经没有验证集指导我们需要在训练多少步后终止。取而代之，可以监控验证集的平均损失函数，并继续训练，直到它低于提前终止过程终止时的目标值。此策略避免了重新训练模型的高成本，但表现并没有那么好。例如，验证集的目标不一定能达到之前的目标值，所以这种策略甚至不能保证终止。

提前终止对降低训练过程的计算成本也是有用的。除了由于限制训练的迭代次数而明显减少的计算成本，还带来了正则化的益处(不需要添加惩罚项的代价函数或计算这种附加项的梯度)。

提前终止为何具有正则化效果？目前为止，已经声明提前终止是一种正则化策略，但只通过展示验证集误差的学习曲线是一条 U 形曲线来支持这种说法。提前终止正则化模型的真正机制是什么呢？Bishop(1995)认为提前终止可以将优化过程的参数空间限制在初始参数值 θ_0 的小邻域内。更具体地，想象用学习率 ϵ 进行 τ 个优化步骤(对应于 τ 个训练迭代)，可以将 $\epsilon\tau$ 作为有效容量的度量。

6.3.10 Bagging 方法

Bagging(bootstrap aggregating)是通过结合几个模型降低泛化误差的技术(Breiman, 1996)。主要方法是分别训练几个不同的模型，然后让所有模型表决测试样例的输出。这是机器学习中常规策略的一个例子，称为模型平均(model averaging)。采用这种策略的技术称为集成方法。

模型平均奏效的原因是不同的模型通常不会在测试集上产生完全相同的误差。

假设有 k 个回归模型，每个模型在每个例子上的误差是 ϵ ，这个误差服从零均值方差为 $\mathbb{E}[\epsilon_i^2]=v$ 且协方差为 $\mathbb{E}[\epsilon_i \epsilon_j]=v$ 的多维正态分布。通过所有集成模型的平均预测所得误差是 $\frac{1}{k}\sum_i \epsilon_i$ 。集成预测器平方误差的期望是

$$\mathbb{E}\left[\left(\frac{1}{k}\sum_i \epsilon_i\right)^2\right]=\frac{1}{k^2}\mathbb{E}\left[\sum_i\left(\epsilon_i^2+\sum_{j\neq i}\epsilon_i\epsilon_j\right)\right]=\frac{1}{k}v+\frac{k-1}{k}c$$

在误差完全相关，即 $c=v$ 的情况下，均方误差减少到 v ，所以模型平均没有任何帮助。在错误完全不相关，即 $c=0$ 的情况下，该集成平方误差的期望仅为 $1/kv$ 。这意味集成平方误差的期望会随着集成规模增大而线性减小。换言之，平均上，集成至少与它的任何成员表现得一样好，并且如果成员的误差是独立的，集成将显著地比其成员表现得更好。

不同的集成方法以不同的方式构建集成模型。例如，集成的每个成员可以使用不同的算法和目标函数训练成完全不同的模型。Bagging 是一种允许重复多次使用同一种模型、训练算法和目标函数的方法。

具体来说，Bagging 涉及构造 k 个不同的数据集。每个数据集从原始数据集中重复采样构成，和原始数据集具有相同数量的样例。这意味着，每个数据集以高概率缺少一些来自原始数据集的例子，还包含若干重复的例子(如果所得训练集与原始数据集大小相同，那所得数据集中大概有原始数据集 2/3 的实例)。模型 i 在数据集 i 上训练。每个数据集所含样本的差异导致了训练模型之间的差异。

如图 6.2 所示，假设在上述数据集(包含一个 8、一个 6 和一个 9)上训练数字 8 的检测器。假设制作了两个不同的重采样数据集。Bagging 训练程序通过有放回采样构建这些数据集。第一个数据集忽略 9 并重复 8。在这个数据集上，检测器得知数字顶部有一个环就对应于一个 8。第二个数据集中，忽略 6 并重复 9。在这种情况下，检测器得知数字底部有一个环就对应于一个 8。这些单独的分类规则中的每一个都是不可靠的，但如果平均它们的输出，就能得到鲁棒的检测器，只有当 8 的两个环都存在时，才能实现最大置信度。

神经网络能找到足够多不同的解，意味着它们可以从模型平均中受益(即使所有模型都在同一数据集上训练)。神经网络中随机初始化的差异、小批量的随机选择、超参数的差异或不同输出的非确定性实现往往足以使得集成中的不同成员具有部分独立的误差。

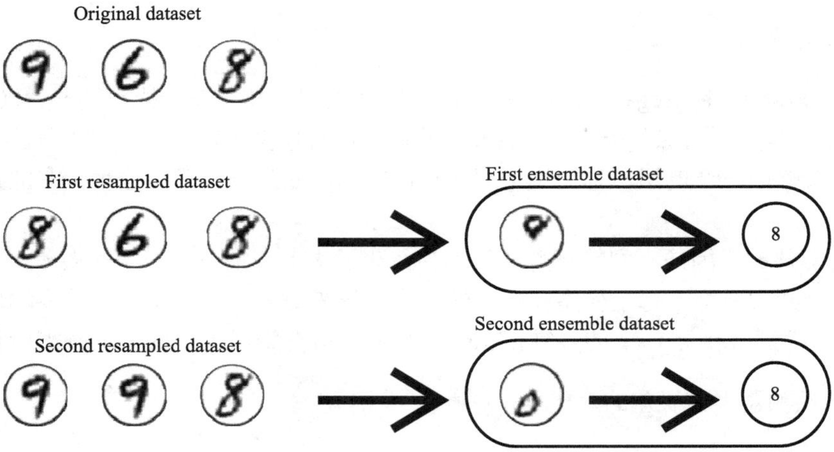

图 6.2 描述 Bagging 如何工作的草图

模型平均是一种减少泛化误差的非常强大、可靠的方法。在作为科学论文算法的基准时，它通常是不鼓励使用的，因为任何机器学习算法都可以从模型平均中大幅获益(以增加计算和存储为代价)。

机器学习比赛中的取胜算法通常是使用超过几十种模型平均的方法。最近一个突出的例子是 Netflix Grand Prize(Koren，2009)。

不是所有构建集成的技术都是为了让集成模型比单一模型更加正则化。例如，一种称为 Boosting 的技术(Freund et al., 1996)构建比单个模型容量更高的集成模型。通过向集成逐步添加神经网络，Boosting 已经被应用于构建神经网络的集成(Schwenk et al., 1997)。通过逐渐增加神经网络的隐藏单元，Boosting 也可以将单个神经网络解释为一个集成。

6.3.11 Dropout 方法

Dropout (Srivastava et al., 2014)提供了正则化一大类模型的方法，计算方便且功能强大。在第一种近似下，Dropout 可以看作集成大量深层神经网络的实用 Bagging 方法。Bagging 涉及训练多个模型，并在每个测试样本上评估多个模型。当每个模型都是一个很大的神经网络时，这似乎是不切实际的，因为训练和评估这样的网络需要花费很多运行时间和内存。通常只能集成 5～10 个神经网络，如 Szegedy et al. (2014)集成了 6 个神经网络赢得 ILSVRC，超过这个数量，模型就会迅速变得难以处理。Dropout 提供了一种廉价的 Bagging 集成近似，能够训练和评估指数级数量的神经网络。

具体而言，Dropout 训练的集成包括所有从基础网络除去非输出单元后形成的子网络，如图 6.3 所示。最先进的神经网络基于一系列仿射变换和非线性变换，只需将一些单元的输出乘零就能有效地删除一个单元。这个过程需要对模型(如径向基函数网络、单元的状态和参考值之间存在一定区别)进行一些修改。简单起见，在这里提出乘零的简单 Dropout 算法，但是它被简单修改后，可以与从网络中移除单元的其他操作结合使用。

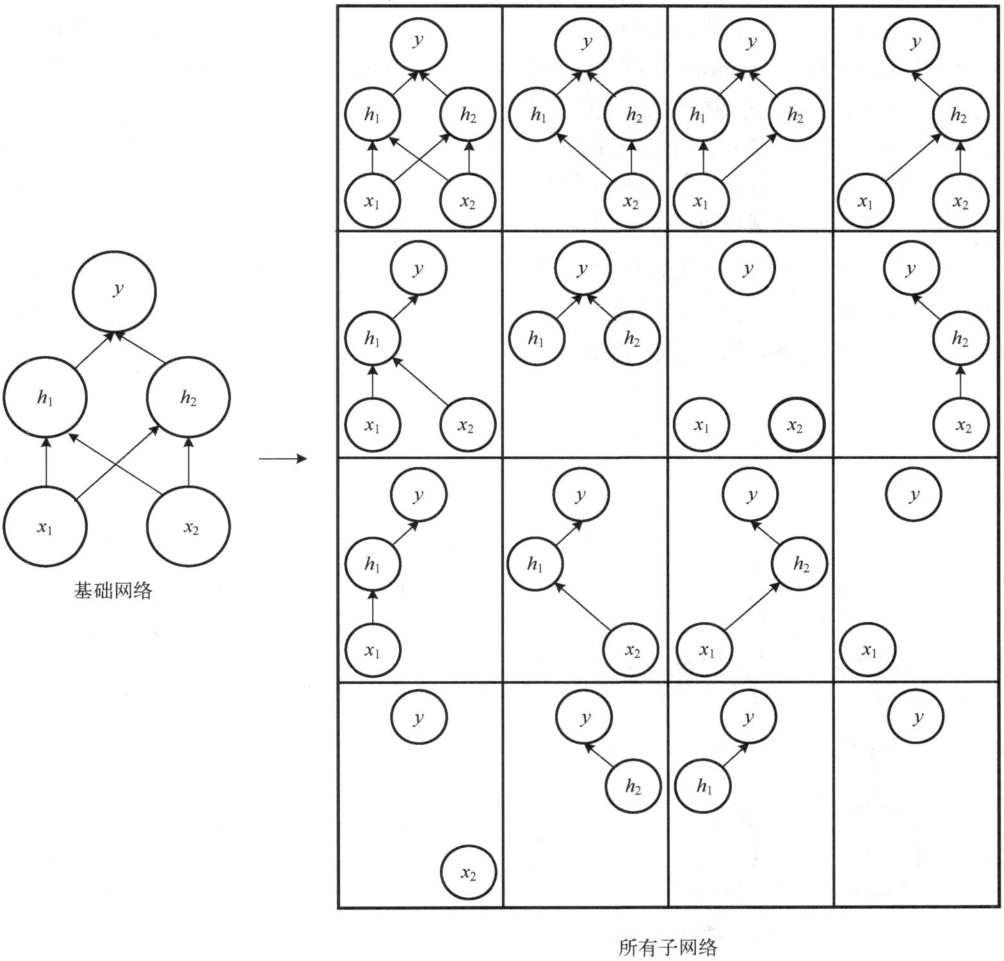

图 6.3 Dropout 训练由所有子网络组成的集成

回想一下 Bagging 学习，定义 k 个不同的模型，从训练集有放回地采样来构造 k 个不同的数据集，然后在训练集 i 上训练模型 i。Dropout 的目标是在指数级数量的神经网络上近似这个过程。具体来说，在训练中使用 Dropout 时，会使用基于小批量产生较小步长的学习算法，如随机梯度下降等。每次在小批量中加载一个样本，然后随机抽样应用于网络中所有输入和隐藏单元的不同二值掩码。对于每个单元，掩码是独立采样的。掩码值为 1 的采样概率（导致包含一个单元）是训练开始前一个固定的超参数。它不是模型当前参数值或输入样本的函数。通常在每一个小批量训练的神经网络中，一个输入单元被包括的概率为 0.8，一个隐藏单元被包括的概率为 0.5。然后，运行和之前一样的前向传播、反向传播以及学习更新。

其中，子网络通过从基础网络中删除非输出单元构建。从具有两个可见单元和两个隐藏单元的基础网络开始。这 4 个单元有 16 个可能的子集。图 6.3 展示了从原始网络中丢弃不同的单元子集而形成的所有 16 个子网络。在这个例子中，所得到的大部分网络没有输入单元或没有从输入连接到输出的路径。当层较宽时，丢弃所有从输入到输出的可能路径的概率变小，所以这个问题不太可能在出现层较宽的网络中。

更正式地说，假设一个掩码向量 $\boldsymbol{\mu}$ 指定被包括的单元，$J(\theta,\boldsymbol{\mu})$ 是由参数 θ 和掩码向量 $\boldsymbol{\mu}$ 定义的模型代价。那么 Dropout 训练的目标是最小化 $\mathbb{E}_{\mu}J(\theta,\boldsymbol{\mu})$。这个期望包含多达指数级的项，但可以通过抽样 $\boldsymbol{\mu}$ 获得梯度的无偏估计。

在此示例中，使用具有两个输入单元、两个隐藏单元的隐藏层，以及一个输出单元的前馈网络。(底部)为了执行具有 Dropout 的前向传播，随机地对掩码向量 $\boldsymbol{\mu}$ 进行采样，其中，网络中的每个输入或隐藏单元对应一项。$\boldsymbol{\mu}$ 中的每项都是二值的且独立于其他项采样。超参数的采样概率为 1，隐藏层的采样概率通常为 0.5，输入的采样概率通常为 0.8。网络中的每个单元乘以相应的掩码，然后正常地继续沿着网络的其余部分前向传播。这相当于从图 6.4 中随机选择一个子网络并沿着前向传播。

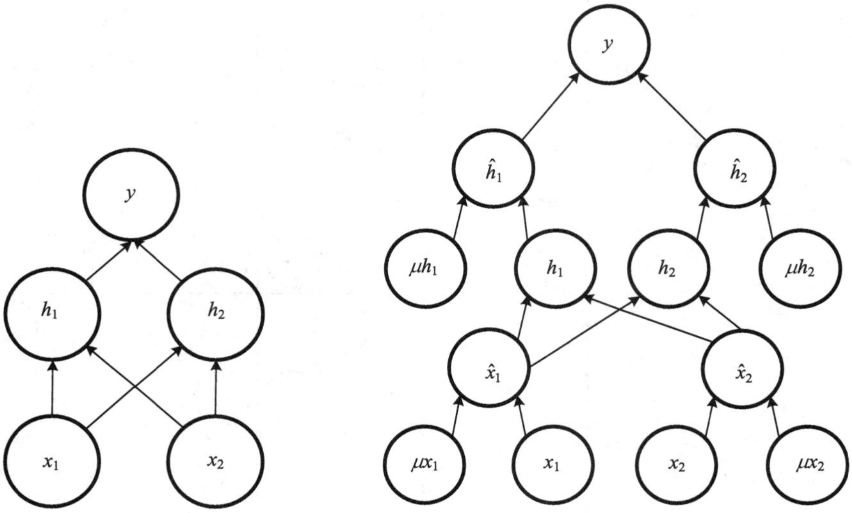

图 6.4　在使用 Dropout 的前馈网络中前向传播的示例(顶部)

Dropout 训练与 Bagging 训练不太一样。在 Bagging 的情况下，所有模型都是独立的。在 Dropout 的情况下，所有模型共享参数，其中每个模型继承父神经网络参数的不同子集。参数共享使得在有限可用的内存下表示指数级数量的模型变得可能。在 Bagging 的情况下，每一个模型在其相应训练集上训练到收敛。在 Dropout 的情况下，通常大部分模型都没有显式地被训练，因为父神经网络通常会很大，所以不可能采样完所有的子网络。取而代之的是，在单个步骤中训练一小部分的子网络，参数共享会使得剩余的子网络也能有好的参数设定。这些是两种训练方式仅有的区别。除了这些，Dropout 与 Bagging 一样。例如，每个子网络中遇到的训练集确实是有放回采样的原始训练集的一个子集。

Bagging 集成必须根据所有成员的累积投票进行预测。在这种背景下，将这个过程称为推断(inference)。到目前为止，在介绍 Bagging 和 Dropout 时没有要求模型具有明确的概率。现在，假定该模型的作用是输出一个概率分布。在 Bagging 的情况下，每个模型 i 产生一个概率分布 $p^{(i)}(y\mid\boldsymbol{x})$。集成的预测由这些分布的算术平均值给出：

$$\frac{1}{k}\sum_{i=1}^{k}p^{(i)}(y\mid\boldsymbol{x})$$

在 Dropout 的情况下，通过掩码向量 $\boldsymbol{\mu}$ 定义每个子模型的概率分布 $p(y \mid \boldsymbol{x}, \boldsymbol{\mu})$。所有掩码的算术平均值由下式给出：

$$\sum_{\boldsymbol{\mu}} p(\boldsymbol{\mu}) p(y \mid \boldsymbol{x}, \boldsymbol{\mu})$$

式中，$p(\boldsymbol{\mu})$ 为训练时采样 $\boldsymbol{\mu}$ 的概率分布。

因为这个求和包含多达指数级的项，除非该模型的结构允许某种形式的简化，否则是不可能计算的。到目前为止，无法得知深度神经网络是否允许某种可行的简化。相反，可以通过采样近似推断，即平均许多掩码的输出。深度神经网络使用 10～20 个掩码就足以获得不错的表现。

然而，一种更好的方法能很好地近似整个集成的预测，且只需要一种前向传播的代价。要做到这一点，需要改用集成成员预测分布的几何平均而不是算术平均。Warde-Farley et al. (2014) 提出的论点和经验证据表明，在这种情况下，几何平均与算术平均表现得差不多。

多个概率分布的几何平均不能保证是一个概率分布。为了保证结果是一个概率分布，要求没有子模型给某一事件分配概率 0，并重新标准化所得分布。通过几何平均直接定义的非标准化概率分布由下式给出：

$$\tilde{p}_{\text{ensemble}}(y \mid \boldsymbol{x}) = \sqrt[2^d]{\prod_{\boldsymbol{\mu}} p(y \mid \boldsymbol{x}, \boldsymbol{\mu})}$$

式中，d 为可被丢弃的单元数。这里为简化介绍，使用均匀分布的 $\boldsymbol{\mu}$，但非均匀分布也是可以的。为了作出预测，必须重新标准化集成：

$$p_{\text{ensemble}}(y \mid \boldsymbol{x}) = \frac{\tilde{p}_{\text{ensemble}}(y \mid \boldsymbol{x})}{\sum_{y'} \tilde{p}_{\text{ensemble}}(y' \mid \boldsymbol{x})}$$

涉及 Dropout 的一个重要观点是，可以通过评估模型中的 $p(y \mid \boldsymbol{x})$ 来近似 p_{ensemble}：该模型具有所有单元，但将单元 i 输出的权重乘以单元 i 被包含的概率。这个修改的动机是得到从该单元输出的正确期望值。把这种方法称为权重比例推断规则(weight scaling inference rule)。目前，还没有在深度非线性网络上对这种近似推断规则的准确性作任何理论分析，但经验上表现得很好。

因为通常使用 1/2 的包含概率，权重比例推断规则一般相当于在训练结束后将权重除 2，然后像平常一样使用模型。实现相同结果的另一种方法是在训练期间将单元的状态乘 2。无论哪种方式，目标是确保在测试时一个单元的期望总输入与在训练时该单元的期望总输入是大致相同的。

对许多不具有非线性隐藏单元的模型族而言，权重比例推断规则是精确的。举一个简单的例子，考虑 softmax 函数回归分类，其中由向量 $\boldsymbol{v}$ 表示 n 个输入变量：

$$P(y = y \mid \boldsymbol{v}) = \text{softmax}(\boldsymbol{W}^{\text{T}} \boldsymbol{v} + \boldsymbol{b})_y$$

可以根据二值向量 $\boldsymbol{d}$ 逐元素的乘法将一类子模型进行索引：

$$P(y = y \mid \boldsymbol{v}; \boldsymbol{d}) = \text{softmax}(\boldsymbol{W}^{\text{T}} (\boldsymbol{d} \odot \boldsymbol{v}) + \boldsymbol{b})_y$$

集成预测器被定义为重新标准化所有集成成员预测的几何平均：

$$P_{\text{ensemble}}(y=y\mid\boldsymbol{v})=\frac{\tilde{P}_{\text{ensemble}}(y=y\mid\boldsymbol{v})}{\sum_{y'}\tilde{P}_{\text{ensemble}}(y=y'\mid\boldsymbol{v})}$$

其中

$$\tilde{P}_{\text{ensemble}}(y=y\mid\boldsymbol{v})=\sqrt[2^n]{\prod_{d\in\{0,1\}^n}P(y=y\mid\boldsymbol{v};\boldsymbol{d})}$$

为了证明权重比例推断规则是精确的，简化$\tilde{P}_{\text{ensemble}}$：

$$\begin{aligned}\tilde{P}_{\text{ensemble}}(y=y\mid\boldsymbol{v})&=\sqrt[2^n]{\prod_{d\in\{0,1\}^n}P(y=y\mid\boldsymbol{v};\boldsymbol{d})}\\&=\sqrt[2^n]{\prod_{d\in\{0,1\}^n}\text{softmax}(\boldsymbol{W}^{\mathrm{T}}(\boldsymbol{d}\odot\boldsymbol{v})+\boldsymbol{b})_y}\\&=\sqrt[2^n]{\prod_{d\in\{0,1\}^n}\frac{\exp(\boldsymbol{W}_{y',i}^{\mathrm{T}}-;(\boldsymbol{d}\odot\boldsymbol{v})+\boldsymbol{b}_y)}{\sum_{y'}\exp(\boldsymbol{W}_{y',;}^{\mathrm{T}}(\boldsymbol{d}\odot\boldsymbol{v})+\boldsymbol{b}_{y'})}}\\&=\frac{\sqrt[2^n]{\prod_{d\in\{0,1\}^n}\exp(\boldsymbol{W}_{y,:}^{\mathrm{T}}(\boldsymbol{d}\cap\boldsymbol{v})+\boldsymbol{b}_y)}}{\sqrt[2^n]{\prod_{d\in\{0,1\}^n}\sum_{y'}\exp(\boldsymbol{v}_{y',:}^{\mathrm{T}}(\boldsymbol{d}\odot\boldsymbol{v})+\boldsymbol{b}_{y'})}}\end{aligned}$$

由于$\tilde{P}$将被标准化，可以忽略那些相对y不变的乘法：

$$\begin{aligned}\tilde{P}_{\text{ensemble}}(y{=}y\mid\boldsymbol{v})&\propto\sqrt[2^n]{\prod_{d\in\{0,1\}^n}\exp(\boldsymbol{W}_{y,:}^{\mathrm{T}}(\boldsymbol{d}\odot\boldsymbol{v})+\boldsymbol{b}_y)}\\&=\exp\left(\frac{1}{2^n}\sum_{d\in\{0,1\}^n}\boldsymbol{W}_{y,;}^{\mathrm{T}}(\boldsymbol{d}\odot\boldsymbol{v})+\boldsymbol{b}_y\right)\\&=\exp\left(\frac{1}{2}\boldsymbol{W}_{y,:}^{\mathrm{T}}\boldsymbol{v}+\boldsymbol{b}_y\right)\end{aligned}$$

这样，得到了一个权重为$1/2\boldsymbol{W}$的 softmax 函数分类器。

权重比例推断规则在其他设定下也是精确的，包括条件正态输出的回归网络和隐藏层不包含非线性的深度网络。然而，权重比例推断规则对具有非线性的深度模型仅仅是一个近似。虽然这个近似尚未有理论上的分析，但在实践中往往效果很好。Goodfellow et al.(2013)实验发现，在集成预测的近似方面，权重比例推断规则比蒙特卡罗近似更好(就分类精度而言)。即使允许蒙特卡罗近似采样多达 1000 个子网络，它也比不过权重比例推断规则。Gal et al.(2015)发现一些模型可以通过 20 个样本和蒙特卡罗近似获得更好的分类精度。似乎推断近似的最佳选择是与问题相关的。

Srivastava et al.(2014)提出，Dropout 比其他标准的计算开销小的正则化方法(如权重衰减、过滤器范数约束和稀疏激活的正则化)更有效。Dropout 也可以与其他形式的正则化合并，得到进一步的提升。

计算方便是 Dropout 的一个优点。训练过程中使用 Dropout 产生n个随机二进制数与状态相乘，每个样本每次更新只需 $O(n)$ 的计算复杂度。根据实现，也可能需要 $O(n)$ 的存储空间来持续保存这些二进制数（直到反向传播阶段）。使用训练好的模型推断时，计算每个样本的代价与不使用 Dropout 是一样的，尽管必须在开始运行推断前将权重除以 2。

Dropout 的另一个显著优点是，不怎么限制适用的模型或训练过程，几乎在所有使用分布式表示且可以用随机梯度下降训练的模型上都表现很好，包括前馈神经网络、概率模型，如受限玻尔兹曼机（Srivastava et al., 2014）和循环神经网络（Pascanu et al., 2013）。许多效果差不多的其他正则化策略对模型结构的限制更严格。

虽然 Dropout 在特定模型上每一步的代价是微不足道的，但在一个完整的系统上使用 Dropout 的代价可能非常显著。因为 Dropout 是一种正则化技术，它减少了模型的有效容量。为了抵消这种影响，必须增大模型规模。不出意外，使用 Dropout 时最佳验证集的误差会低很多，但这是以更大的模型和更多训练算法的迭代次数为代价换来的。对于非常大的数据集，正则化带来的泛化误差很小。在这些情况下，使用 Dropout 和更大模型的计算代价可能超过正则化带来的好处。

只有极少的训练样本可用时，Dropout 不会很有效。在只有不到 5000 的样本的 Alternative Splicing 数据集上（Xiong et al., 2011），贝叶斯神经网络（Neal, 2012）比 Dropout 表现得更好（Srivastava et al., 2014）。当有其他未分类的数据可用时，无监督特征学习也比 Dropout 更有优势。

Wager et al. (2013) 表明，当 Dropout 作用于线性回归时，相当于每个输入特征具有不同权重衰减系数 L^2。每个特征的权重衰减系数的大小是由其方差来确定的。其他线性模型也有类似的结果。而对于深度模型而言，Dropout 与权重衰减是不等同的。

使用 Dropout 训练时的随机性不是这种方法成功的必要条件。它仅仅是近似所有子模型总和的一种方法。Wang et al. (2013) 导出了近似这种边缘分布的解析解。他们的近似称为快速 Dropout（fast dropout），其减小梯度计算中的随机性而获得更快的收敛速度。这种方法也可以在测试时应用，能够比权重比例推断规则更合理地（但计算也更昂贵）近似所有子网络的平均。快速 Dropout 在小神经网络上的性能几乎与标准的 Dropout 相当，但在大问题上尚未产生显著改善或尚未应用。

随机性对实现 Dropout 的正则化效果不是必要的，同时也不是充分的。为了证明这一点，Warde-Farley et al. (2013) 使用一种称为 Dropout Boosting 的方法设计了一个对照实验，具有与传统 Dropout 方法完全相同的噪声掩码，但缺乏正则化效果。Dropout Boosting 训练整个集成以最大化训练集上的似然。从传统 Dropout 类似于 Bagging 的角度来看，这种方式类似于 Boosting。如预期一样，和单一模型训练整个网络相比，Dropout Boosting 几乎没有正则化效果。这表明，使用 Bagging 解释 Dropout 比使用稳健性噪声解释 Dropout 更好。只有当随机抽样的集成成员相互独立地训练好后，才能达到 Bagging 集成的正则化效果。

Dropout 启发其他以随机方法训练指数量级的共享权重的集成。DropConnect 是 Dropout 的一种特殊情况，其中一个标量权重和单个隐藏单元状态之间的每个乘积被认为是可以丢弃的一个单元（Wan et al., 2013）。随机池化是构造卷积神经网络集成的一种随机化池化的形式，其中每个卷积网络（convolutional network）参与每个特征图的不同空间位置。到目前为止，Dropout 仍然是使用最广泛的隐式集成方法之一。

一种关于 Dropout 的重要见解是，通过随机行为训练网络并平均多个随机决定进行预测，实现了一种参数共享的 Bagging 形式。早些时候，将 Dropout 描述为通过包括或排除单元形成模型集成的 Bagging。然而，这种参数共享策略不一定要基于包括和排除单元。原则上，任何一种随机的修改都是可接受的。在实践中，必须选择让神经网络能够学习对抗的修改类型。在理想情况下，也应该使用可以快速近似推断的模型族。可以认为由向量 $\boldsymbol{\mu}$ 参数化的任何形式的修改，是对 $\boldsymbol{\mu}$ 所有可能的值训练 $p(y \mid \boldsymbol{x}, \boldsymbol{\mu})$ 的集成。注意，这里不要求 $\boldsymbol{\mu}$ 具有有限数量的值。例如，$\boldsymbol{\mu}$ 可以是实值。Srivastava et al. (2014) 表明，权重乘以 $\boldsymbol{\mu} \sim \mathcal{N}(\mathbf{1}, \boldsymbol{I})$ 比基于二值掩码 Dropout 表现得更好。由于 $\mathbb{E}[\boldsymbol{\mu}] = 1$，标准网络自动实现集成的近似推断，而不需要权重比例推断规则。

到目前为止，将 Dropout 介绍为一种纯粹高效近似 Bagging 的方法。然而，还有比这更进一步的 Dropout 观点。Dropout 不仅仅是训练一个 Bagging 的集成模型，而且是共享隐藏单元的集成模型。这意味着无论其他隐藏单元是否在模型中，每个隐藏单元必须都能够表现良好。隐藏单元必须准备好进行模型之间的交换和互换。Hinton et al. (2012) 由生物学的想法受到启发：有性繁殖涉及两个不同生物体之间交换基因，进化产生的压力使得基因不仅是良好的而且要准备好不同有机体之间的交换，这样的基因和这些特点对环境的变化是非常稳健的，因为它们一定会正确适应任何一个有机体或模型不寻常的特性。因此 Dropout 正则化每个隐藏单元不仅是一个很好的特征，更要在许多情况下是良好的特征。Warde-Farley et al. (2013) 将 Dropout 与大集成的训练相比并得出结论：相比独立模型集成获得泛化误差改进，Dropout 会带来额外的改进。

Dropout 强大的大部分原因来自施加到隐藏单元的掩码噪声，了解这一事实是重要的。这可以看作对输入内容的信息高度智能化、自适应破坏的一种形式，而不是对输入原始值的破坏。例如，如果模型学得通过鼻检测脸的隐藏单元 h_i，那么丢失 h_i 对应于擦除图像中有鼻子的信息。模型必须学习另一种 h_i，要么是鼻子存在的冗余编码，要么是像嘴这样的脸部的另一特征。传统的噪声注入技术，在输入端加非结构化的噪声不能够随机地从脸部图像中抹去关于鼻子的信息，除非噪声的幅度大到几乎能抹去图像中所有的信息。破坏提取的特征而不是原始值，让破坏过程充分利用该模型迄今获得的关于输入分布的所有知识。

Dropout 的另一个重要方面是噪声是乘性的。如果是固定规模的加性噪声，那么加了噪声 ϵ 的整流线性隐藏单元可以简单地学会使 h_i 变得很大（使增加的噪声 ϵ 变得不显著）。乘性噪声不允许这样病态地解决噪声鲁棒性问题。

6.4 卷积网络

卷积网络又名卷积神经网络（CNN），是由纽约大学的 Yann LeCun 教授于 1989 年提出的一种专门处理高维网格型数据的神经网络。该网络在处理图像数据时效果尤为显著，在 2012 年的 ILSVRC 图像识别竞赛中，Alex 设计了一种基于 CNN 的网络 AlexNet，该网络以压倒性优势夺冠，随之 CNN 逐渐进入各大研究学者的视野，各种基于 CNN 的网络不断被研发优化，图像识别质量也随之提升。

卷积网络在诸多应用领域都表现优异，“卷积神经网络”一词表明该网络使用了卷积这种数学运算。卷积是一种特殊的线性运算。卷积网络是指至少在网络的一层中使用卷积运算来替代一般的矩阵乘法运算的神经网络。接下来先介绍卷积运算。

6.4.1 卷积运算的定义

卷积运算是一种应用于两个不断变化的实函数之间的运算。卷积，顾名思义，即卷起来的乘积，可以理解成这是一种累加的乘积，在数学中，它可以用下式来表示：

$$f(x)*g(x)=\int_{-\infty}^{\infty}f(\tau)\cdot g(x-\tau)\mathrm{d}\tau$$

上式是基于两个实变函数 $f(x)$ 和 $g(x)$ 都是连续的情况，对于离散情况下的卷积，公式有些变化：

$$f[n]*g[n]=\sum_{m=-\infty}^{\infty}f[m]\cdot g[n-m]$$

上式的运算方法记为卷积运算，卷积运算符号通常用星号“*”表示。

打个比方，假设我们正在用激光传感器追踪一艘宇宙飞船的位置。激光传感器给出一个单独的输出 $x(t)$，表示宇宙飞船在时刻 t 的位置。x 和 t 都是实值，这意味着可以在任意时刻从传感器中读出飞船的位置。

现在假设传感器受到一定程度的噪声干扰。为了得到飞船位置的低噪声估计，对得到的测量结果进行平均。显然，时间上越近的测量结果越相关，所以采用一种加权平均的方法，对于最近的测量结果赋予更高的权重。可以采用一个加权函数 $w(a)$ 来实现，其中 a 表示测量结果距当前时刻的时间间隔。如果对任意时刻都采用这种加权平均的操作，就得到了一个新的对于飞船位置的平滑估计函数 s：

$$s(t)=\int x(a)\cdot w(t-a)\mathrm{d}\tau$$

该式就是卷积运算的一种示例，对于卷积神经网络中的卷积运算，将在 6.4.2 节进行详细讲解。

6.4.2 卷积神经网络中的卷积运算

在 6.4.1 节中讲解了什么是卷积运算，那现在来看看在卷积神经网络中上述的卷积运算怎么实现。

在卷积神经网络中，$f(\tau)$（离散下为 $f[m]$）称为输入(input)；$g(x-\tau)$（离散下为 $g[n-m]$）称为卷积核(kernel)；得到的输出有时称为特征映射(feature map)。而卷积运算其实就变成了图像处理的一种滤波方式。

在实际机器学习中，输入一般是多维数组的数据，卷积核一般是根据学习情况而优化的一个多维参数，这些多维参数在卷积神经网络中称为张量(tensor)。因此，为了解决多维张量的卷积问题，公式进行改变：

$$S(i,j)=(I*K)(i,j)=\sum_{m}\sum_{n}I(m,j-n)K(i-m,j-n)$$

式中，I 为一个二维输入；K 为一个二维的卷积核。

在机器实际运算中，为了运算方便，上式会做一个等价改变：

$$S(i,j)=(I*K)(i,j)=\sum_m\sum_n I(i-m,j-n)K(m,n)$$

这个等价转换是因为卷积运算是可交换的，它可以简单理解成将卷积核进行了翻转。除此之外，许多神经网络会实现一个相关的函数，即互相关函数(cross-correlation)，公式如下：

$$S(i,j)=(I*K)(i,j)=\sum_m\sum_n I(i+m,j+n)K(m,n)$$

它和卷积运算相似，但是不对卷积核进行翻转。某些机器学习库函数将互相关函数称为卷积，这也是可行的。

图 6.5 展现了一张图像的卷积过程。整个过程和数学中矩阵的滑动内积一样，即后方的图片代表输入了一张 4×4 的图像，对于图像中的每个像素点，采用一个 3×3 的卷积核进行卷积。当卷积核与输入的每个像素都完成卷积后，输出一个分辨率不变的新图像。卷积核在整个卷积过程中扮演权值的作用，处理每个像素点和相邻像素点之间的关系。有些卷积核可以实现图像的去噪，而有些卷积核可以实现图像的模糊。

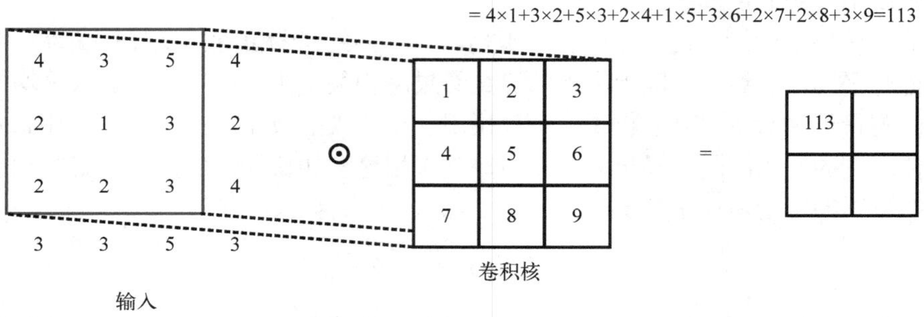

图 6.5　卷积过程

卷积核在实际工程运用时，往往采用边长为奇数的正方形且尺寸远小于输入图像尺寸，这样可以保证在精简计算量的同时输出与原图相对应的像素图。除此之外，如果卷积核中所有元素求和等于 1，那么输出图像与原图亮度相似；相反，如果大于 1(小于 1)，输出的图像会比原图亮(暗)。

在遇到图像边缘时，如果将卷积核的中心位置对应到边缘像素点，会出现缺少元素进行卷积的情况，因此，往往有两种处理方式。

(1)忽略图像边缘的像素点，这会使输出的图像变小，例如，输入一张 462×462 的图像，当用 7×7 的卷积核计算时，输出的图像大小为 456×456。

(2)在图像边缘进行边缘填充的操作，也就是在图像外面填充一圈均为 0 的像素，该方法可以保证输出图片大小不变。

本节具体讲解了卷积神经网络中的卷积部分，即对于输入的高维张量是如何计算的，以及介绍了对于不同的卷积核，输出的张量会有什么变化。

6.4.3　卷积神经网络的特点

卷积神经网络(CNN)相比于其他的神经网络，具有以下三种特点。

(1)稀疏交互(sparse interactions)，也称稀疏权重(sparse weights)、稀疏连接(sparse connectivity)：在传统的神经网络中，尤其是全连接网络中，任意一对输入与输出神经元都会交互，网络结构复杂，如图 6.6 所示。

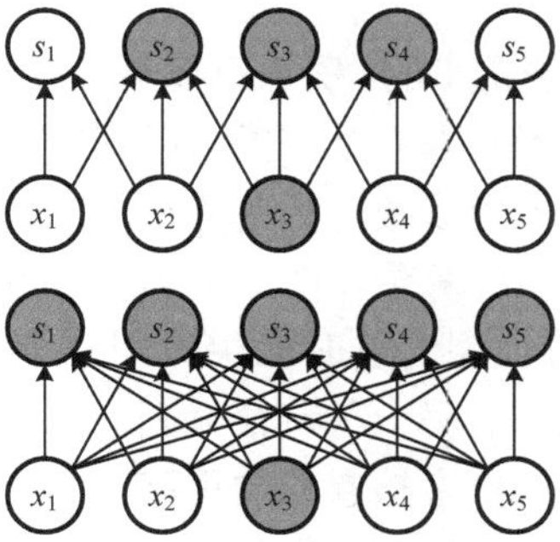

图 6.6 稀疏交互

但是在卷积神经网络中，由于卷积核的尺度远小于输入的图像，这样每个输出的神经元与前一层某个局部区域内的神经元交互，如此一来，大大简化了计算量，减小了模型的规模，网络也是先学习的局部带有特征网络，然后将特征融合成语义信息更为丰富的特征。

(2)参数共享(parameter sharing)：如图 6.7 所示，该特点是指在模型训练时，多个函数使用相同的参数。在卷积神经网络中，参数共享保证了模型只需要学习一个参数集合，而不是每个位置都要单独学习一个参数集合，因此卷积效率得到很大的提高，存储容量也得到了很大的优化。

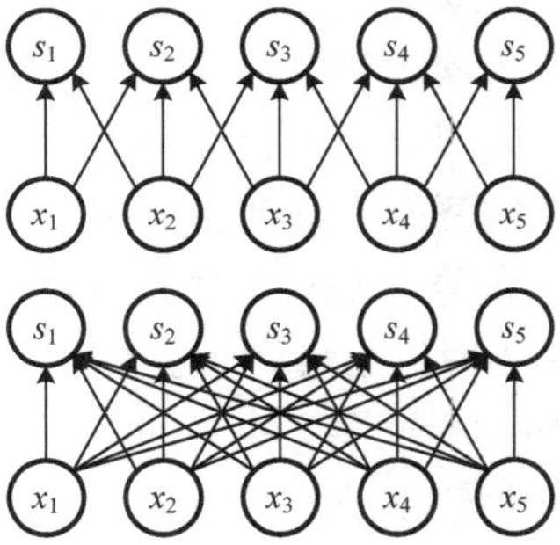

图 6.7 参数共享

(3)等变表示(equivariant representations)：基于前两个特点的存在，如果要识别一张图像中的人，因为等变表示的存在，无论这个人在图像中的哪个位置，或是不是完整的，卷积神经网络都能将图像中的人识别出来。换言之，无论是先将图像卷积后再平移图片中的像素，还是先平移图像中的像素再卷积图像，得到的结果是一致的。

6.4.4 卷积神经网络层

在 6.4.1 节中知道图像通过卷积后能实现去噪、模糊等功能。其中的卷积核都是人为定义的，没有一种方法能让机器根据人类的意志自己找到合适的卷积核。这便是卷积神经网络所行之事，在卷积神经网络中训练大量图片来训练卷积核。

卷积神经网络主要由输入层、卷积层、激活函数层、池化层和全连接层构成。接下来对其中比较重要的几种层进行讲解。

1. 卷积层

在卷积层中，因为卷积核是非常小的，所以可以通过卷积核提取输入图像中的一些特征。换言之，网络会让卷积核学习到当它看到某些类型的视觉特征时就激活。除此之外，由于参数共享的存在，所有神经元共享一个参数，因此卷积层的输出可以视为一个神经元的输出，且减少了参数的数量，大大降低了计算量，防止因为参数过多而过拟合。

如果输入的图像包含多个特征呢？这时如果只用一个卷积核来进行特征提取就会顾此失彼，只能识别出其中一种特征，而另一种特征就因此而放弃，这大大影响了特征提取的效率。因此，卷积神经网络提出了一种多核卷积的思路，每个卷积核都会生成一张新的特征图像(feature map)，经过不同卷积核产生的图像称为滤波后的不同通道(channels)。

前面讲解了参数共享，那么在卷积层中有哪些非常重要的参数呢？分别有以下几种：深度(depth， D)、步长(stride， S)、边缘填充(padding， P)。

深度(D)很好理解，例如，一张 462×462×3 的输入图像，前面的 462×462 代表输入图像的尺寸，即长 462 像素× 宽 462 像素，最后的 3 就代表这张图的深度为 3，众所周知，机器中用 RGB 法来确定每个像素点的颜色，RGB 法分别代表了机器的三原色：红色(red)、绿色(green)、蓝色(blue)。机器通过在该三原色中取值，取值范围为[0,256)，由此可以组成想要的任何颜色，此处的深度指三原色对应的机器值。但是在深度学习后续的计算中，需要注意，除了输入的图像为固定的深度 3，剩余的深度都是依据卷积核来决定的。

步长(S)是指卷积核在扫描输入图像时滑动的距离，当用一个 3×3 的卷积核扫描 7×7 的图像时，如果规定步长为 1，那么每次卷积核扫描完一组数据后，卷积核向右移动 1 像素，然后进行下一组数据的卷积求和，如此总共移动 4 次后就可以扫描完一行的数据。如果步长为 2，卷积核扫描完一组数据后就需要向右移动 2 像素扫描对应的图像，如此只移动 2 次就完成了一行的扫描，那么定义步长的意义是什么呢？最直观的影响在于控制输出的特征图的尺寸，根据上述的例子，当步长为 1 时，因为移动了 4 次，所以一行输出对应 5 个卷积的值，每一列也相同，因此可以得到输出的特征图大小为 5×5，而当步长为 2 时，因为移动了 2 次，一行输出 3 个卷积值，从而可以得到输出的特征图为 3×3，通过该示例可以发现，当卷积的步长 S 定义得越大时，输出的特征图也就越小。但是并不是步长越大越好，在卷积层中，如果步长过大，就很容易造成一些特征的丢失，这反而是得不偿失的，因此在实际操作的时候，往往步长只取 1 或 2，如果不是特殊要求，不会取 3 以上的步长。

边缘填充(P)是指在图像边缘填充一圈 0。边缘填充的出现是为了解决某些卷积核不能处理图像最边缘(如每张图像的顶点位置)的问题，因为卷积核的尺寸往往不是 1×1 的，可能是 3×3 或者 5×5 的，当把这些卷积核的正中心放在顶点时，就会发现卷积核中某些位置扫描不到图像中对应元素的值，此时，为了解决这个问题，就可以在顶点外面填充一圈 0，因为 0 乘以任何数都为 0，所以不会影响顶点处的卷积值，通过边缘填充的操作可以使卷积核扫描到一些图像边缘的像素点，而不会丢弃一些处于图像边缘的特征，这种卷积称为相同卷积；而不用 0 填充的且卷积核只能扫描那些能被图像完全包含的卷积方式称为有效卷积。在实际操作时，大家往往会选取相同卷积来解决问题。

在讲解了上述三个最重要的参数后，来讲解如何通过输入的图像以及规定的卷积核来确定最后输出的特征图尺寸。人为定义输入图像的尺寸为 $W_1 \times H_1 \times D_1$ ，输出的特征图尺寸为 $W_2 \times H_2 \times D_2$ ，现在一共有 K 个 $F \times F$ 大小的卷积核对输入图像以步长 S 和边缘填充 P 进行扫描，由此可以得到输出特征图的尺寸为

$$W_2 = \frac{W_1 - F + 2P}{S} + 1$$

$$H_2 = \frac{H_1 - F + 2P}{S} + 1$$

$$D_2 = K$$

观察上式可知输出特征图的尺寸，而输出特征图的深度只根据卷积核的个数来决定。一般来说，为了保证输入和输出是相同尺寸，只要人为定义步长 $S = 1$，边缘填充 $P = (F - 1)/2$ 。除此之外，因为式子的被除数是步长 S，所以当 S 取值不够恰当时，可能会出现输出尺寸为小数的情况，打个比方，现在输入的图像 $W_1 = 15$ ，但是使用一个 $F = 4$ 的卷积核以 $S = 4$，$P = 0$ 对输入图像进行卷积，通过公式可以求得值为 3.75，因为它不是整数，所以不能表达完整的像素点，此时系统就会报错，因此就需要修改 P 和 S 的值来达到求得整数值的目的。

总而言之，卷积层实现把输入的图像进行特征提取的功能，输出一个线性的特征图用于下一层计算。

2. *激活函数层*

在之前讲解的所有卷积计算过程都是一种线性的计算方式，仅包含乘法和加法。但是在机器学习中必须要实现将一个特征空间的向量通过非线性变换映射到另一个空间才能实现线性可分。激活函数(activation function)就是最常见的非线性映射方法，在 ReLu 层便是实现这样的一个功能。

传统的激活函数包括 sigmoid 函数和 ReLu 函数。sigmoid 函数在早期因其简便的算法而得到广大算法开发者的青睐，但是随着实际测试发现，sigmoid 函数的局限性很大，只有当自变量 x 取在 0 附近才有很好的效果；而取值远离 0 后，容易出现梯度消失的情况，可能导致结果不收敛。因此，ReLu 函数应运而生。其公式为

$$f(x) = \max(0, x)$$

由此可以导出 ReLu 函数的导函数为

$$f'(x) = \begin{cases} 0, & x < 0 \\ 1, & x \geqslant 0 \end{cases}$$

观察公式可知，当 $x>0$ 时，因为导函数始终为 1，所以避免了梯度消失的情况，保证结果能收敛。而当 $x<0$ 时，函数始终等于 0，即关闭了此节点。因此，相比于 sigmoid 函数，ReLu 函数收敛速度快，学习效果好，使得 ReLu 函数在卷积神经网络中脱颖而出，几乎成为每个模型的必选激活函数。

3. *池化层*

在卷积神经网络输入图像后，经过卷积层和 ReLu 层激活后，图像的特征已经被初步提

取出来，得到的特征映射比初始输入的图像语义信息更加丰富，但是需要思考一个问题，前面提到卷积神经网络是一个处理高维数据的网络结构，而处理高维数据最简单明了的方法就是降维，但是在卷积层及 ReLu 层并没有实现降维操作，甚至为了实现在一张图中提取多特征的操作，还采用了多卷积核的方法，这不仅产生了多个通道，更是一种升维的操作。因此，在卷积神经网络中需要分配一种层来实现降维的操作，池化层应运而生。

池化操作就是对半成品的特征图像以等间距的形式划分成多个区块，然后对各个区块做聚合操作。

图 6.8 所示为最大池化(max pooling)的操作，这是池化操作中的一种。对于一张 4×4 的特征图像，根据 2×2 的尺寸将其分解成 4 个区块，对于每个区块，取其中最大的值输出为对应位置的值，如此一来，这张 4×4 的图像经过池化后变成了一张 2×2 的图像。除了最大池化以外，还有平均池化(average pooling)和 L^2 范式池化等池化操作，在历史上平均池化曾用得比较多，但是随着网络的发展，学者发现最大池化的效果要更优于平均池化。

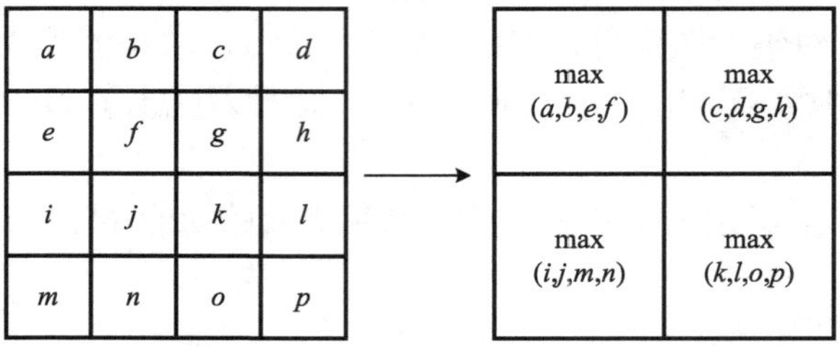

图 6.8　最大池化

通过池化操作精简了输入的图像，输出的图像经由卷积层的特征映射浓缩而来，语义信息更加丰富，同时缩减了图像的尺寸，实现了卷积神经网络降维操作，减少了机器的计算量，提高了学习效率，除此之外，它还防止过拟合的出现，使得学习效果更优秀。

在池化层也有几个类似于卷积层的重要参数，分别为空间大小 F 和步长 S。其中，空间大小 F 是指输入图像根据 $F×F$ 的大小进行分块，例如，图 6.8 中就是将一个 4×4 的输入图像根据 2×2 的大小分成了 4 个区块，步长 S 可以类比卷积层的步长，此处的步长就是相邻两个区块的间隔，图 6.8 中的步长 $S = 2$(注意步长不是 1)。池化操作一般不需要边缘填充，因此不存在参数 P。由此可以得出池化层的计算公式：

$$W_2 = \frac{W_1 - F}{S} + 1$$

$$H_2 = \frac{H_1 - F}{S} + 1$$

$$D_2 = D_1$$

其中，输入的图像大小为 $W_1 \times H_1 \times D_1$，输出的池化图像为 $W_2 \times H_2 \times D_2$，观察公式可以发现，它们和卷积层的公式极其类似，主要是在深度上，因为没有卷积核的存在，所以深度不会改变，可以看到池化操作不会改变输入图像的深度。

回到池化操作本身，池化是对相邻的几个像素做聚合处理。试想如果对输入的图像做少量的平移操作，由于少量的平移对池化的聚合操作影响不大，因此输入的图像即使在平移后还能保证输出的图像近似不变。这便是池化的局部平移不变性，这个性质在实际工程运用上非常有用，因为在实际工程中往往不会关注一个图像中特征的位置，更多的只是关注图像包含何种特征。人脸识别就是一个很好的例子，尤其一些灵敏度很高的人脸识别机器，即使在距离识别机器很远的地方或者人脸没有完全进入扫描区域就实现了人脸的成功识别，这便是池化操作的功劳。

当把卷积层和池化层组合在一起时，它可以作为一种无限强的先验。先验被定义为强或者弱是根据先验概率密度的集中程度来决定的。强先验熵值相对低。而先验的意义便在于影响参数最后取值是大或者小。而卷积和池化作为一个组合，它是一种无限强的先验，这种无限强意味着在处理图片时不仅要保持局部平移不变性，更注重局部的相关性，而这种先验方式为图像识别提供了非常有价值的经验。但是卷积和池化可能会导致欠拟合，只有当先验的假设合理且正确时，才有用。

4. 全连接层

全连接层一般在池化层之后，且存在一个网络结构的末尾阶段，在全连接层也是进行如卷积层一般的操作，只不过在全连接层中的卷积核往往很大且步长很大，目的是将输入的特征图转变成一个一维的特征大向量，换言之，在网络的输入层可能是一个 462×462×3 的图像，但是经过多轮的卷积、池化操作后，在全连接层的最后输出就是 1×1×512 的特征大向量。这个特征大向量由于尺寸为 1×1，深度为 512，因此可以将这个特征大向量视为拥有 512 个值，这 512 个值最后输入到输出层进行数据处理，即可分别表示各个特征的概率，如果某个特征的概率偏高，则该图像被视为拥有该特征并进行标注。

6.4.5 多层卷积

卷积神经网络属于深度学习网络，因此也要具备深度学习的特点——多层特征结合，将简单的特征组合成复杂的抽象特征。可以将一个卷积神经网络视为多个特征提取阶段的组合，每个特征提取阶段包含三种操作：卷积(conv)、非线性激活(ReLu)、池化。通过不同的排列组合，可以将图像输出成一张包含抽象特征的特征图，如图 6.9 所示。

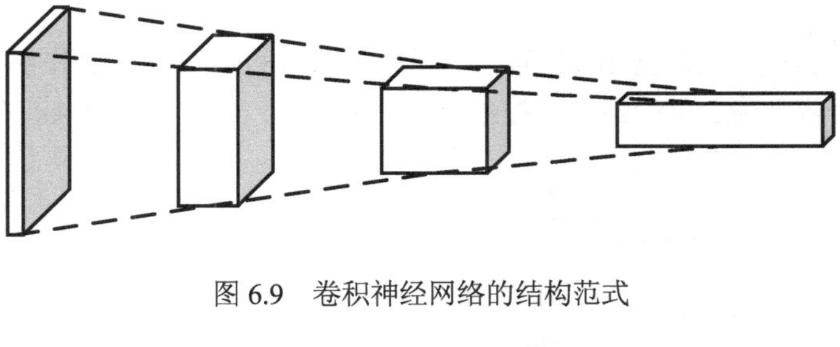

图 6.9 卷积神经网络的结构范式

在图 6.9 中，最左端为输入的图像，经过一系列的特征提取后，最后输出了一张尺寸小但是通道多的抽象特征图。例如，输入一张 462×462×3 的图像(两个 462 代表图像的长和宽分别为 462 像素，3 代表每个像素点对应的 RGB 值)，经过多轮特征提取后，最后输出一张 1×1×512 的特征图(两个 1 代表特征图的长和宽分别为 1 像素，512 代表通道数)。因其网络结构与金字塔相似，这种结构也称为金字塔结构。在整个卷积神经网络中，浅层的神经网络(刚开始特征提取的那几个阶段）提取的特征更加细节，例如，人脸识别中可能会提取人脸上的眼角纹、皮肤角质黑斑等，但随着神经网络的深入，这种细节会因为池化层的存在而被过滤掉，最后输出的特征图可能只包含眼睛、嘴唇等一些简略的特征，这些特征语义信息更加丰富，但是也很抽象，便于机器在最后的全连接层对特征进行分类。

6.4.6 AlexNet（实例）

AlexNet 是由 Alex 在 2012 年的 ILSVRC 图像识别竞赛中研发出来的一种卷积神经网络，该网络以压倒性优势夺得了当年的冠军，此后深度学习成为图像识别界的主流算法。作为卷积神经网络的鼻祖，AlexNet 是如何构建的？

AlexNet 的网络整体架构包括：1 个输入层、5 个卷积层（C1、C2、C3、C4、C5）、2 个全连接层（FC6、FC7）和 1 个输出层。不同于一般的神经网络，AlexNet 从第一个卷积层就开始分为双线程来计算，这并不是因为双线程比单线程计算效果更优，而是因为受到当时的硬件资源限制，无法解决庞大的深度学习网络 AlexNet，因此 AlexNet 被分成两个部分在 2 个 GPU 上进行计算。具体的网络整体架构如图 6.10 所示。

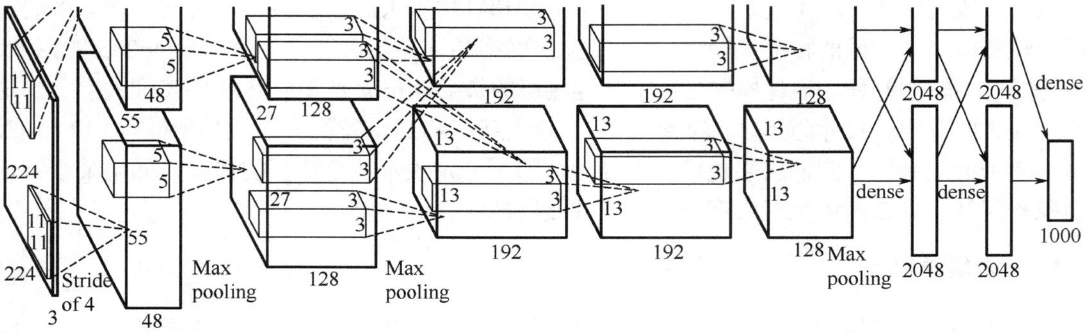

图 6.10　AlexNet 的网络整体架构

（1）在输入层输入一张 227×227×3 的图像（图片中为 224×224×3，但是在实际操作输入的图像为 227×227×3），该图像长为 227 像素，宽为 227 像素，深度为 3，分别代表每个像素点的颜色，用 RGB 法来表示。

（2）在第一个卷积层（C1）使用 11×11×3 的卷积核，输出 96 个特征图并做最大池化处理：在这一层中，由于输入为 227×227×3，边缘填充 $P=0$，步长 $S=4$，总共有 $K=96$ 个 11×11×3 卷积核，根据公式：

$$A_2 = \frac{A_1 - F + 2P}{S} + 1 = \frac{227 - 11 + 2\times 0}{4} + 1 = 55$$

$$D_2 = K = 96$$

由此可以得到 55×55×96 的特征图，因为网络是在两个 GPU 上运行的，所以将特征图分为 55×55×48 的两张图，然后将得到的特征图通过 ReLu 函数进行非线性激活，将得到的结果进行局部响应归一化操作（LRN，一种提高精确度的操作），最后经过步长 $S = 2$ 的 3×3 的最大化池化操作，依照公式：

$$A_2' = \frac{A_2 - F + 2P}{S} + 1 = \frac{55 - 3 + 2 \times 0}{2} + 1 = 27$$

最后输出两个 27×27×48 的特征图。

(3) 在第二个卷积层(C2)使用 5×5×48 的卷积核，输出 256 个特征图并最大池化：在这一层中输入为两个 27×27×48 的图像，两组分别用 128 个 5×5×48 大小的卷积核，边缘填充 $P = 2$，步长 $S = 1$，依据公式(这里不再赘述)得到两个 27×27×128 的特征图，并分别经过 ReLu 函数激活和局部响应归一化操作后，最后经过步长 $S = 2$ 的 3×3 的最大化池化操作，得到两个 13×13×128 的特征图。

(4) 在第三个卷积层(C3)使用 3×3×128 的卷积核，输出 384 个特征图并最大池化：在这一层中输入为两个 13×13×128 的图像，两组分别用 192 个 3×3×128 大小的卷积核，边缘填充 $P = 1$，步长 $S = 1$，得到两个 13×13×192 的特征图，最后分别经过 ReLu 函数激活后输出结果到下一层。

(5) 在第四个卷积层(C4)做和上步一样的操作：卷积层输入两个 13×13×192 的图像，由于参数一致，所以输出的特征图也是两个 13×13×192 的特征图，最后分别经过 ReLu 函数激活后输出结果到下一层。

(6) 在第五个卷积层(C5)使用 3×3×192 的卷积核，输出 256 个特征图并最大池化：在这一层中输入为两个 13×13×192 的图像，两组分别用 128 个 13×13×192 大小的卷积核，边缘填充 $P = 1$，步长 $S = 1$，得到两个 13×13×128 的特征图，然后分别经过 ReLu 函数激活后再通过步长 $S = 2$ 的 3×3 的最大化池化操作，得到两个 6×6×128 的特征图。

(7) 在第一个全连接层(FC6)输出 4096 个神经元(因为包含 4096 个隐层)：在该层中输入为两组 6×6×128 的图像，分别使用 2048 个 6×6×128 的卷积核进行卷积操作，由于卷积核与输入图像大小一样，因此输出为两组 1×1×2048 的特征图，由于特征图的尺寸为 1×1，因此也称为神经元。最后将特征图 ReLu 函数激活后进行 Dropout 的操作(由于深度学习网络层数过高，在实际计算时容易发生过拟合的现象，Dropout 方法可以有效地消除过拟合，但是也需要花费更多时间才能收敛)，因为不改变特征图大小，输出两组 1×1×2048 的图像到下一层。

(8) 在第二个全连接层(FC7)输出 4096 个神经元，操作和上一步大同小异：将上一层得到的结果进行一遍 ReLu 函数激活后，进行 Dropout 的操作，最后输出至输出层。

(9) 在输出层通过 softmax 函数进行分类：在这一层中输入两组 2048 个神经元(共 4096 个神经元)，通过卷积输出为 1000 个神经元，这 1000 个神经元对应 1000 种分类类别，然后将这 1000 个神经元代入 softmax 函数计算输出对应类别的预测概率。

TensorFlow 官方给出了 AlexNet 的源码，网络中前 5 个卷积层(C1～C5)的架构如下：

```
def inference(images):
"""Build the AlexNet model.

    Args:
         images: Images Tensor
    Returns:
         pool5: the last Tensor in the convolutional component of AlexNet.
         parameters: a list of Tensors corresponding to the weights and biases
```

```
        of the AlexNet model.
  """
parameters=[]
# conv1
with tf.name_scope('conv1')as scope:
    kernel=tf.Variable(tf.truncated_normal([11, 11, 3, 96], dtype=tf.float32,
                    stddev=1e-1), name='weights')
    conv=tf.nn.conv2d(images, kernel, [1, 4, 4, 1], padding='SAME')
    biases=tf.Variable(tf.constant(0.0, shape=[96], dtype=tf.float32),
                    trainable=True, name='biases')
    bias=tf.nn.bias_add(conv, biases)
    conv1=tf.nn.relu(bias, name=scope)
    print_activations(conv1)
    parameters+=[kernel, biases]

# lrn1
# TODO(shlens, jiayq): Add a GPU version of local response normalization.

# pool1
pool1=tf.nn.max_pool(conv1,
                    ksize=[1, 3, 3, 1],
                    strides=[1, 2, 2, 1],
                    padding='VALID',
                    name='pool1')
print_activations(pool1)

# conv2
with tf.name_scope('conv2')as scope:
    kernel=tf.Variable(tf.truncated_normal([5, 5, 96, 256], dtype=tf.float32,
                    stddev=1e-1), name='weights')
    conv=tf.nn.conv2d(pool1, kernel, [1, 1, 1, 1], padding='SAME')
    biases=tf.Variable(tf.constant(0.0, shape=[256], dtype=tf.float32),
                    trainable=True, name='biases')
    bias=tf.nn.bias_add(conv, biases)
    conv2=tf.nn.relu(bias, name=scope)
    parameters+=[kernel, biases]
print_activations(conv2)

# pool2
pool2 = tf.nn.max_pool(conv2,
                    ksize=[1, 3, 3, 1],
                    strides=[1, 2, 2, 1],
                    padding='VALID',
                    name='pool2')
print_activations(pool2)

# conv3
```

```
with tf.name_scope('conv3')as scope:
    kernel=tf.Variable(tf.truncated_normal([3, 3, 256, 384],
                                           dtype=tf.float32,
                                           stddev=1e-1), name='weights')
    conv=tf.nn.conv2d(pool2, kernel, [1, 1, 1, 1], padding='SAME')
    biases=tf.Variable(tf.constant(0.0, shape=[384], dtype=tf.float32),
                       trainable=True, name='biases')
    bias=tf.nn.bias_add(conv, biases)
    conv3=tf.nn.relu(bias, name=scope)
    parameters+=[kernel, biases]
    print_activations(conv3)

# conv4
with tf.name_scope('conv4')as scope:
    kernel=tf.Variable(tf.truncated_normal([3, 3, 384, 384],
                       dtype=tf.float32,
                       stddev=1e-1), name='weights')
    conv=tf.nn.conv2d(conv3, kernel, [1, 1, 1, 1], padding='SAME')
    biases=tf.Variable(tf.constant(0.0, shape=[384], dtype=tf.float32),
                       trainable=True, name='biases')
    bias=tf.nn.bias_add(conv, biases)
    conv4=tf.nn.relu(bias, name=scope)
    parameters+=[kernel, biases]
    print_activations(conv4)

# conv5
with tf.name_scope('conv5')as scope:
    kernel=tf.Variable(tf.truncated_normal([3, 3, 384, 256],
                       dtype=tf.float32,
                       stddev=1e-1), name='weights')
    conv=tf.nn.conv2d(conv4, kernel, [1, 1, 1, 1], padding='SAME')
    biases=tf.Variable(tf.constant(0.0, shape=[256], dtype=tf.float32),
                       trainable=True, name='biases')
    bias=tf.nn.bias_add(conv, biases)
    conv5=tf.nn.relu(bias, name=scope)
    parameters+=[kernel, biases]
    print_activations(conv5)

# pool5
pool5=tf.nn.max_pool(conv5,
                     ksize=[1, 3, 3, 1],
                     strides=[1, 2, 2, 1],
                     padding='VALID',
                     name='pool5')
print_activations(pool5)

return pool5, parameters
```

从代码中能看到，当时此代码编写得十分烦琐，其中很多行的代码也很相似，这不仅不美观，也很影响实际计算的效率。随着时代的发展，现在 AlexNet 代码也逐步简化，但是并不影响其作为深度学习的开山鼻祖的地位，也为后期人们研究深度学习打开了思路。

6.5　基于深度学习的目标探测框架

目标检测(objection detection)也称目标提取，其任务是找出图像中所有感兴趣的目标(物体)，确定它们的类别和位置，是计算机视觉领域的核心问题之一。

目标检测完成两大难题，解决“在哪里”“是什么”的问题，如图 6.11 所示，对于海洋目标，目标检测算法首先寻找图片中所有含有“可疑”特征的目标并将其以方框形式标出，从而解决了“在哪里”的问题；然后在每个方框上标注“海龟”“鱼”等信息，这一步解决了“是什么”的问题。

图 6.11　目标检测

前面介绍了 AlexNet 开辟了卷积神经网络的先河，基于深度学习的目标检测的算法以此为基础，在近几年不断发展壮大，成果显著，如图 6.12 所示：观察图可知，目标检测算法分为两大类，即两阶段算法和一阶段算法。两阶段算法将上面“在哪里”“是什么”分成两个阶段分别计算，一阶段算法将两者集大成，因其高效且低成本的计算方式，逐渐将两阶段算法淘汰，成为现在目标检测界的主流算法。

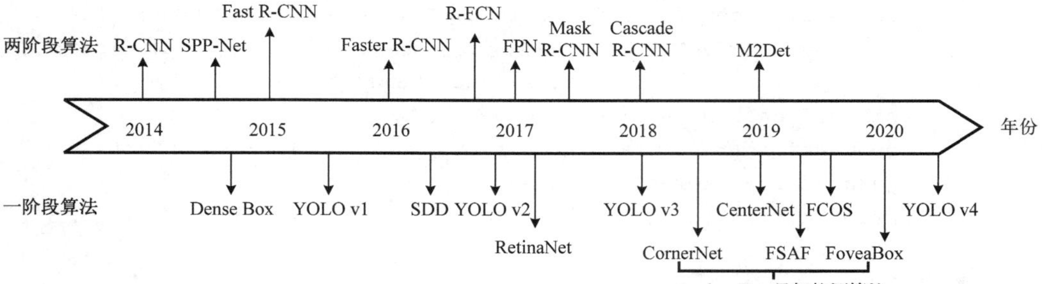

图 6.12　基于深度学习的目标检测算法发展史

6.5.1　YOLO 框架

YOLO 框架始于 2015 年，其创造性地提出了一阶段算法，大大简化了两阶段算法的流程，在保证精度的前提下显著提高了计算速率，现在将以 YOLO v1 为例，其网络结构如

图 6.13 所示。

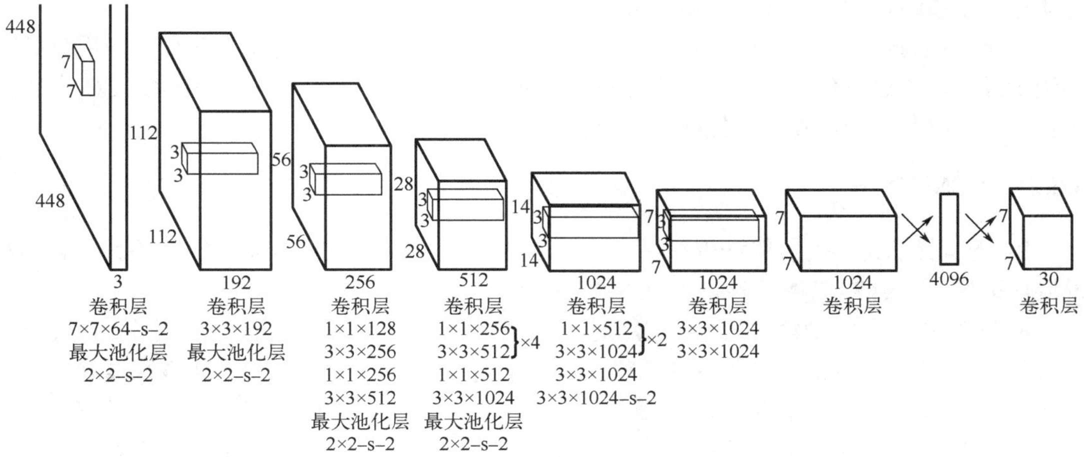

图 6.13　YOLO v1 网络结构

YOLO v1 检测算法整体思路如下：

(1) 将输入图片缩放至 448×448×3 大小；

(2) 经过卷积网络 backbone 提取特征图；

(3) 把提取到的特征图送入两层全连接层，最终输出 7×7×30 大小的特征图。

更进一步讲，就是将输入的图片整体划分为 $S\times S$ 的网格（如 7×7），物体中心落在哪一个格子中，该格子就负责该物体的检测，每一个格子预测 B 个边框，输出 $S\times S\times(B\times5+C)$ 大小的图像。

该算法的优缺点如下：与两阶段算法相比，利用直接回归的方式，大大减小了计算量，提升了运行速度。但是每一个网格仅 2 个预测框，当存在多物体密集挨着的情况或者小目标的时候，检测效果不好。但是，其因开创了一阶段算法的先河，为后续所有 YOLO 系列的开发以及一阶段算法的建设做出了显著的贡献。2024 年，YOLO 系列已经发展到第八个版本，其检测精度已经远超其他算法，成为目标检测算法中的主流算法。

6.5.2　Transformer 框架

Transformer 从一开始就在自然语言处理领域产生了深远的影响。它在语言模型中的应用，如 BERT (bidirectional encoder representation from transformers)、GPT (generative pre-trained transformer)、T5 (text-to-text transfer transformer) 等，推动了这一领域的技术进步。Transformer 使用注意模型来建立序列元素之间的依赖关系，并且可以比其他顺序架构关注更长的上下文。Transformer 在自然语言处理中的成功引起了人们对其在计算机视觉中应用的兴趣。而卷积神经网络一直是目标检测的支柱，它有一些固有的缺点，如缺乏全局上下文的重要性、固定的训练后权重等。

Swin Transformer 旨在为计算机视觉任务提供基于 Transformer 的骨架网络，它将输入图像分割成多个不重叠的补丁，并将其转换为标注。然后将大量 Swin Transformer 块应用于 4 个阶段的补丁，每个后续阶段减少补丁的数量，以保持分层表示。Swin Transformer 块由局部多头自注意模块组成，在连续块中基于交替移位的补丁窗口。在局部自注意中，计算复杂度与图像大小成线性关系，而移动窗口可以实现跨窗口连接。

Transformers 提供了一种不同于卷积神经网络的范式，它在目标检测领域的应用仍处于初级阶段，但在这些任务中取代卷积的潜力非常大。Swin Transformer 在 MS-COCO 上达到了新高，其参数量相比卷积神经网络模型更大。

6.5.3 R-CNN 算法

R-CNN 算法是二阶段算法中最经典的算法之一，该算法于 2014 年提出，并且随着不断发展，衍生出 Fast R-CNN、Faster R-CNN、Mask R-CNN 等算法。

R-CNN 借鉴了滑动窗口思想，采用对区域进行识别的方案。对一张输入图片，通过指定算法从图片中提取 2000 个类别独立的候选区域(可能目标区域)。对于每个候选区域利用卷积神经网络来获取一个特征向量。对于每个区域相应的特征向量，利用支持向量机(support vector machine，SVM)进行分类，并使用一个回归器进行边框回归，实现边框的修正。

R-CNN 颠覆了以往的目标检测方案，使精度大大提升。R-CNN 的贡献主要有两个方面：①使用了卷积神经网络进行特征提取；②实现目标边框的修正。但是，三个模块(CNN 特征提取、SVM 分类和边框修正)是分别训练的，并且在训练的时候，对于存储空间的消耗大，且耗时长，效率低。

参 考 文 献

郭宪, 方勇, 2018. 深入浅出强化学习：原理入门[M]. 北京：电子工业出版社.

蒋宗礼, 2008. 人工神经网络导论[M]. 北京：高等教育出版社.

王万良, 2017. 人工智能导论[M]. 4 版. 北京：高等教育出版社.

SUTTON R S. BARTO A G, 2019. 强化学习[M]. 2 版. 俞凯, 译. 北京：电子工业出版社.

BAYER J, OSENDORFER C, 2014. Learning stochastic recurrent networks[J]. arXiv preprint arXiv:1411.7610.

BELKIN M, NIYOGI P, 2001. Laplacian eigenmaps and spectral techniques for embedding and clustering[J]. Advances in neural information processing systems, 14.

BISHOP C M, 1995. Regularization and complexity control in feed-forward networks[J]. International Conference on Artificial Neural Networks ICANN'95: 141-148.

BREIMAN L, 1996. Bagging predictors[J]. Machine learning, 24: 123-140.

FREUND Y, SCHAPIRE R E, 1996. Game theory, on-line prediction and boosting[C] //Proceedings of the ninth annual conference on Computational learning theory: 325-332.

GAL Y, GHAHRAMANI Z, 2015. Bayesian convolutional neural networks with Bernoulli approximate variational inference[J]. arXiv preprint arXiv:1506.02158.

GOODFELLOW I, WARDE-FARLEY D, MIRZA M, et al., 2013. Maxout networks [C] //International conference on machine learning. PMLR: 1319-1327.

HINTON G E, SRIVASTAVA N, KRIZHEVSKY A, et al., 2012. Improving neural networks by preventing co-adaptation of feature detectors[J]. arXiv preprint arXiv: 1207.0580.

HOCHREITER S, SCHMIDHUBER J, 1994. Simplifying neural nets by discovering flat minima[J]. Advances in neural information processing systems, 7.

JIM K C, GILES C L, HORNE B G, 1996. An analysis of noise in recurrent neural networks: convergence and generalization[J]. IEEE Transactions on neural networks, 7(6): 1424-1438.

KOREN Y, 2009. The bellkor solution to the netflix grand prize[J]. Netflix prize documentation, 81: 1-10.

LASSERRE J A, BISHOP C M, MINKA T P, 2006. Principled hybrids of generative and discriminative models[C] //2006 IEEE Computer Society Conference on Computer Vision and Pattern Recognition (CVPR'06). IEEE, 1: 87-94.

NEAL R M, 2012. Bayesian learning for neural networks[M]. New York: Springer Science & Business Media.

PASCANU R, GULCEHRE C, CHO K, et al., 2013. How to construct deep recurrent neural networks[J]. arXiv preprint arXiv:1312.6026.

POOLE B, SOHL-DICKSTEIN J, GANGULI S, 2014. Analyzing noise in autoencoders and deep networks[J]. arXiv preprint arXiv: 1406.1831.

SALAKHUTDINOV R R, HINTON G E, 2007. Using deep belief nets to learn covariance kernels for Gaussian processes[J]. Advances in neural information processing systems, 20.

SCHWENK H, BENGIO Y, 1997. Training methods for adaptive boosting of neural networks[J]. Advances in neural information processing systems, 10.

SRIVASTAVA N, HINTON G, KRIZHEVSKY A, et al., 2014. Dropout: a simple way to prevent neural networks from overfitting[J]. The journal of machine learning research, 15 (1) : 1929-1958.

SZEGEDY C, LIU W, JIA Y, et al., 2014. Going deeper with convolutions. [J]. arXiv preprint arXiv:1409, 4842.

SZEGEDY C, VANHOUCKE V, IOFFE S, et al., 2015 . Rethinking the inception architecture for computer vision[C] //Proceedings of the IEEE conference on computer vision and pattern recognition: 2818-2826.

TIBSHIRANI R, 1996. Regression shrinkage and selection via the lasso[J]. Journal of the Royal Statistical Society Series B: Statistical Methodology, 58 (1) : 267-288.

VINCENT P, LAROCHELLE H, BENGIO Y, et al., 2008. Extracting and composing robust features with denoising autoencoders[C] //Proceedings of the 25th international conference on Machine learning: 1096-1103.

WAGER S, WANG S, LIANG P S, 2013. Dropout training as adaptive regularization[J]. Advances in neural information processing systems, 26.

WAN L, ZEILER M, ZHANG S, et al., 2013. Regularization of neural networks using dropconnect[C] //International conference on machine learning. PMLR: 1058-1066.

WANG S, MANNING C, 2013. Fast dropout training[C] //international conference on machine learning. PMLR, 118-126.

WARDE-FARLEY D, GOODFELLOW I J, COURVILLE A, et al., 2013. An empirical analysis of dropout in piecewise linear networks[J]. arXiv preprint arXiv:1312.6197.

XIONG H Y, BARASH Y, FREY B J, 2011. Bayesian prediction of tissue-regulated splicing using RNA sequence and cellular context[J]. Bioinformatics, 27 (18) : 2554-2562.